중등수학 개념으로 한번에
내신 대비까지!

활용도
개념부터!

일차
방정식

$$3x = x + 4$$

개념이 먼저다 ②

안녕~ 만나서 반가워!
지금부터 일차방정식
공부 시작!

책의 구성과 특징

책 소개를 해 줄게.
이렇게 활용해 봐~

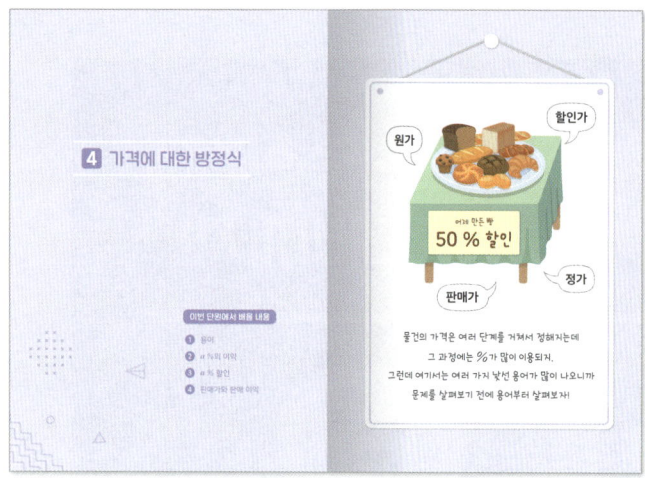

1 단원 소개

이 단원에서 배울 내용을
간단히 알 수 있어.
그냥 넘어가지 말고 꼭 읽어 봐!

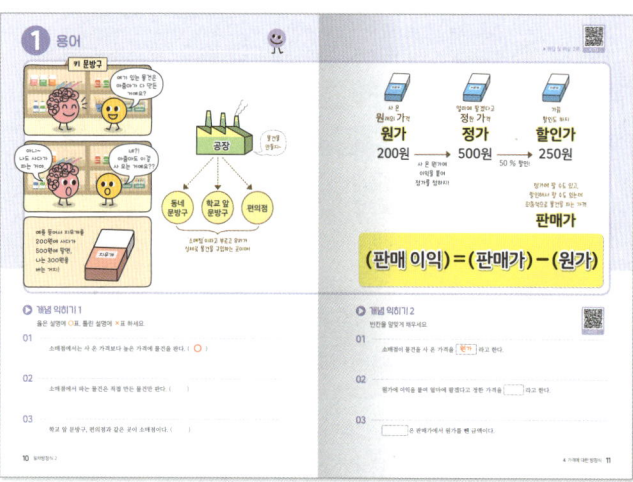

2 개념 설명, 개념 익히기

꼭 알아야 하는 중요한 개념이
여기에 들어있어.
꼼꼼히 읽어 보고, 개념을 익힐 수 있는
문제도 풀어 봐!

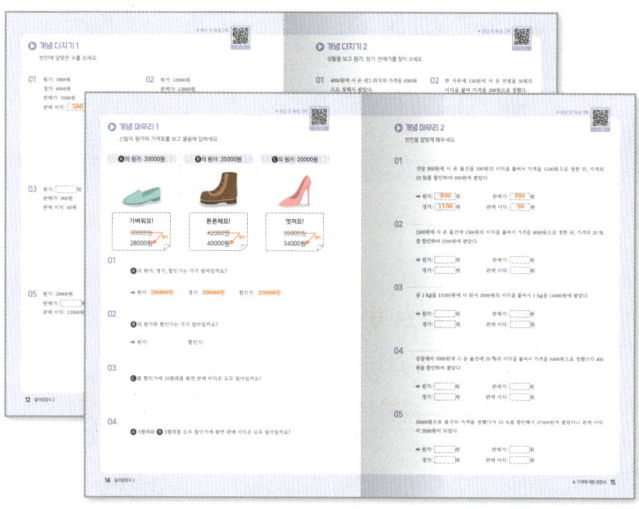

3 개념 다지기, 개념 마무리

배운 개념을 문제를 통하여 우리 친구의
것으로 완벽히 만들어주는 과정이야.
아주아주 좋은 문제들로만 엄선했으니까
건너뛰는 부분 없이 다 풀어봐야 해~

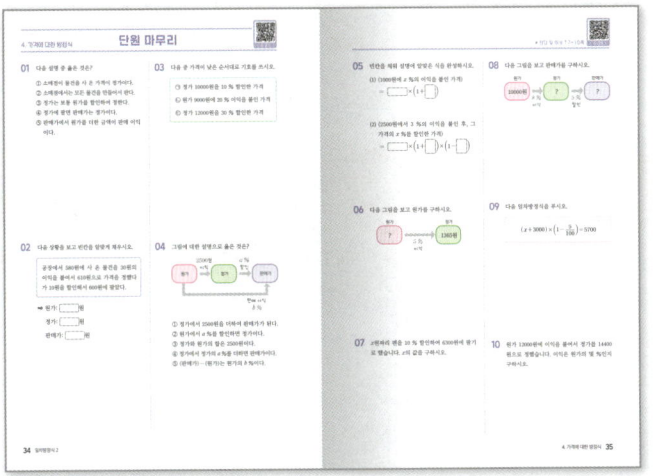

4 단원 마무리

한 단원이 끝날 때 얼마나
잘 이해했는지 스스로 확인해 봐~

서술형 문제도 있으니까
진짜 시험이다~ 생각하면서 풀면
학교 내신 대비도 할 수 있어!

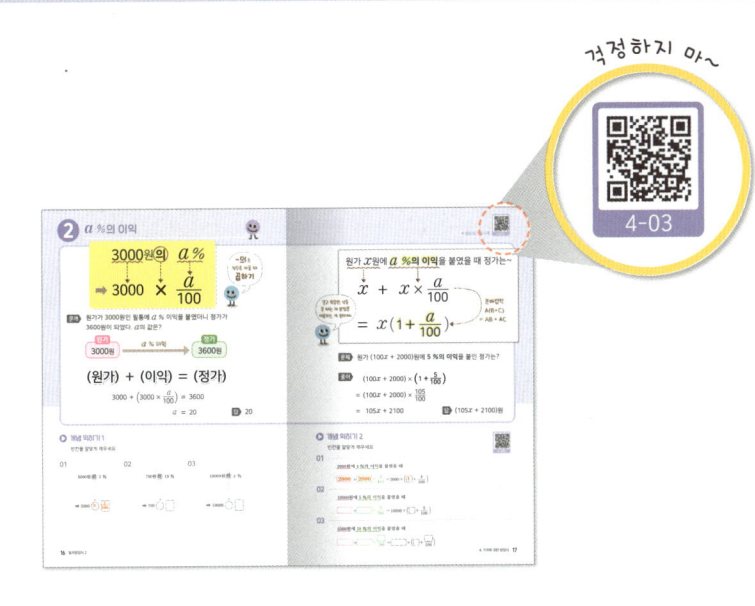

걱정하지 마~

★ QR코드

매 페이지 구석구석에
개념 설명과 문제 풀이 강의가
QR코드로 들어있다구~

혼자 공부하기 어려운 친구들은
QR코드를 스캔해 봐!

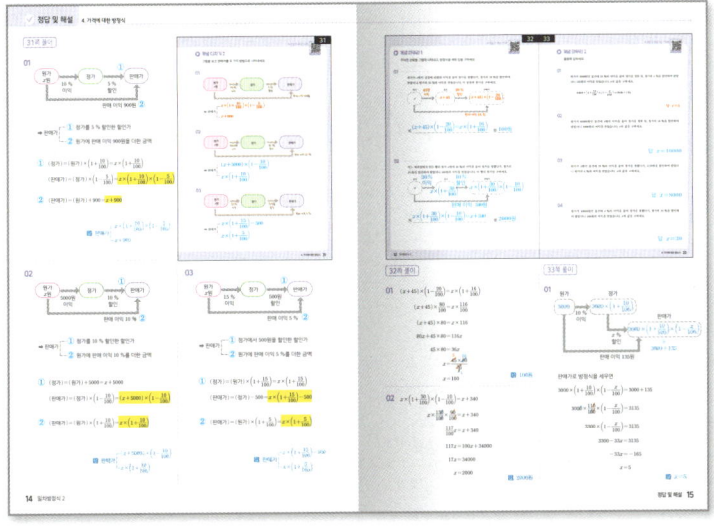

★ 친절한 해설

바로 옆에서 선생님이 설명해주는
것처럼 작은 과정 하나도 놓치지 않고
자세하게 풀이를 담았어.

틀린 문제의 풀이를 보면
정확히 어느 부분에서 틀렸는지
쉽게 알 수 있을 거야~

My study scheduler

학습 스케줄러

4. 가격에 대한 방정식

1. 용어	2. $a \%$의 이익
___월 ___일	___월 ___일
성취도 : ☺ 😐 ☹	성취도 : ☺ 😐 ☹

5. 비율에 대한 방정식

1. 부분과 나머지	2. 증가와 감소에 대한 문제 (1)	3. 증가와 감소에 대한 문제 (2)
___월 ___일	___월 ___일	___월 ___일
성취도 : ☺ 😐 ☹	성취도 : ☺ 😐 ☹	성취도 : ☺ 😐 ☹

6. 농도에 대한 방정식

1. 농도는 진하기	2. 농도를 %로 나타내기	3. 소금물의 양 구하기	4. 소금의 양 구하기
___월 ___일	___월 ___일	___월 ___일	___월 ___일
성취도 : ☺ 😐 ☹	성취도 : ☺ 😐 ☹	성취도 : ☺ 😐 ☹	성취도 : ☺ 😐 ☹

학습한 날짜와 중요한 내용을 메모해 두고,
스스로 성취도를 표시해 봐!

4. 가격에 대한 방정식

3. a % 할인	4. 판매가와 판매 이익
___월 ___일	___월 ___일
성취도 : ☺ 😐 ☹	성취도 : ☺ 😐 ☹

5. 비율에 대한 방정식

4. 비에 대한 문제 (1)	5. 비에 대한 문제 (2)
___월 ___일	___월 ___일
성취도 : ☺ 😐 ☹	성취도 : ☺ 😐 ☹

6. 농도에 대한 방정식

5. 물의 양이 변할 때	6. 소금의 양이 변할 때	7. 소금물 합치기
___월 ___일	___월 ___일	___월 ___일
성취도 : ☺ 😐 ☹	성취도 : ☺ 😐 ☹	성취도 : ☺ 😐 ☹

교과서 속의 방정식

중학교 1학년	• 문자의 사용과 식의 계산 • 일차방정식 • 일차방정식의 활용
중학교 2학년	• 연립일차방정식 • 일차함수와 일차방정식 • 연립일차방정식의 해와 그래프
중학교 3학년	• 인수분해 • 이차방정식
고등학교 1학년	• 이차방정식과 이차함수 • 여러 가지 방정식 • 도형의 방정식
고등학교 2, 3학년	• 지수방정식, 로그방정식 • 삼각방정식

방정식은 초등학교 때부터 경험하지만, 방정식이라는 용어를 본격적으로 사용하는 것은 중학교 때부터입니다. 중학교 1학년이 되면 문자를 사용한 식을 계산하고, 문장을 식으로 바꾸는 방법을 익힙니다. 그리고 여러 가지 유형의 일차방정식을 중학교 2학년 때까지 배우게 되죠.

중학교 3학년이 되면 이차방정식이 등장합니다. 이차방정식은 인수분해, 완전제곱식, 근의 공식, 이렇게 3가지 방법으로 풀 수 있습니다. 완전제곱식을 이용하는 방법은 자주 사용되지는 않지만, 이차함수에서 필요하므로 잘 알아두어야 하는 내용입니다.

마지막으로 삼차 이상의 방정식인 고차방정식은 고등학교 1학년 과정에서 배우게 됩니다. 조립제법이나 치환법 등 고차방정식을 위한 새로운 풀이법도 함께 배우는데, 이것들은 모두 인수분해를 기본으로 하는 방법입니다.

차 례

4 가격에 대한 방정식

1. 용어 …………………………… 10

2. $a \%$의 이익 …………………… 16

3. $a \%$ 할인 ……………………… 22

4. 판매가와 판매 이익 …………… 28

단원 마무리 …………………… 34

5 비율에 대한 방정식

1. 부분과 나머지 ………………… 42

2. 증가와 감소에 대한 문제 (1) … 48

3. 증가와 감소에 대한 문제 (2) … 54

4. 비에 대한 문제 (1) …………… 60

5. 비에 대한 문제 (2) …………… 66

단원 마무리 …………………… 72

6 농도에 대한 방정식

1. 농도는 진하기 ………………… 80

2. 농도를 %로 나타내기 ………… 82

3. 소금물의 양 구하기 …………… 88

4. 소금의 양 구하기 ……………… 94

5. 물의 양이 변할 때 …………… 100

6. 소금의 양이 변할 때 ………… 106

7. 소금물 합치기 ……………… 112

단원 마무리 …………………… 118

* 1 ~ 3 은 1권의 내용입니다.

4 가격에 대한 방정식

이번 단원에서 배울 내용

1 용어

2 $a\%$의 이익

3 $a\%$ 할인

4 판매가와 판매 이익

물건의 가격은 여러 단계를 거쳐서 정해지는데

그 과정에는 %가 많이 이용되지.

그런데 여기서는 여러 가지 낯선 용어가 많이 나오니까

문제를 살펴보기 전에 용어부터 살펴보자!

키 문방구

여기 있는 물건은 아줌마가 다 만든 거예요?

아니~ 나도 사다가 파는 거야.

네?! 아줌마도 이걸 사 오는 거예요??

예를 들어서 지우개를 200원에 사다가 500원에 팔면, 나는 300원을 버는 거지!

지우개

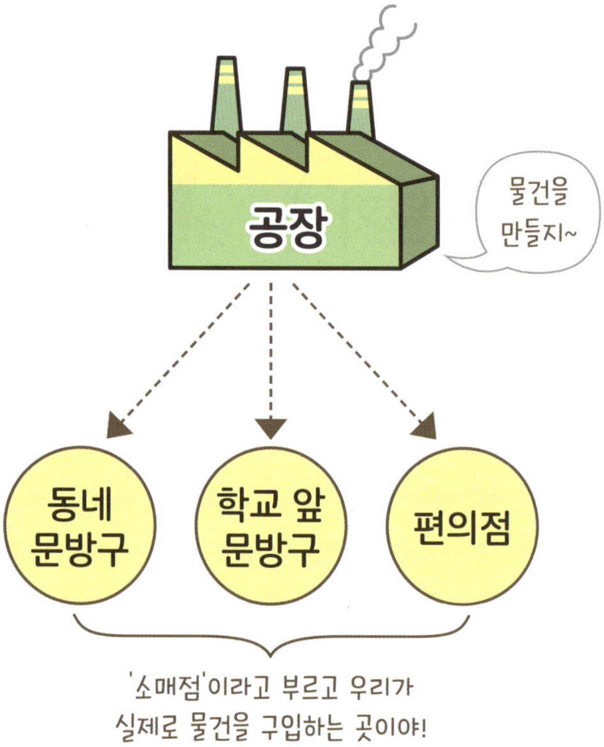

공장

물건을 만들지~

동네 문방구

학교 앞 문방구

편의점

'소매점'이라고 부르고 우리가 실제로 물건을 구입하는 곳이야!

▶ 개념 익히기 1

옳은 설명에 ○표, 틀린 설명에 ✕표 하세요.

01

소매점에서는 사 온 가격보다 높은 가격에 물건을 판다. (○)

02

소매점에서 파는 물건은 직접 만든 물건만 판다. (   )

03

학교 앞 문방구, 편의점과 같은 곳이 소매점이다. (   )

사 온
원래의 가격
원가
200원

얼마에 팔겠다고
정한 가격
정가
500원

가끔
할인도 하지
할인가
250원

사 온 원가에
이익을 붙여
정가를 정하지!

50 % 할인!

정가에 팔 수도 있고,
할인해서 팔 수도 있는데
최종적으로 물건을 파는 가격

판매가

(판매 이익)=(판매가)-(원가)

▶ **개념 익히기 2**

빈칸을 알맞게 채우세요.

01

소매점이 물건을 사 온 가격을 [원가] 라고 한다.

02

원가에 이익을 붙여 얼마에 팔겠다고 정한 가격을 [   ] 라고 한다.

03

[   ] 은 판매가에서 원가를 뺀 금액이다.

4-03

▶ 개념 다지기 1

빈칸에 알맞은 수를 쓰세요.

01 원가: 5000원
정가: 6000원
판매가: 5500원
판매 이익: **500** 원

02 원가: 10000원
판매가: 12000원
판매 이익: ☐ 원

03 원가: ☐ 원
판매가: 900원
판매 이익: 60원

04 원가: 720원
정가: 800원
판매가: 780원
판매 이익: ☐ 원

05 원가: 20000원
판매가: ☐ 원
판매 이익: 12000원

06 원가: 1400원
정가: 1500원
판매가: ☐ 원
판매 이익: 100원

4-04

▶ 개념 다지기 2

상황을 보고 원가, 정가, 판매가를 찾아 쓰세요.

01 4000원에 사 온 샌드위치의 가격을 4500원으로 정해서 팔았다.

➡ 원가: **4000원**
　정가: **4500원**
　판매가: **4500원**

02 한 자루에 150원에 사 온 연필을 50원의 이익을 붙여 가격을 200원으로 정했다.

➡ 원가:
　정가:

03 7000원에 사 온 물건의 가격을 13000원으로 정했다가 12000원으로 가격을 내려서 팔았다.

➡ 원가:
　정가:
　판매가:

04 가격을 20000원으로 정한 신발을 3000원 할인해서 17000원에 팔았다.

➡ 정가:
　판매가:

05 470원에 사 온 물건의 가격을 650원으로 정했다가 100원을 할인해서 550원에 팔았다.

➡ 원가:
　정가:
　판매가:

06 8000원에 사 온 물건의 가격을 12000원으로 정해서 팔았다.

➡ 원가:
　정가:
　판매가:

▶ 정답 및 해설 3쪽

▶ 개념 마무리 1

신발의 원가와 가격표를 보고 물음에 답하세요.

 의 원가: 35000원

의 원가: 20000원

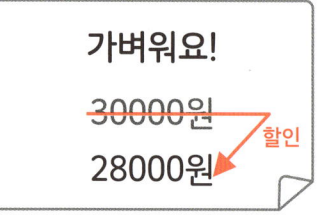

가벼워요!
~~30000원~~ 할인
28000원

튼튼해요!
~~42000원~~ 할인
40000원

멋져요!
~~35000원~~ 할인
34000원

01

Ⓐ의 원가, 정가, 할인가는 각각 얼마일까요?

➡ 원가: **20000원** 정가: **30000원** 할인가: **28000원**

02

Ⓑ의 원가와 할인가는 각각 얼마일까요?

➡ 원가: 할인가:

03

Ⓒ를 할인가에 10켤레를 팔면 판매 이익은 모두 얼마일까요?

04

Ⓐ 3켤레와 Ⓑ 5켤레를 모두 할인가에 팔면 판매 이익은 모두 얼마일까요?

▶ 정답 및 해설 3쪽

▶ 개념 마무리 2

빈칸을 알맞게 채우세요.

01

개당 900원에 사 온 물건을 200원의 이익을 붙여서 가격을 1100원으로 정한 뒤, 가격의 10 %를 할인하여 990원에 팔았다.

➡ 원가: **900** 원   판매가: **990** 원
정가: **1100** 원   판매 이익: **90** 원

02

2500원에 사 온 물건에 1500원의 이익을 붙여서 가격을 4000원으로 정한 뒤, 가격의 20 %를 할인하여 3200원에 팔았다.

➡ 원가: ☐ 원   판매가: ☐ 원
정가: ☐ 원   판매 이익: ☐ 원

03

콩 1 kg을 11000원에 사 와서 3000원의 이익을 붙여서 1 kg을 14000원에 팔았다.

➡ 원가: ☐ 원   판매가: ☐ 원
정가: ☐ 원   판매 이익: ☐ 원

04

공장에서 7000원에 사 온 물건에 20 %의 이익을 붙여서 가격을 8400원으로 정했다가 400원을 할인하여 팔았다.

➡ 원가: ☐ 원   판매가: ☐ 원
정가: ☐ 원   판매 이익: ☐ 원

05

30000원으로 물건의 가격을 정했다가 10 %를 할인해서 27000원에 팔았더니 판매 이익이 2000원이 되었다.

➡ 원가: ☐ 원   판매가: ☐ 원
정가: ☐ 원   판매 이익: ☐ 원

2 a %의 이익

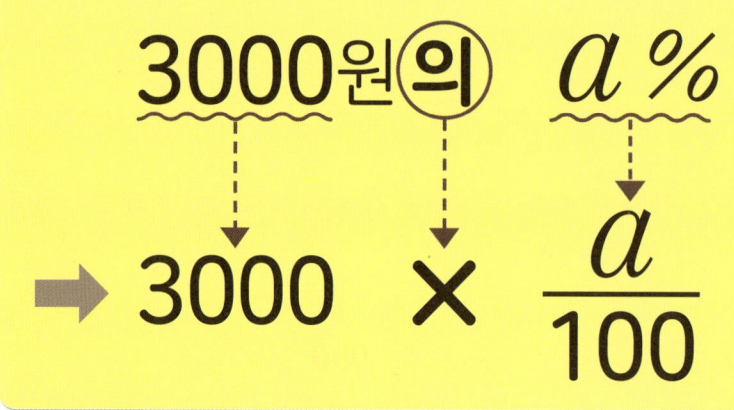

~의 는
식으로 바꿀 때
곱하기

문제 원가가 3000원인 필통에 a % 이익을 붙였더니 정가가 3600원이 되었다. a의 값은?

원가
3000원

a % 이익

정가
3600원

(원가) + (이익) = (정가)

$$3000 + \left(3000 \times \frac{a}{100}\right) = 3600$$

$$a = 20$$

답 20

▶ 개념 익히기 1

빈칸을 알맞게 채우세요.

01

5000원의 2 %

⟶ 5000 ⊗ $\frac{2}{100}$

02

700원의 19 %

⟶ 700 ◯ ☐

03

10000원의 x %

⟶ 10000 ◯ ☐

원가 x원에 a %의 이익을 붙였을 때 정가는~

$$x \; + \; x \times \frac{a}{100}$$

길고 복잡한 식을
쓸 때는 이 방법을
이용하는 게 편리해!

$$= \; x\left(1 + \frac{a}{100}\right)$$

분배법칙
A(B+C)
= AB + AC

문제 원가 $(100x + 2000)$원에 **5 %의 이익**을 붙인 정가는?

풀이
$$(100x + 2000) \times \left(1 + \frac{5}{100}\right)$$

$$= (100x + 2000) \times \frac{105}{100}$$

$$= \; 105x + 2100$$

답 $(105x + 2100)$원

▶ 개념 익히기 2

빈칸을 알맞게 채우세요.

01

2000원에 4 %의 이익을 붙였을 때

$$\boxed{2000} + \boxed{2000} \times \frac{4}{100} = 2000 \times \left(\boxed{1} + \frac{4}{100}\right)$$

02

10000원에 5 %의 이익을 붙였을 때

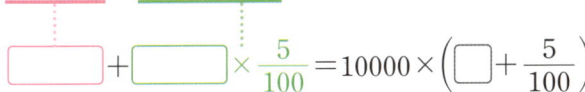

$$\boxed{} + \boxed{} \times \frac{5}{100} = 10000 \times \left(\boxed{} + \frac{5}{100}\right)$$

03

6500원에 10 %의 이익을 붙였을 때

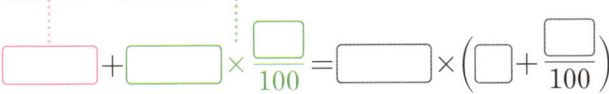

$$\boxed{} + \boxed{} \times \frac{\boxed{}}{100} = \boxed{} \times \left(\boxed{} + \frac{\boxed{}}{100}\right)$$

▶ 개념 다지기 1

그림을 보고 빈칸을 알맞게 채우세요.

01

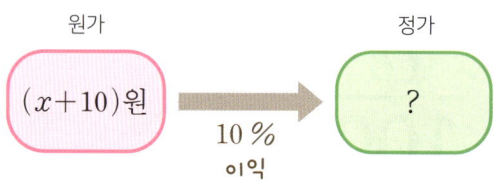

➡ (정가)$=(x+10)\times\left(\boxed{\mathbf{1}}+\boxed{\dfrac{\mathbf{10}}{\mathbf{100}}}\right)$

02

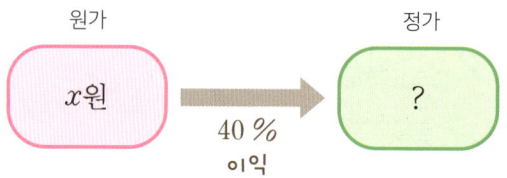

➡ (정가)$=\boxed{}+\boxed{}\times\dfrac{40}{100}$

$=x\times\left(\boxed{}+\boxed{}\right)$

03

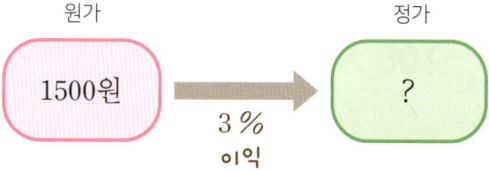

➡ (정가)$=1500+1500\times\boxed{}$

$=\boxed{}\times\left(1+\boxed{}\right)$

04

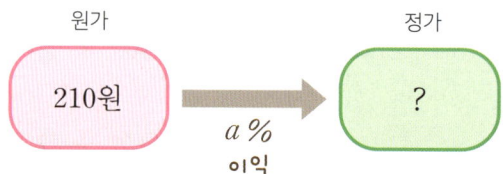

➡ (정가)$=\boxed{}+210\times\boxed{}$

$=210\times\left(\boxed{}+\boxed{}\right)$

05

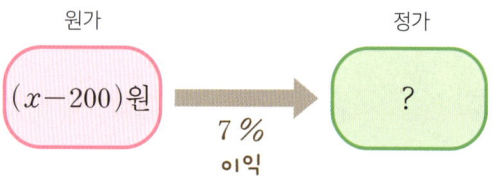

➡ (정가)$=(x-200)\times\left(\boxed{}+\boxed{}\right)$

06

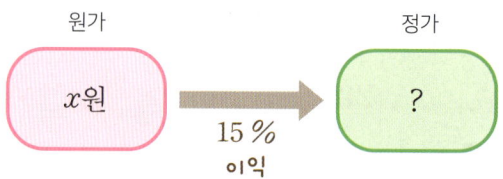

➡ (정가)$=\boxed{}\times\left(1+\boxed{}\right)$

▶ 개념 다지기 2

다음 일차방정식을 푸세요.

01 $(x-100)\times\left(1+\dfrac{4}{100}\right)=1040$

$$(x-100)\times\dfrac{104}{100}=1040$$

$$(x-100)\times\dfrac{\cancel{104}^{1}}{\cancel{100}_{1}}\times\dfrac{\cancel{100}^{1}}{\cancel{104}_{1}}=\cancel{1040}^{10}\times\dfrac{100}{\cancel{104}_{1}}$$

$$x-100=1000$$

$$x=1100$$

답: $x=1100$

02 $x+x\times\dfrac{15}{100}=3450$

03 $6000\times\left(1+\dfrac{x}{100}\right)=6180$

04 $5000\times\left(1-\dfrac{x}{100}\right)=4500$

05 $(x+200)\times\left(1+\dfrac{10}{100}\right)=8800$

06 $x\times\left(1+\dfrac{13}{100}\right)=4520$

▶ 개념 마무리 1

문제의 내용을 그림에 나타내고 x의 값을 구하세요.

01

원가 12000원에 x %의 이익을 붙여 정가를 13200원으로 정하였다. x의 값은?　**답: $x=10$**

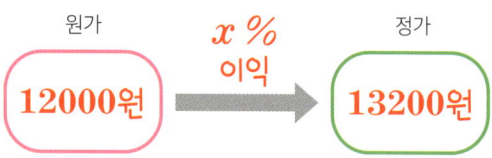

$$12000 + 12000 \times \frac{x}{100} = 13200$$

02

원가 x원에 20 %의 이익을 붙여 정가를 24000원으로 정하였다. x의 값은?

03

원가 5000원에 x %의 이익을 붙여 정가를 5650원으로 정하였다. x의 값은?

04

원가 $(x+300)$원에 30 %의 이익을 붙여 정가를 1950원으로 정하였다. x의 값은?

▶ 개념 마무리 2

물음에 답하세요.

01 원가에 4 %의 이익을 붙여 팔았더니 500원의 이익이 생겼습니다. 원가는 얼마일까요?

x원으로 생각하면

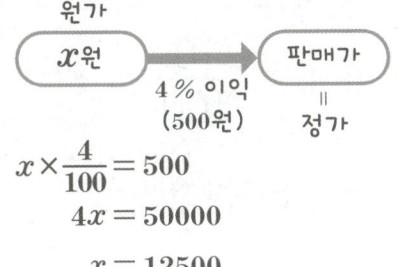

$$x \times \frac{4}{100} = 500$$
$$4x = 50000$$
$$x = 12500$$

답: 12500원

02 원가 900원에 x %의 이익을 붙여 정가를 1080원으로 정했습니다. x의 값은 얼마일까요?

03 원가가 7000원인 제품에 8 %의 이익을 붙여 정가를 정했습니다. 정가는 얼마일까요?

04 어떤 물건의 원가에 4 %의 이익을 붙여 정가를 1040원으로 정했습니다. 원가에 붙인 이익은 얼마일까요?

05 원가가 $(x+1000)$원인 물건에 5 %의 이익을 붙여 정가를 1680원으로 정했습니다. x의 값은 얼마일까요?

06 원가가 5000원인 물건에 x %의 이익을 붙여 정가를 6250원으로 정했습니다. x의 값은 얼마일까요?

3 a % 할인

정가가 800원인 초콜릿을 10 % 할인하면?

10 %를 할인하면?

90 %가
물건값이겠지!

800원의 10 %를 할인

$$800 \times \frac{10}{100} = 80$$

➡ 80원 할인!

800원의 90 %가 할인가

$$800 \times \frac{90}{100} = 720$$

➡ 할인가는 720원!

▶ 개념 익히기 1

빈칸을 알맞게 채우세요.

01 ───────────────────────────

a원짜리 과자를 5 % 할인   ➡   할인가: a원의 [95] %

02 ───────────────────────────

90원짜리 물건을 10 % 할인   ➡   할인가: 90원의 [   ] %

03 ───────────────────────────

1500원짜리 공책을 25 % 할인   ➡   할인가: 1500원의 [   ] %

문제 원가가 1000원인 초콜릿에 200원의 이익을 붙여서 정가를 정한 후, 정가의 x %를 할인하여 1140원에 팔았다. x의 값은?

풀이

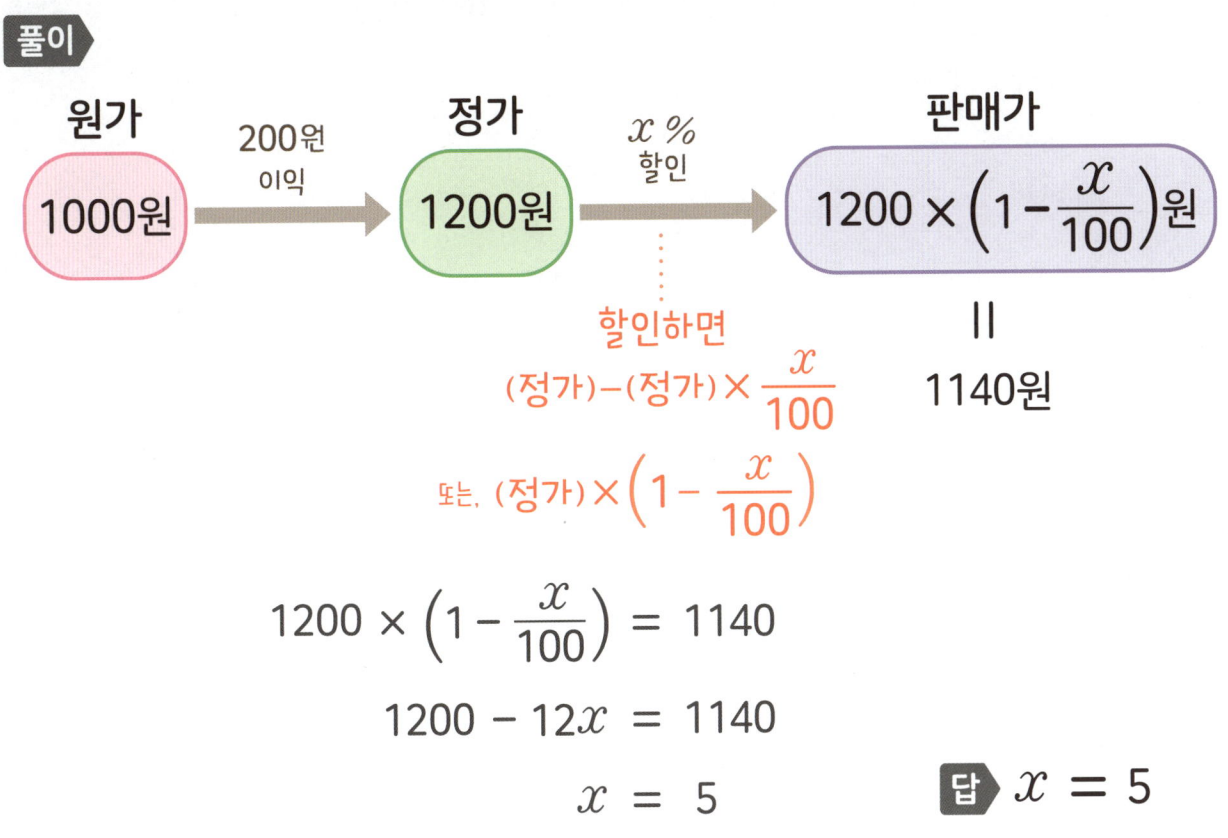

$$1200 \times \left(1 - \frac{x}{100}\right) = 1140$$

$$1200 - 12x = 1140$$

$$x = 5$$

답 $x = 5$

▶ 개념 익히기 2

▨에 알맞은 식을 찾아 ○표 하세요.

01
a원의 15 %를 식으로 쓰면 ▨원입니다. $\left(a \times 15 ,\; \boxed{a \times \frac{15}{100}} \right)$

02
a원에서 15 %를 할인했더니 가격이 ▨원 내려갔습니다. $\left(a \times \frac{15}{100} ,\; a \times \frac{85}{100} \right)$

03
a원에서 15 % 할인하면 가격은 ▨원이 됩니다. $\left(a \times \frac{15}{100} ,\; a \times \frac{85}{100} \right)$

▶ 개념 다지기 1

물음에 답하세요.

01 1800원짜리 과자의 가격을 20 % 할인하여 팔았습니다. 과자의 판매가는 얼마일까요?

$$1800 \times \frac{80}{100}$$
$$= 18 \times 80$$
$$= 1440$$

답: **1440원**

02 4000원짜리 음료수의 가격을 10 % 할인하였습니다. 음료수의 가격을 얼마나 내렸을까요?

03 20만 원짜리 청소기의 가격을 30 % 할인하여 팔았습니다. 청소기의 판매가는 얼마일까요?

04 20000원짜리 충전기의 가격을 5 % 할인하였습니다. 충전기의 가격을 얼마나 할인했을까요?

05 8000원짜리 액자의 가격을 10 % 할인하여 팔았습니다. 액자의 판매가는 얼마일까요?

06 1600원짜리 펜의 가격을 15 % 할인하였습니다. 펜의 가격을 얼마나 할인했을까요?

▶ 개념 다지기 2

그림을 보고 물음에 알맞은 식을 쓰세요.

01

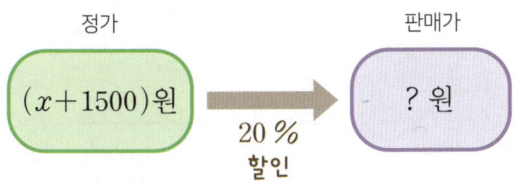

판매가는?

$$(x+1500) \times \left(1 - \frac{20}{100}\right)$$

$$또는 \ (x+1500) - (x+1500) \times \frac{20}{100}$$

02

판매가는?

03

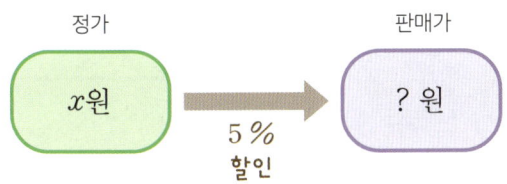

판매가는?

04

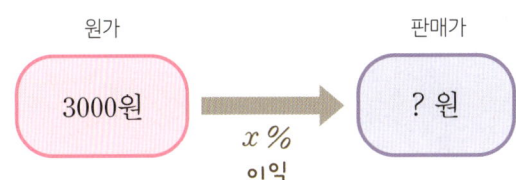

판매가는?

05

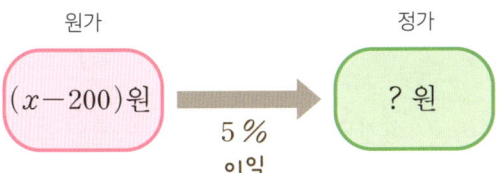

정가는?

06

판매가는?

▶ 정답 및 해설 11쪽

▶ 개념 마무리 1

문장을 읽고 아래 그림의 원가, 정가, 판매가에 알맞은 식을 쓰세요.

01

원가 x원에 5 %의 이익을 붙여 정가를 정하고, 정가의 2 %를 할인하여 팔았습니다.

02

원가 x원에 30 %의 이익을 붙여 정가를 정하고, 정가에서 300원을 할인하여 팔았습니다.

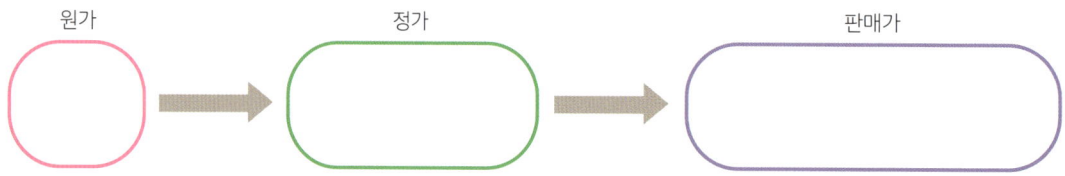

03

원가 5000원에 x원의 이익을 붙여 정가를 정하고, 정가의 10 %를 할인하여 팔았습니다.

04

원가 1000원에 15 %의 이익을 붙여 정가를 정하고, 정가의 x %를 할인하여 팔았습니다.

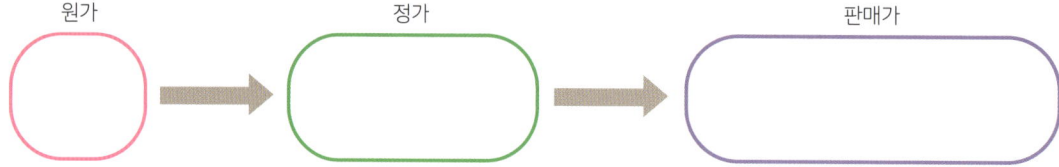

▶ 개념 마무리 2

물음에 답하세요.

01

원가가 x원인 과자에 200원의 이익을 붙여 정가를 정한 후, 정가의 2 %를 할인하여 1960원에 팔았습니다. 원가를 구하세요.

답: 1800원

02

원가가 x원인 스티커에 25 %의 이익을 붙여 정가를 정한 후, 정가의 15 %를 할인하여 680원에 팔았습니다. 원가를 구하세요.

03

원가가 15000원인 물건에 x %의 이익을 붙여 정가를 정한 후, 정가의 10 %를 할인하여 16200원에 팔았습니다. x의 값을 구하세요.

04

원가가 2000원인 물건에 25 %의 이익을 붙여 정가를 정한 후, 정가의 x %를 할인하여 2250원에 팔았습니다. x의 값을 구하세요.

문제▷ 원가에 20 %의 이익을 붙여 우산의 정가를 정했다.

이후, 정가에서 2400원을 할인하여 팔았더니

원가의 8 %의 이익을 얻었다. 이 우산의 원가는?

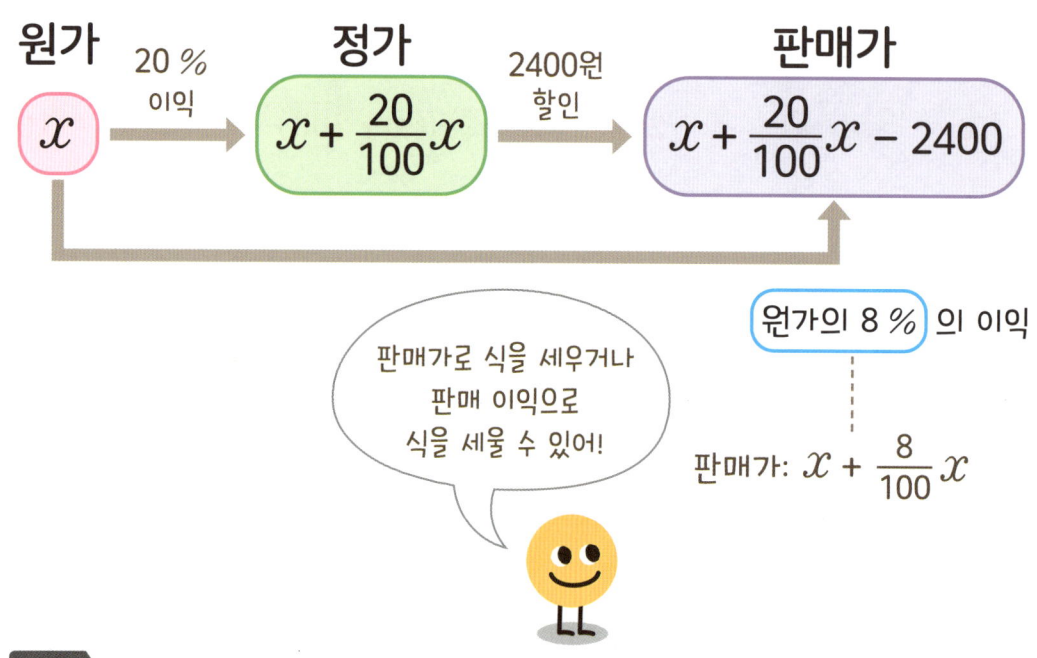

원가	20 % 이익	정가	2400원 할인	판매가
x	→	$x + \dfrac{20}{100}x$	→	$x + \dfrac{20}{100}x - 2400$

판매가로 식을 세우거나 판매 이익으로 식을 세울 수 있어!

원가의 8 %의 이익

판매가: $x + \dfrac{8}{100}x$

풀이▷

판매가로 식 세우기 → $\boxed{x + \dfrac{20}{100}x - 2400}$ $= x + \dfrac{8}{100}x$

x를 이항해서 계산

판매 이익으로 식 세우기 → $\underbrace{x + \dfrac{20}{100}x - 2400}_{판매가} \underbrace{- x}_{원가} = \boxed{\dfrac{8}{100}x}$

$$\dfrac{20}{100}x - 2400 = \dfrac{8}{100}x$$

$$x = 20000$$

답▷ 20000원

▶ 개념 익히기 1

그림을 보고 빈칸을 알맞게 채우세요.

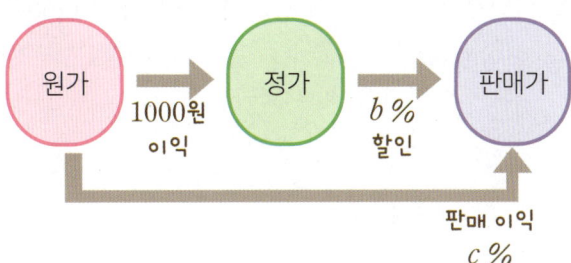

01 $(판매가)=(정가)\times\left(1-\dfrac{\boxed{b}}{100}\right)$

02 $(판매\ 이익)=(원가)\times\boxed{}$

03 $(판매가)=(정가)\times\left(1-\boxed{}\right)=(원가)+(원가)\times\boxed{}$

▶ 개념 익히기 2

그림을 보고 물음에 답하세요.

01 정가를 x에 대한 식으로 쓰세요.

$$x\times\left(1+\dfrac{15}{100}\right)\quad 또는\quad x+x\times\dfrac{15}{100}$$

02 01에서 구한 정가를 이용하여 판매가를 x에 대한 식으로 쓰세요.

03 판매 이익이 원가의 7 %임을 이용하여 판매가를 x에 대한 식으로 쓰세요.

▶ 정답 및 해설 13쪽

▶ 개념 다지기 1

문제를 읽고 그림의 빈칸을 알맞게 채우세요.

01

컵의 원가에 18 %의 이익을 붙여 정가를 정하고, 정가에서 1200원을 할인하여 팔았더니 원가의 6 %의 이익을 얻었습니다.

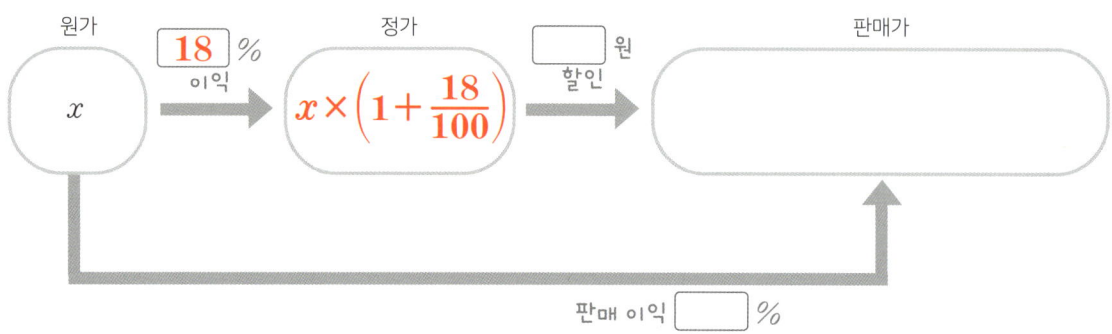

02

물건의 원가에 2000원의 이익을 붙여 정가를 정한 뒤, 정가의 5 %를 할인하여 팔았더니 원가의 15 %의 이익을 얻었습니다.

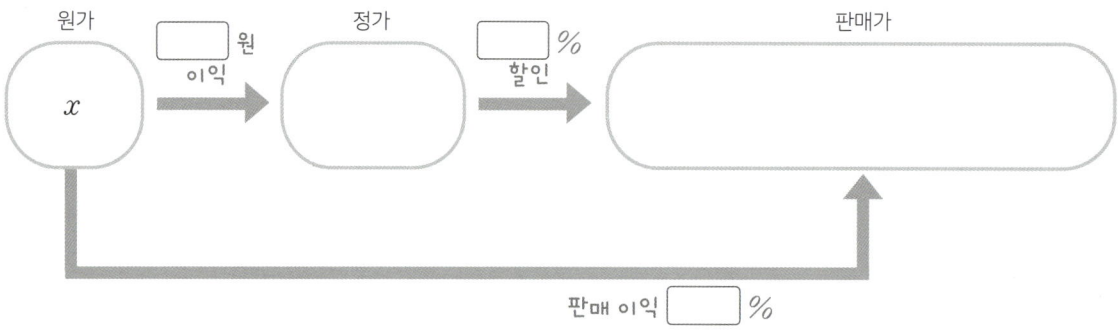

03

수박의 원가에 20 %의 이익을 붙여 정가를 정하고, 정가에서 2000원을 할인하여 팔았더니 1000원의 이익을 얻었습니다.

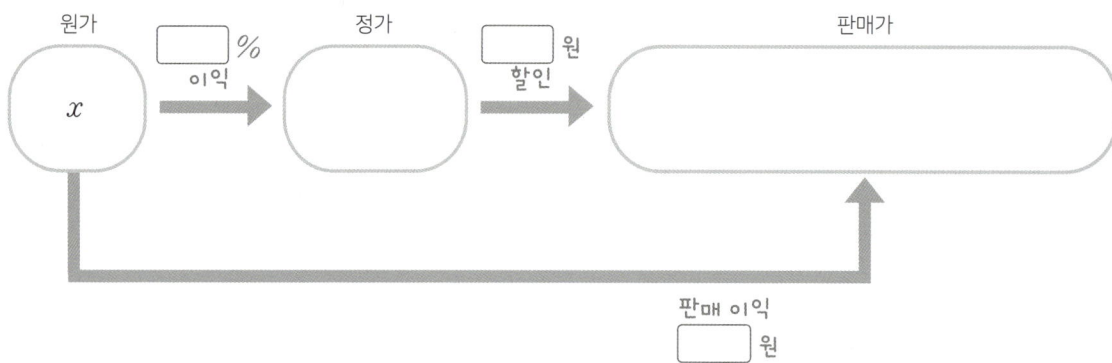

▶ 정답 및 해설 14쪽

▶ 개념 다지기 2

그림을 보고 판매가를 두 가지 방법으로 나타내세요.

01

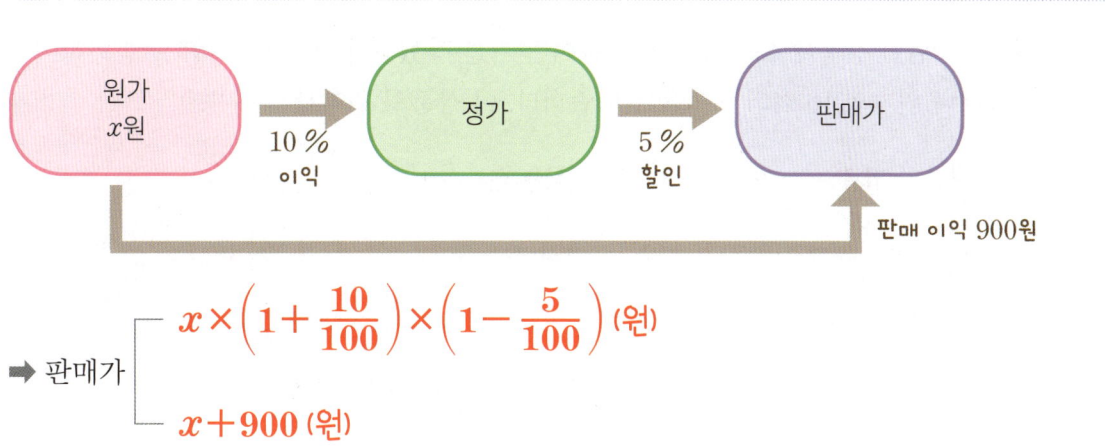

➡ 판매가
$$x \times \left(1 + \frac{10}{100}\right) \times \left(1 - \frac{5}{100}\right) \text{(원)}$$
$$x + 900 \text{ (원)}$$

02

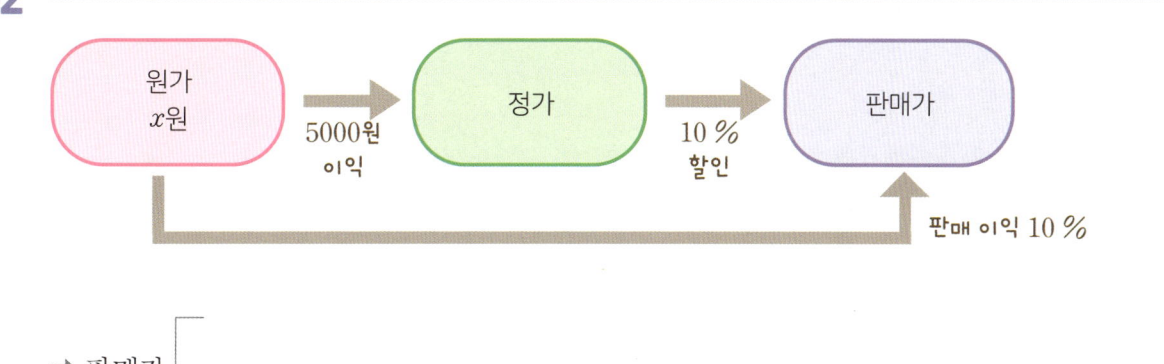

➡ 판매가

03

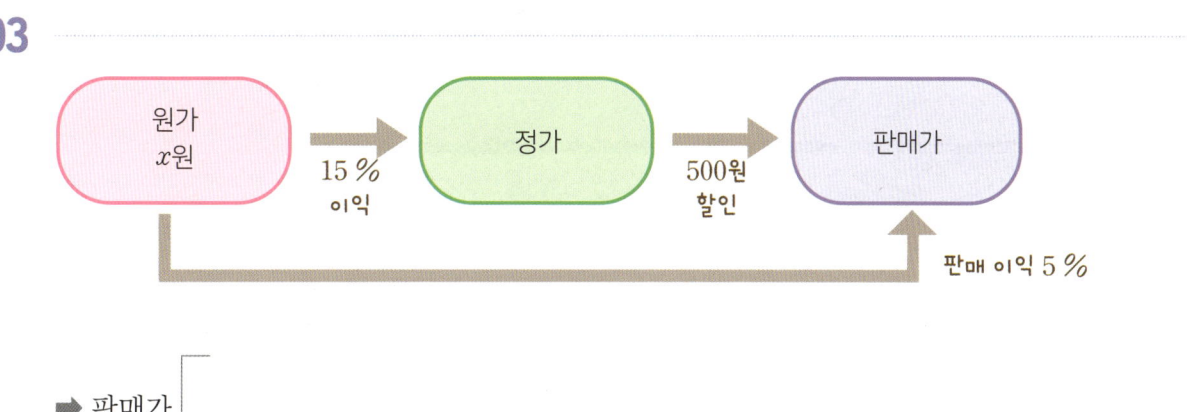

➡ 판매가

▶ 개념 마무리 1

주어진 상황을 그림에 나타내고, 방정식을 세워 답을 구하세요.

01

원가가 x원인 상품에 45원의 이익을 붙여 정가를 정했다가, 정가의 20 %를 할인하여 팔았더니 원가의 16 %의 이익을 얻었습니다. 이 상품의 원가를 구하세요.

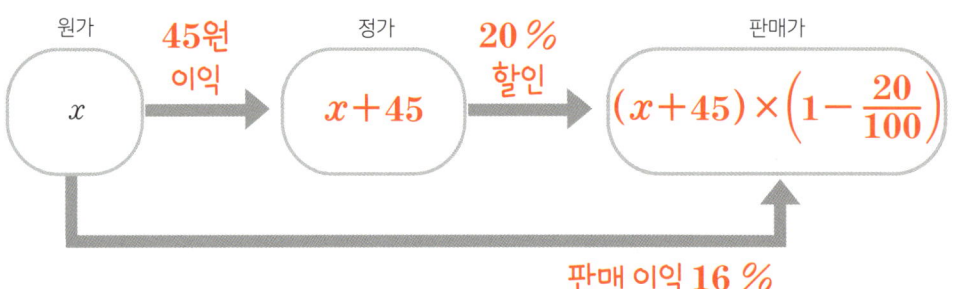

식 _____ 답 _____

02

어느 제과점에서 만든 빵의 원가 x원에 30 %의 이익을 붙여 정가를 정했다가, 정가의 10 %를 할인하여 팔았더니 340원의 이익을 얻었습니다. 이 빵의 원가를 구하세요.

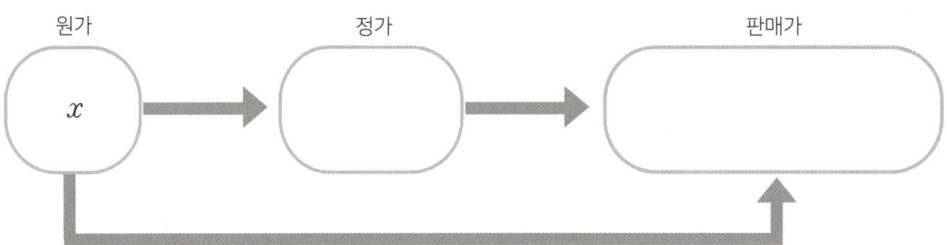

식 _____ 답 _____

▶ 개념 마무리 2

물음에 답하세요.

01

원가가 3000원인 물건에 10 %의 이익을 붙여 정가를 정한 뒤, 정가의 x %를 할인하여 팔았더니 135원의 이익을 얻었습니다. x의 값을 구하세요.

$$3000 \times \left(1 + \frac{10}{100}\right) \times \left(1 - \frac{x}{100}\right) = 3000 + 135$$

답: $x = 5$

02

원가가 60000원인 물건에 x원의 이익을 붙여 정가를 정한 뒤, 정가의 10 %를 할인하여 팔았더니 3000원의 이익을 얻었습니다. x의 값을 구하세요.

03

원가가 x원인 물건에 20 %의 이익을 붙여 정가를 정했다가, 1120원을 할인하여 팔았더니 원가의 6 %의 이익을 얻었습니다. x의 값을 구하세요.

04

원가가 10000원인 물건에 x %의 이익을 붙여 정가를 정했다가, 정가의 20 %를 할인하여 팔았더니 400원의 이익을 얻었습니다. x의 값을 구하세요.

단원 마무리

4-25

01 다음 설명 중 옳은 것은?

① 소매점이 물건을 사 온 가격이 정가이다.
② 소매점에서는 모든 물건을 만들어서 판다.
③ 정가는 보통 원가를 할인하여 정한다.
④ 정가에 팔면 판매가는 정가이다.
⑤ 판매가에서 원가를 더한 금액이 판매 이익이다.

02 다음 상황을 보고 빈칸을 알맞게 채우시오.

> 공장에서 580원에 사 온 물건을 30원의 이익을 붙여서 610원으로 가격을 정했다가 10원을 할인해서 600원에 팔았다.

➡ 원가: [　　] 원

　　정가: [　　] 원

　　판매가: [　　] 원

03 다음 중 가격이 낮은 순서대로 기호를 쓰시오.

> ㉠ 정가 10000원을 10 % 할인한 가격
>
> ㉡ 원가 9000원에 20 % 이익을 붙인 가격
>
> ㉢ 정가 12000원을 30 % 할인한 가격

04 그림에 대한 설명으로 옳은 것은?

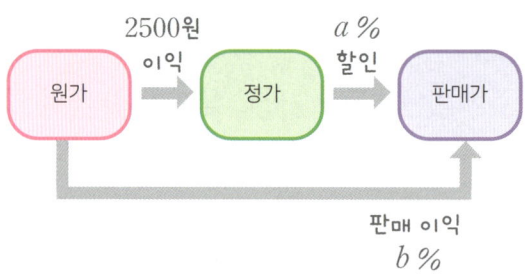

① 정가에서 2500원을 더하여 판매가가 된다.
② 원가에서 a %를 할인하면 정가이다.
③ 정가와 원가의 합은 2500원이다.
④ 정가에서 정가의 a %를 더하면 판매가이다.
⑤ (판매가)－(원가)는 원가의 b %이다.

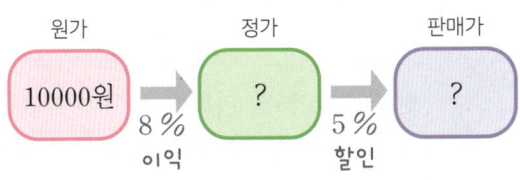

05 빈칸을 채워 설명에 알맞은 식을 완성하시오.

(1) (1000원에 x %의 이익을 붙인 가격)

$$= \boxed{} \times \left(1 + \boxed{}\right)$$

(2) (2500원에서 3 %의 이익을 붙인 후, 그 가격의 x %를 할인한 가격)

$$= \boxed{} \times \left(1 + \boxed{}\right) \times \left(1 - \boxed{}\right)$$

06 다음 그림을 보고 원가를 구하시오.

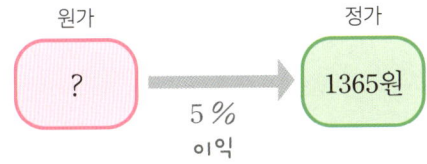

07 x원짜리 펜을 10 % 할인하여 6300원에 팔기로 했습니다. x의 값을 구하시오.

08 다음 그림을 보고 판매가를 구하시오.

원가 10000원 → 8 % 이익 → 정가 ? → 5 % 할인 → 판매가 ?

09 다음 일차방정식을 푸시오.

$$(x + 3000) \times \left(1 - \frac{5}{100}\right) = 5700$$

10 원가 12000원에 이익을 붙여서 정가를 14400원으로 정했습니다. 이익은 원가의 몇 %인지 구하시오.

11 아래 상황을 그림으로 옮긴 것입니다. 빈칸에 들어갈 식으로 알맞지 <u>않은</u> 것은?

> 원가의 15 %의 이익을 붙여 정가를 정했다가, 정가에서 6000원을 할인하여 팔았더니 원가의 3 %의 이익을 얻었습니다.

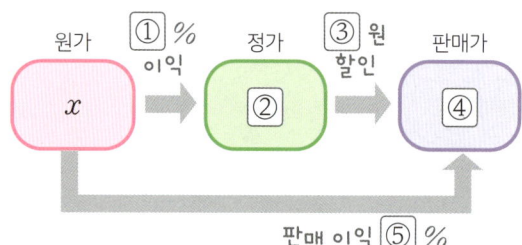

① 15

② $\left(1+\dfrac{15}{100}\right)x$

③ 6000

④ $\dfrac{115}{100}x+6000$

⑤ 3

12 다음 문장을 읽고 판매가를 식으로 바르게 나타낸 것은?

> 원가 x원에 10 %의 이익을 붙여 정가를 정하고, 다시 정가의 7 %를 할인하여 팔았다.

① $(x+10)\times\dfrac{93}{100}$

② $(x+10)\times\dfrac{7}{100}$

③ $x\times\dfrac{110}{100}\times\dfrac{93}{100}$

④ $x\times\dfrac{10}{100}\times\dfrac{93}{100}$

⑤ $x\times\dfrac{10}{100}\times\dfrac{7}{100}$

13 다음 상황에 대한 설명으로 옳지 <u>않은</u> 것은?

> 원가 3000원에 20 %의 이익을 붙여 정가를 정하고, 정가의 5 %를 할인하여 팔았더니 원가의 14 %의 이익을 얻었다.

① 원가에서 600원을 더해 정가를 정했다.

② 정가에서 150원을 할인해서 판매가를 정했다.

③ 판매가는 3420원이다.

④ 원가의 14 %는 420원이다.

⑤ 판매 이익은 420원이다.

14 원가가 x원인 티셔츠에 1000원의 이익을 붙여서 정가를 정하고, 정가의 12 %를 할인하여 8800원에 팔았습니다. x의 값을 구하시오.

15 다음 식을 판매 상황과 연결 지어 글로 표현하려고 합니다. 빈칸에 들어갈 수를 각각 구하시오.

$$(x+3600) \times \left(1-\frac{8}{100}\right) = x \times \left(1+\frac{10}{100}\right)$$

원가가 x원인 가방에 　⊙　원의 이익을 붙여서 정가를 정했다가 정가의 　ⓒ　%를 할인하여 팔았더니 원가의 　ⓒ　%의 이익을 얻었다.

16 원가 4000원에 20 %의 이익을 붙여서 정가를 정한 후 x원을 할인하여 팔았더니 원가의 15 %의 이익을 얻었습니다. x의 값을 구하시오.

17 원가가 7500원인 물건에 x %의 이익을 붙여서 정가를 정한 뒤 정가에서 125원을 할인하여 8500원에 팔았습니다. x의 값을 구하시오.

18 원가가 6000원인 상품이 있습니다. 이 상품의 정가를 20 % 할인하여 팔았더니 원가의 10 %의 이익이 생겼습니다. 이 상품의 정가를 구하시오.

19 두 상점 Ⓐ, Ⓑ에서 어떤 물건의 정가를 같은 가격으로 정했다가 다음과 같이 각각 할인하여 판매하였습니다. 두 상점의 판매가의 차이가 200원일 때, 이 물건의 정가는 얼마였는지 구하시오.

20 %
할인 판매
할인된 가격에서
추가로 **10 %** 더 할인

Ⓐ 상점

30 %
할인 판매

Ⓑ 상점

20 원가가 5000원인 상품의 정가를 10 % 할인하여 10개를 팔았더니 판매 이익이 400원이었습니다. 이 상품의 정가를 구하시오.

서술형 문제

21 원가에 30 %의 이익을 붙여서 정가를 정한 뒤, 정가에서 2000원을 할인해서 팔았더니 700원의 이익을 얻었습니다. 이 상품의 원가를 구하시오.

┌─ 풀이 ─────────────────────┐

└──────────────────────────┘

서술형 문제

22 어떤 물건의 원가에 20 %의 이익을 붙여서 정가를 정했다가 정가의 x %를 할인하여 팔았더니 원가의 8 %의 이익을 얻었습니다. x의 값은 얼마인지 구하시오.

┌─ 풀이 ─────────────────────┐

└──────────────────────────┘

서술형 문제

23 원가가 2200원인 상품에 10 %의 이익을 붙여서 정가를 정해서 팔다가, 10일 후에 남은 상품은 정가의 5 %를 할인해서 팔았습니다. 물음에 답하시오.

(1) 처음 10일 동안 상품을 1개 팔았을 때의 판매 이익은 얼마인지 구하시오.

(2) 10일 후 이 상품을 10개 팔았을 때의 판매 이익은 얼마인지 구하시오.

이자

이자: 남에게 돈을 빌려 쓰는 기간에 대한 비용.

이자율: 원금에 대한 이자의 비율로 주로 백분율로 나타냄.
금리라고도 함.

복리 이자: 원금과 이자의 합에 대한 이자.
예를 들어 1000원에 대한 이자율이 10 % 이면 이자는 100원이다.
그다음의 이자는 원금과 이자의 합(1000원 + 100원 = 1100원)
의 10 %로 110원이고, 그다음의 이자는 1210원 (1100원 + 110원 =
1210원)의 10 %로 121원이다.
따라서 복리 이자는 금액이 점점 커지게 된다.

단리 이자: 최초의 원금에 대해서만 계산하는 이자.
예를 들어 1000원에 대한 이자율이 10 % 이면
이자는 100원이고, 다음번의 이자 또한 변함없이 100원이다.
따라서 단리 이자는 금액이 고정된 값이다.

5 비율에 대한 방정식

이번 단원에서 배울 내용

1 부분과 나머지

2 증가와 감소에 대한 문제 (1)

3 증가와 감소에 대한 문제 (2)

4 비에 대한 문제 (1)

5 비에 대한 문제 (2)

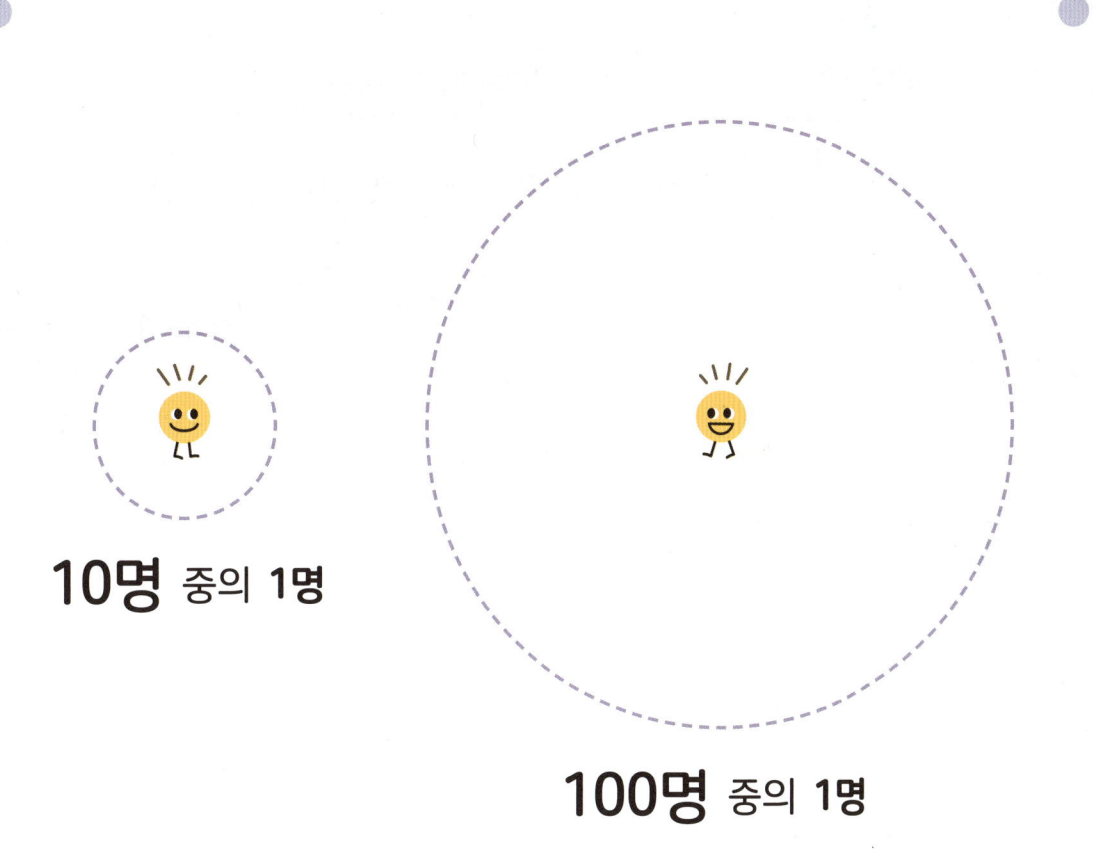

10명 중의 **1명**

100명 중의 **1명**

10명 중의 한 명과 100명 중의 한 명은

느낌이 완전히 다르지.

10명 중의 한 명이 독감이라는 것과

100명 중의 한 명이 독감이라는 것은 차이가 크잖아~

그래서 비교를 할 때는 비율을 이용하지.

자 그럼, 비율에 대한 문제를 지금부터 시작해 보자~

1 부분과 나머지

떡 x g의 $\dfrac{1}{3}$만큼을 먹었다. **남은 떡**은 몇 g일까?

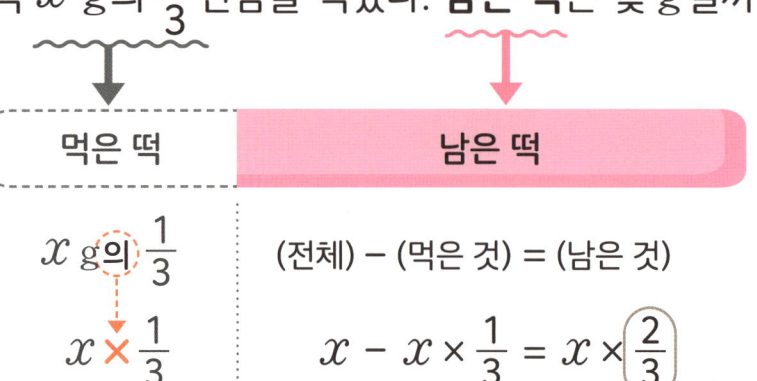

먹은 떡	남은 떡

x g의 $\dfrac{1}{3}$

$x \times \dfrac{1}{3}$

(전체) − (먹은 것) = (남은 것)

$x - x \times \dfrac{1}{3} = x \times \dfrac{2}{3}$

전체를 **1**이라고 할 때
나머지의 비율은
$1 - (부분) = 1 - \dfrac{1}{3} = \dfrac{2}{3}$

전체를 **1**로 보고
부분과 나머지를
비율로 나타내기

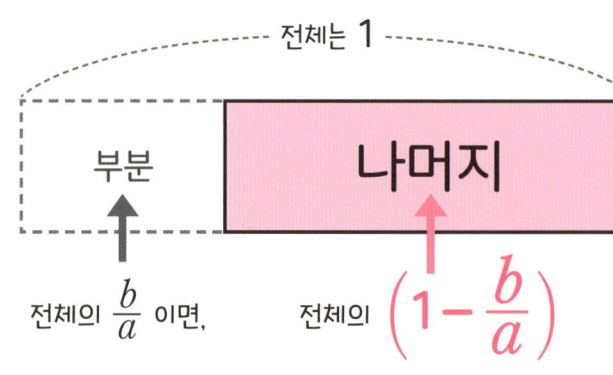

전체는 1

부분

나머지

전체의 $\dfrac{b}{a}$ 이면,   전체의 $\left(1 - \dfrac{b}{a}\right)$

▶ 개념 익히기 1

빈칸을 알맞게 채우세요.

01

사탕 x개의 $\dfrac{1}{4}$을 먹고, 남은 양은 $\left(x \times \boxed{\dfrac{3}{4}}\right)$개

02

종이 x장의 $\dfrac{4}{5}$를 쓰고, 남은 양은 $\left(x \times \boxed{}\right)$장

03

찰흙 x g의 $\dfrac{3}{8}$을 주고, 남은 양은 $\left(x \times \boxed{}\right)$ g

▶ 정답 및 해설 23쪽

문제 유리네 가족은 유럽 여행 일수의 $\frac{5}{9}$는 영국에, **나머지**의 $\frac{1}{4}$은 프랑스에서 지내고, 남은 6일은 독일을 여행하기로 하였다. 유리네 가족의 유럽 여행 일수는 모두 며칠일까?

풀이 전체 여행 일수를 x일이라고 하면,

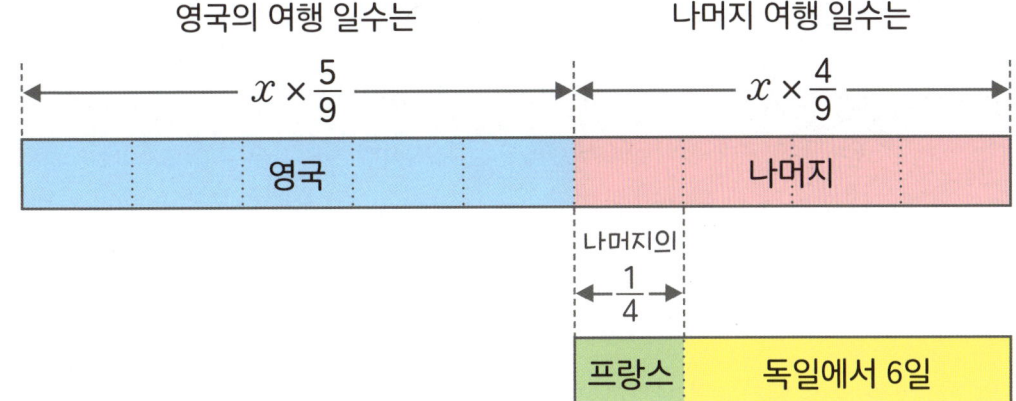

영국의 여행 일수는　　　　　　　나머지 여행 일수는

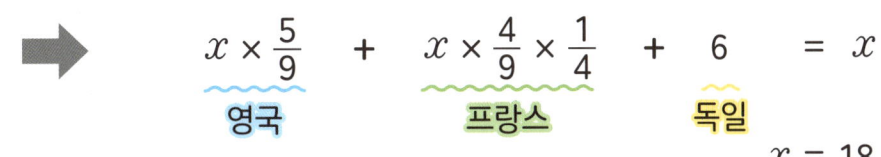

$$x \times \frac{5}{9} \;+\; x \times \frac{4}{9} \times \frac{1}{4} \;+\; 6 \;=\; x$$

영국　　　　　　프랑스　　　　독일

$$x = 18$$

답 18일

▶ 개념 익히기 2

오늘 공부한 x시간 중 $\frac{1}{4}$은 수학을, **나머지**의 $\frac{1}{3}$은 영어를 공부하고, 남은 2시간은 국어를 공부했습니다. 물음에 답하세요.

01 오른쪽 그림의 빈칸을 알맞게 채우세요.

02 수학을 공부한 시간 ➡ $\left(x \times \boxed{}\right)$시간

03 영어를 공부한 시간 ➡ $\left(x \times \boxed{} \times \boxed{}\right)$시간

[오늘 공부한 $\boxed{x}$ 시간]

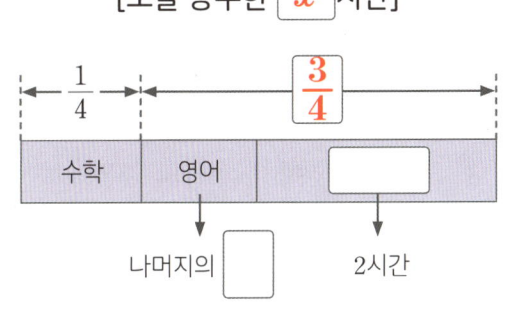

▶ 정답 및 해설 23~24쪽

▶ 개념 다지기 1

물음에 답하세요.

01 하루의 $\frac{1}{6}$을 공부하고, **나머지**의 $\frac{1}{10}$은 운동을 했다.

   (1) 하루 중 공부를 한 시간은?　**4시간**

$$24 \times \frac{1}{6} = 4$$

   (2) 하루 중 운동을 한 시간은?　**2시간**

$$24 \times \frac{5}{6} \times \frac{1}{10} = 2$$

02 용돈 10000원의 $\frac{1}{5}$은 저금을 하고, 용돈의 $\frac{1}{4}$은 간식을 사 먹었다.

   (1) 저금을 한 금액은?

   (2) 간식을 사 먹은 금액은?

03 밀가루 250 g 중 $\frac{1}{2}$은 냉장고에 보관하고, **나머지**의 $\frac{2}{5}$는 빵을 만들었다.

   (1) 냉장고에 보관한 밀가루의 양은?

   (2) 빵을 만드는 데 쓴 밀가루의 양은?

04 우리 반 학생 40명의 $\frac{1}{2}$은 축구를 하고, 전체의 $\frac{1}{4}$은 농구를 했다.

   (1) 축구를 한 학생 수는?

   (2) 농구를 한 학생 수는?

05 물 500 mL 중 $\frac{4}{5}$는 오전에 마시고, **나머지**의 $\frac{1}{4}$은 오후에 마셨다.

   (1) 오전에 마신 물의 양은?

   (2) 오후에 마신 물의 양은?

06 여름 방학 30일 중 $\frac{1}{2}$은 집에서 공부를 하고, **나머지**의 $\frac{1}{3}$은 도서관에서 공부를 했다.

   (1) 집에서 공부한 일수는?

   (2) 도서관에서 공부한 일수는?

▶ 개념 다지기 2

설명에 알맞게 그림의 빈칸을 채우세요.

01

책 한 권을 읽는데, 첫째 날에는 전체의 $\frac{1}{3}$을 읽고, 나머지의 $\frac{1}{5}$을 둘째 날에 읽었습니다. 셋째 날에는 30쪽을 읽고, 넷째 날에 남은 부분을 전부 읽었습니다.

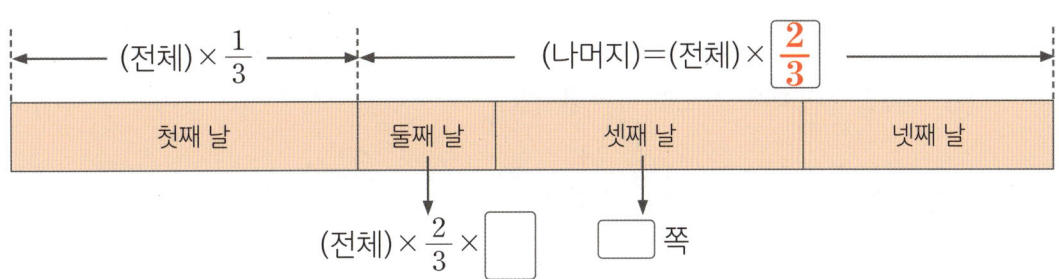

02

용돈의 $\frac{1}{5}$로 간식을 사 먹고, 나머지의 $\frac{2}{5}$로 수학책을, 5000원으로 학용품을 샀더니 19000원이 남았습니다.

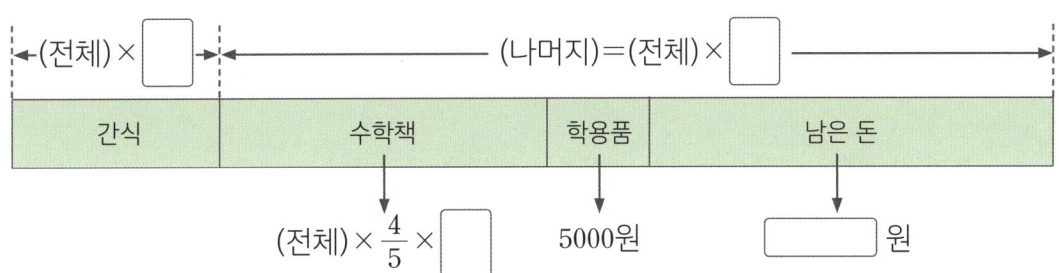

03

책꽂이에 있는 책의 $\frac{2}{7}$가 문제집이고, 나머지의 $\frac{1}{2}$은 만화책입니다. 30권은 위인전이며, 그 외의 책은 모두 40권입니다.

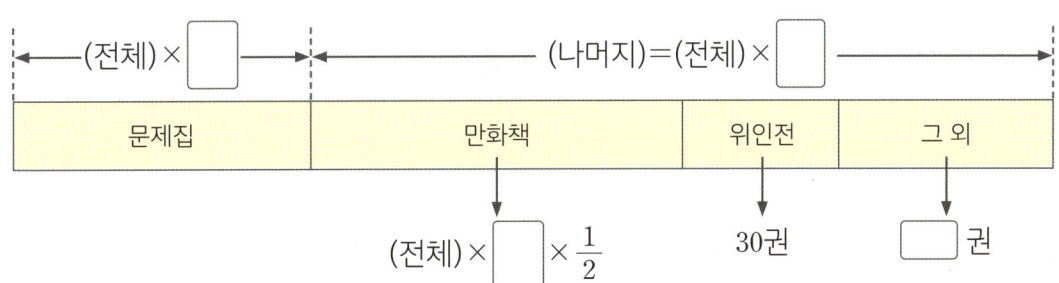

▶ 정답 및 해설 25쪽

▶ 개념 마무리 1

물음에 답하세요.

01

이번 방학 x일 동안 다양한 운동을 배우기로 했다. 방학 기간의 $\frac{1}{3}$은 스키를 배우고, **남은 기간**의 $\frac{1}{5}$은 농구를 배우기로 정했다. 이후 12일 동안 피겨 스케이팅을 배우고 나면, 방학은 4일이 남는다.

(1) 다음을 x에 대한 식으로 나타내세요.

(스키를 배우는 기간) = $\dfrac{1}{3}x$

(농구를 배우는 기간) = $\dfrac{2}{15}x$

(2) 빈 곳에 식을 알맞게 쓰세요.

$$\underline{\qquad\qquad}_{\text{스키}} + \underline{\qquad\qquad}_{\text{농구}} + \underline{\qquad\qquad}_{\text{피겨 스케이팅}} + 4 = \underline{\qquad\qquad}_{\text{방학}}$$

02

우리 반 x명을 대상으로 가장 좋아하는 계절을 조사했다. 전체의 $\frac{2}{9}$는 봄을 가장 좋아했고, **나머지**의 $\frac{1}{3}$은 여름을, $\frac{2}{7}$는 가을을 골랐다. 겨울을 고른 사람은 8명이었다.

(1) 다음을 x에 대한 식으로 나타내세요.

(봄을 고른 사람 수) = $\underline{\qquad\qquad}$

(여름을 고른 사람 수) = $\underline{\qquad\qquad}$

(가을을 고른 사람 수) = $\underline{\qquad\qquad}$

(2) 빈 곳에 식을 알맞게 쓰세요.

$$\underline{\qquad\qquad}_{\text{봄}} + \underline{\qquad\qquad}_{\text{여름}} + \underline{\qquad\qquad}_{\text{가을}} + 8 = \underline{\qquad\qquad}_{\text{반 학생 수}}$$

▶정답 및 해설 25~27쪽

▶ 개념 마무리 2

물음에 답하세요.

01 주말농장 텃밭에 모종을 심고 있습니다. 텃밭의 $\frac{1}{4}$에는 고추를 심고, 나머지 밭의 $\frac{1}{3}$에는 가지를 심었습니다. 상추를 $2\,\text{m}^2$에 심고 나니 $4\,\text{m}^2$의 밭이 남았다면 텃밭의 전체 크기는 몇 m^2일까요?

$$x \times \frac{1}{4} + x \times \frac{3}{4} \times \frac{1}{3} + 2 + 4 = x$$

답: $12\,\text{m}^2$

02 시험을 준비하기 위해 시험 공부 기간을 정했습니다. 전체 공부 기간의 $\frac{1}{5}$은 국어를 하고, $\frac{1}{4}$은 영어를, $\frac{1}{2}$은 수학을 공부했더니 2일이 남았습니다. 시험 공부 기간은 모두 며칠일까요?

03 어느 교육센터의 유치원생은 전체의 $\frac{2}{5}$이고, 나머지의 $\frac{2}{9}$는 초등학생, $\frac{1}{3}$은 중학생입니다. 고등학생이 80명일 때, 이 교육센터의 전체 학생 수는 모두 몇 명일까요?

04 사탕을 사서 친구들에게 전체의 $\frac{1}{5}$을 나눠주고, 남은 사탕의 $\frac{3}{8}$을 가족들에게 나눠준 뒤, 내가 9개를 먹었더니 11개가 남았습니다. 구매한 사탕은 모두 몇 개일까요?

05 우리 학교 학생들의 혈액형을 조사했습니다. A형과 B형이 각각 전교생의 $\frac{1}{3}$이고, AB형은 $\frac{1}{4}$, O형은 30명입니다. 우리 학교 학생은 모두 몇 명일까요?

06 빵집에 빵을 사러 갔습니다. 가져간 돈의 $\frac{2}{5}$로 단팥빵을 사고, 남은 돈의 $\frac{1}{3}$로 샌드위치를 사고, 슈크림빵을 4000원어치 샀더니 2000원이 남았습니다. 가져간 돈은 모두 얼마일까요?

2 증가와 감소에 대한 문제 (1)

나는 50명의 학생 중 상위 2 %야!
나는 몇 등일까?

풀이

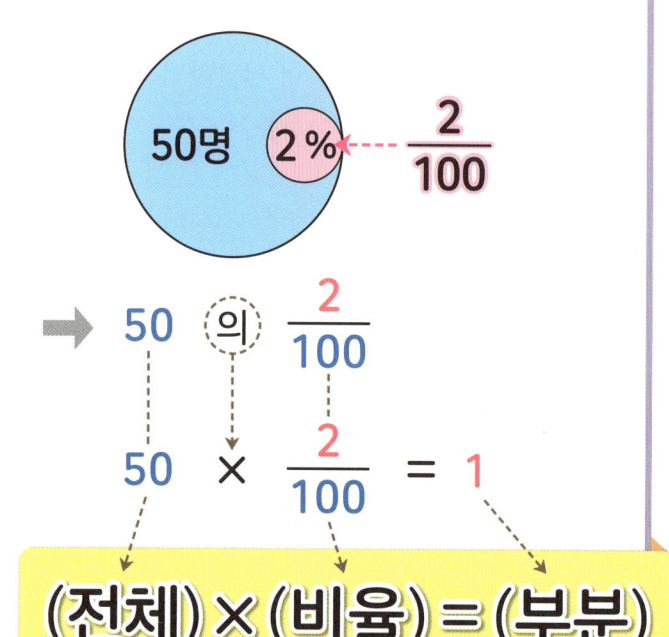

2 %

100명 중에서 2명

$\Rightarrow \dfrac{2}{100} = \dfrac{1}{50}$

$\Rightarrow$ 그러니까,
50명 중에서는 1등!

$\Rightarrow$ 50 의 $\dfrac{2}{100}$

50 $\times$ $\dfrac{2}{100}$ = 1

(전체)×(비율)=(부분)

$\Rightarrow$ 50명 중에서는 1등!

▶ **개념 익히기 1**

물음에 답하세요.

01

120명의 10 %는?

$120 \times \dfrac{10}{100} = 12$

12명

02

500개의 15 %는?

03

300 g의 21 %는?

문제 우리 동네 문화 센터의 회원 수는 작년에 비하여 16 % 증가하여 올해 957명이 되었다. 문화 센터의 작년 회원 수는?

풀이

작년 회원 수 + 증가한 회원 수 = 올해 회원 수
　　　　　　　作년의 16 %　　　957명

작년 회원 수를 x로 두면 되겠네~

$$x + x \times \frac{16}{100} = 957$$

$$100x + 16x = 95700$$

$$116x = 95700$$

$$x = 825$$

답 825명

▶ 개념 익히기 2

빈칸을 알맞게 채우세요.

 5-08

01

a명에서 25 % 증가한 인원수

➡ $\boxed{a} + \boxed{a} \times \frac{25}{100}$

02

10개에서 b % 감소한 개수

➡ $\boxed{} - 10 \times \dfrac{\boxed{}}{100}$

03

c권에서 d % 증가한 권수

➡ $\boxed{} + \boxed{} \times \dfrac{\boxed{}}{100}$

▶ 개념 다지기 1

물음에 알맞은 식에 ○표 하세요.

01 학생 100명 중 13 %가 전학을 갔다. 전학을 간 학생 수는?

· 100×13 (   )

· $100 \times \dfrac{13}{100}$ (○)

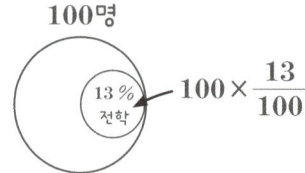

02 이번 달 용돈은 지난달 x원보다 10 % 늘었다. 이번 달 용돈은?

· $x \times \dfrac{10}{100}$ (   )

· $x + x \times \dfrac{10}{100}$ (   )

03 과자의 가격이 1500원에서 15 % 올랐다. 과자의 가격은?

· $1500 \times \dfrac{15}{100}$ (   )

· $1500 + 1500 \times \dfrac{15}{100}$ (   )

04 올해 키를 재보니 작년 x cm에서 4 % 더 컸다. 올해 자란 키는 몇 cm일까?

· $x \times \dfrac{4}{100}$ (   )

· $x + x \times \dfrac{4}{100}$ (   )

05 우리 반 남학생 수는 x명인데 여학생 수는 남학생 수보다 30 % 적다. 우리 반의 여학생 수는?

· $x + x \times \dfrac{30}{100}$ (   )

· $x - x \times \dfrac{30}{100}$ (   )

06 이번 시험 성적은 작년 80점에서 x % 올랐다. 몇 점이 올랐을까?

· $80 \times \dfrac{x}{100}$ (   )

· $80 + 80 \times \dfrac{x}{100}$ (   )

▶ 개념 다지기 2

주어진 문장을 식으로 바르게 나타내세요.

01

x명에서 10 %가 늘어 총 인원수는 440명이 되었다.

➡ $x + x \times \dfrac{\boxed{10}}{\boxed{100}} = \boxed{440}$

02

오늘은 어제 강수량 a mm보다 30 %가 더 늘어 260 mm가 되었다.

➡ $a \bigcirc a \times \boxed{} = 260$

03

오후에는 아침에 섭취한 750 kcal 보다 b %를 줄여 섭취했더니 600 kcal였다.

➡ $750 - \boxed{} \times \dfrac{\boxed{}}{100} = 600$

04

y원에서 15 %를 할인해서 34000원이 되었다.

➡ $y \bigcirc y \times \boxed{} = \boxed{}$

05

올해 신입생은 작년 신입생 c명보다 8 %가 줄어 184명이 되었다.

➡

06

용돈이 3000원에서 z %가 올라 3600원이 되었다.

➡

▶ 정답 및 해설 29쪽

▶ 개념 마무리 1

x의 값을 구하세요.

01 x원에서 12 %가 오르면 7000원

$$x + \frac{12}{100}x = 7000$$
$$100x + 12x = 700000$$
$$112x = 700000$$
$$x = 6250$$

답: $x = 6250$

02 x명의 20 %는 30명

03 1000개의 x %는 350개

04 200명에서 x % 감소해서 160명

05 150 cm의 고무줄을 x % 늘리면 153 cm

06 x kg에서 10 % 줄이면 무게는 540 kg

▶ 개념 마무리 2

물음에 답하세요.

01 올해 남학생 수는 작년의 남학생 수에 비해 5 %가 증가하여 252명이 되었습니다. 작년 남학생 수는 몇 명이었을까요?

작년의 남학생 수를 x명이라 하면,

$$x + \frac{5}{100}x = 252$$
$$100x + 5x = 25200$$
$$105x = 25200$$
$$x = 240$$

답: 240명

02 기말시험 점수는 중간시험 점수보다 12 %가 증가하여 56점이 되었습니다. 중간시험 점수는 몇 점이었을까요?

03 학교 매점에서 샌드위치를 오늘부터 15 % 할인하여 2125원에 팔고 있습니다. 할인하기 전 가격은 얼마였을까요?

04 350 mL인 어떤 음료의 양을 x % 늘렸더니 420 mL가 되었습니다. 늘린 양은 처음 양의 몇 %였을까요?

3 증가와 감소에 대한 문제 (2)

문제 어느 학교의 남학생과 여학생 수는 작년에 비해서 **남자**는 5 % 감소하고 **여자**는 4 % 증가하여 **전체**는 작년보다 6명이 감소하였다. 작년에 전체 학생 수가 300명이었을 때, 작년 남학생 수는?

> 작년과 비교하는 문제는 표를 그려서 해결하기~

풀이 ❶ 문제를 표로 나타내기 ❷ 주어진 정보들을 메모하기

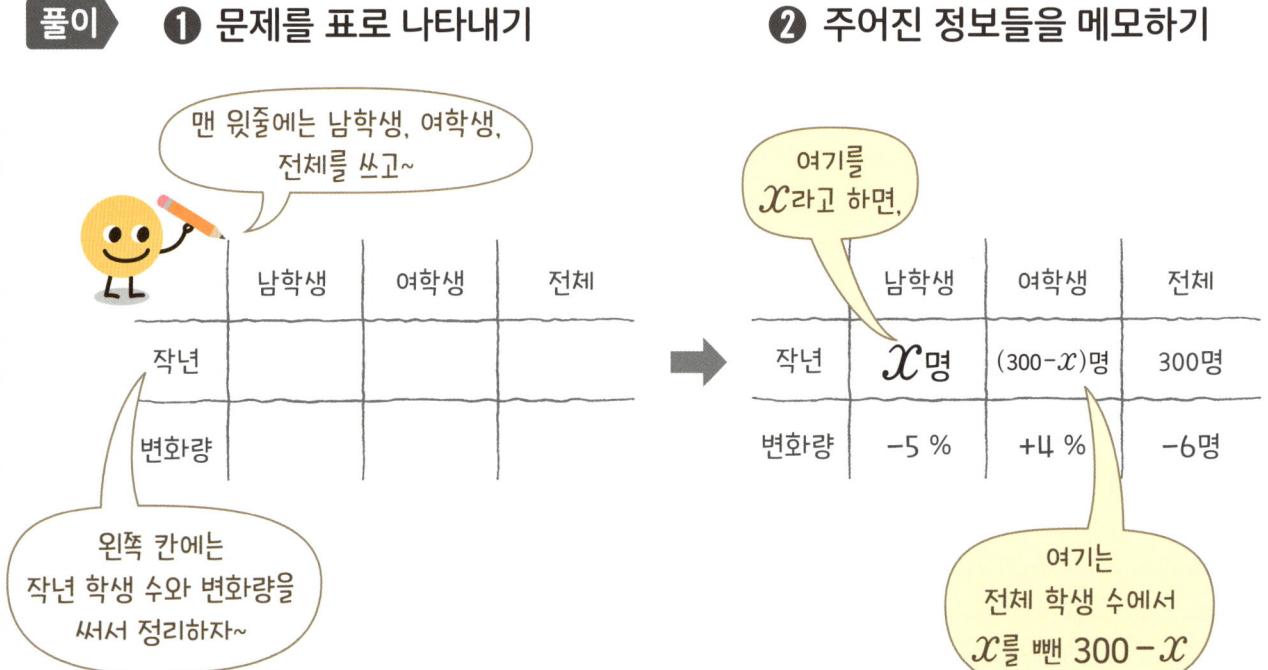

맨 윗줄에는 남학생, 여학생, 전체를 쓰고~

	남학생	여학생	전체
작년			
변화량			

왼쪽 칸에는 작년 학생 수와 변화량을 써서 정리하자~

여기를 x라고 하면,

	남학생	여학생	전체
작년	x명	$(300-x)$명	300명
변화량	-5 %	$+4$ %	-6명

여기는 전체 학생 수에서 x를 뺀 $300-x$

▶ 개념 익히기 1

괄호 안에 알맞은 식을 쓰세요.

01

전체 학생 수: 200명
여학생 수: x명

➡ 남학생 수: (**$200-x$**)명

02

가지고 있는 돈: 10000원
물건 금액: x원

➡ 거스름돈: (   )원

03

남학생 수: $(100-x)$명
여학생 수: x명

➡ 전체 학생 수: (   )명

❸ 식 세우기

식을 세우는 방법은 2가지야!

	남학생	여학생	전체
작년	x명	$(300-x)$명	300명
변화량	−5 %	+4 %	−6명

전체 학생 수로 식 세우기

$$\begin{pmatrix}\text{올해}\\\text{남학생}\end{pmatrix} + \begin{pmatrix}\text{올해}\\\text{여학생}\end{pmatrix} = 300 - 6$$

증가와 감소로 식 세우기

$$\begin{pmatrix}\text{남학생}\\\text{변화량}\end{pmatrix} + \begin{pmatrix}\text{여학생}\\\text{변화량}\end{pmatrix} = -6$$

$$x - \frac{5}{100}x + (300-x) + (300-x)\times\frac{4}{100} = 300 - 6$$

$$-\frac{5}{100}x + 300 + (300-x)\times\frac{4}{100} = 300 - 6$$

$$-\frac{5}{100}x + (300-x)\times\frac{4}{100} = -6$$

 어떤 방법으로 식을 세우든 둘은 같은 식이었네!

답 ▶ 200명

▶ 개념 익히기 2

 5-14

작년 남학생 수는 60명, 여학생 수는 40명이었습니다. 올해는 남학생이 작년에 비해 5 % 줄고, 여학생이 10 % 늘었습니다. 물음에 답하세요.

01

올해 남학생 수는 작년에 비해 몇 명이 줄었을까요?

$$60 \times \frac{5}{100} = 3 \qquad \text{3명}$$

02

올해 여학생 수는 작년에 비해 몇 명이 늘었을까요?

03

올해 전체 학생 수는 작년에 비해 몇 명이 증가 또는 감소했나요?

▶ 정답 및 해설 31쪽

▶ 개념 다지기 1

주어진 정보를 요약하는 문제입니다. 문제의 정보를 표에 나타내세요.

01

작년에 전체 학생 수가 100명이었던 학교에 올해는 남학생이 8 % 증가하고, 여학생이 2 % 감소하여 전체 학생 수는 3명이 늘었습니다.

	남학생	여학생	전체
작년	x명	$(100-x)$명	100명
변화량	$+8\%$		$+3$명

02

지난번 국어 점수는 수행 평가 점수와 지필 평가 점수를 합쳐서 85점이었습니다. 이번에는 수행 평가 점수가 15 % 오르고, 지필 평가 점수는 10 % 떨어져서 국어 점수는 2점이 떨어졌습니다.

	수행 평가	지필 평가	전체
지난번	x점		
변화량			

03

상반기에 500명이 응시했던 시험에 하반기에는 25명이 늘어난 사람이 응시했습니다. 하반기의 합격자는 상반기에 비해 4 % 감소하고, 불합격자는 6 % 늘었습니다.

	합격자	불합격자	전체
상반기	x명		
변화량			

04

한 학기가 지나자 우리 반 30명 중에 안경을 쓴 학생이 5 % 늘고, 안 쓴 학생은 10 % 줄었습니다. (단, 전체 학생 수는 변함이 없습니다.)

	착용	미착용	전체
지난 학기	x명		
변화량			

▶ 개념 다지기 2

표를 보고 식을 세워 보세요.

01

작년 전체 학생 수가 300명인 학교에 올해는 남학생이 작년에 비해 3 % 증가, 여학생이 2 % 증가하여 전체 학생 수가 7명이 늘었습니다.

	남학생	여학생	전체
작년	x명	$(300-x)$명	300명
변화량	+3 %	+2 %	+7명

(올해 남학생) + (올해 여학생) = (올해 전체 학생)

$$x \times \left(1+\frac{3}{100}\right) \ + \ \underline{\hspace{5cm}} \ = \ \underline{\hspace{3cm}}$$

02

지난 학기 체육 점수는 실기 점수와 필기 점수를 합해서 82점이었습니다. 이번 학기에는 실기 점수가 5 % 오르고, 필기 점수도 10 %가 올라서 체육 점수는 87점이 되었습니다.

	실기 점수	필기 점수	전체
지난 학기	x점	$(82-x)$점	82점
변화량	+5 %	+10 %	$(87-82)$점

$$\left(\begin{array}{c}\text{실기 점수의}\\\text{변화량}\end{array}\right) + \left(\begin{array}{c}\text{필기 점수의}\\\text{변화량}\end{array}\right) = \left(\begin{array}{c}\text{전체 점수의}\\\text{변화량}\end{array}\right)$$

$$\underline{\hspace{4cm}} \ + \ \underline{\hspace{4cm}} \ = \ \underline{\hspace{4cm}}$$

03

지난달 카페에서 커피와 에이드를 합해서 170잔을 팔았습니다. 이번 달에는 커피를 5 % 더 팔고, 에이드는 6 % 덜 팔아서 모두 173잔을 팔았습니다.

	커피	에이드	전체
지난달	x잔	$(170-x)$잔	170잔
변화량	+5 %	-6 %	$(173-170)$잔

$$\left(\begin{array}{c}\text{커피 판매량의}\\\text{변화량}\end{array}\right) + \left(\begin{array}{c}\text{에이드 판매량의}\\\text{변화량}\end{array}\right) = \left(\begin{array}{c}\text{전체 판매량의}\\\text{변화량}\end{array}\right)$$

$$\underline{\hspace{12cm}}$$

▶ 정답 및 해설 32쪽

▶ 개념 마무리 1

주어진 상황을 표로 나타내고, x에 대한 방정식을 세워 x의 값을 구하세요.

01

지난 학기 미술 점수는 실기 점수 x점과 필기 점수를 합해서 75점이었습니다. 이번 학기에는 실기 점수가 20 % 오르고, 필기 점수는 5 % 떨어져서 전체 미술 점수는 5점이 올랐습니다.

	실기 점수	필기 점수	미술 점수
지난 학기	x점	$(75-x)$점	75점
변화량	$+20$ %		

(실기 점수 변화량) + (필기 점수 변화량) = (미술 점수 변화량)

변화량으로 식 세우기

_____

답 _____

02

어느 학과의 작년 입학생은 남학생 x명과 여학생을 더해서 모두 35명이었습니다. 올해는 남학생이 30 % 늘고, 여학생이 20 % 줄어서 입학생은 2명 줄었습니다.

	남학생	여학생	전체
작년	x명		
변화량			

(올해 남학생 수) + (올해 여학생 수) = (올해 입학생 수)

학생 수로 식 세우기

_____

답 _____

▶ 정답 및 해설 32~33쪽

5-18

▶ 개념 마무리 2

물음에 답하세요.

01 어느 학교의 학생 수는 작년에 비해서 남학생은 10 % 증가하고, 여학생은 5 % 감소하여 전체 학생 수가 7명 증가하였습니다. 작년 전체 학생 수가 400명이었을 때, **작년 여학생 수**는 몇 명이었을까요?

	남	여	전체
작년	$(400-x)$명	x명	400명
변화량	+10 %	−5 %	+7명

$$(400-x)\times\frac{10}{100}-x\times\frac{5}{100}=7$$
$$10(400-x)-5x=700$$
$$4000-10x-5x=700$$
$$-15x=-3300$$
$$x=220$$

답: 220명

02 어느 자격증 시험의 작년 응시생은 2000명이었습니다. 올해는 작년에 비하여 합격자 수가 7 % 증가하고, 불합격자는 24명 감소하여 전체 응시생이 3 % 증가하였습니다. **올해의 합격자 수**는 몇 명일까요?

03 현아는 지난 영어 시험과 수학 시험의 성적의 합이 180점이었습니다. 이번 시험에서 영어 시험 성적은 5 % 오르고, 수학 시험 성적은 9 % 떨어져서 두 시험 성적의 합은 5점이 떨어졌습니다. **이번 영어 시험 성적**은 몇 점이었을까요?

04 지난달 언니와 동생의 지출의 합은 5만 원이었습니다. 이번 달 지출은 지난달에 비하여 언니는 20 % 감소하고, 동생은 5 % 증가하여 언니와 동생의 지출의 합이 7 % 감소하였을 때, **이번 달 언니의 지출**은 얼마일까요?

2 : 3   10 : 15

4 : 6   14 : 21

2 : 3 = 4 : 6 = 10 : 15 = 14 : 21

모두 다 같은 거면 어떤 걸로 쓰지?

간단한 게 좋으니까 가장 간단한 자연수의 비로 써~

비가 주어진 일차방정식 문제는

비를 실제 양으로 나타내서

방정식을 세워~

예 비가 3 : 4인 두 수~

$$3a \quad 4a$$

※ 문자는 x, y, z, a, b, c 등 어떤 걸 사용해도 돼!

▶ 개념 익히기 1

주어진 비를 보고 문자를 사용해서 실제 양을 나타내 보세요.

01

(남학생의 수) : (여학생의 수) = 49 : 53 ➡ (남학생의 수) = **49a**

(여학생의 수) = **53a**

02

(밀가루의 양) : (물의 양) = 5 : 3 ➡ (밀가루의 양) =

(물의 양) =

03

(공부 시간) : (자유 시간) = 5 : 6 ➡ (공부 시간) =

(자유 시간) =

▶ 정답 및 해설 33쪽

문제 쿠키 반죽 910 g을 3 : 4로 나누어 별 모양, 달 모양 쿠키를 만들려고 한다. 별 모양 쿠키를 만드는 데 사용한 반죽은 몇 g일까?

방정식 풀이

$$3 : 4 = 3a : 4a$$

(별 모양) + (달 모양) = 910

$$3a + 4a = 910$$

$$7a = 910$$

$$a = 130$$

➡ (별 모양) = $3a$

$$= 3 \times 130$$

$$= 390(\text{g})$$

비례배분 풀이

별 모양 : 달 모양 = 3 : 4

전체를 7등분!

(별 모양) = $910 \times \dfrac{3}{3+4}$

$$= 910 \times \dfrac{3}{7}$$

$$= 390(\text{g})$$

6학년 때 배운 비례배분! 기억나?

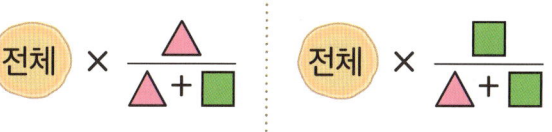

전체 를 △:■로 나누는 방법

전체 × $\dfrac{△}{△+■}$ 전체 × $\dfrac{■}{△+■}$

▶ 개념 익히기 2

다음 문장을 문자를 사용하여 방정식으로 나타낼 때, 빈칸을 알맞게 채우세요.

5-20

01

비가 1 : 4인 두 자연수의 합이 20

➡ $\boxed{a} + \boxed{4a} = 20$

02

비가 6 : 5인 두 자연수의 차가 3

➡ $6x - \boxed{} = 3$

03

비가 3 : 7인 두 자연수의 합이 40

➡ $\boxed{} + 7y = 40$

▶ 개념 다지기 1

비례배분을 이용하여 다음 물음에 답하세요.

01 두 수 ㉮와 ㉯의 비가 1 : 3이고 두 수의 합이 16일 때, 두 수를 각각 구하세요.

$$㉮ = 16 \times \frac{\boxed{1}}{\boxed{1}+\boxed{3}} = \boxed{4}$$

$$㉯ = 16 \times \frac{\boxed{}}{\boxed{}+\boxed{}} = \boxed{}$$

02 두 수 ㉠과 ㉡의 비가 4 : 9이고 두 수의 합이 39일 때, 두 수를 각각 구하세요.

$$㉠ = 39 \times \frac{\boxed{}}{\boxed{}+\boxed{}} = \boxed{}$$

$$㉡ = 39 \times \frac{\boxed{}}{\boxed{}+\boxed{}} = \boxed{}$$

03 두 수 a와 b의 비가 7 : 6이고 두 수의 합이 52일 때, 두 수를 각각 구하세요.

$$a = 52 \times \frac{\boxed{}}{\boxed{}+\boxed{}} = \boxed{}$$

$$b = 52 \times \frac{\boxed{}}{\boxed{}+\boxed{}} = \boxed{}$$

04 두 수 x와 y의 비가 3 : 2이고 두 수의 합이 45일 때, 두 수를 각각 구하세요.

$$x = \boxed{} \times \frac{\boxed{}}{\boxed{}+\boxed{}} = \boxed{}$$

$$y = \boxed{} \times \frac{\boxed{}}{\boxed{}+\boxed{}} = \boxed{}$$

05 두 수 n과 m의 비가 5 : 8이고 두 수의 합이 91일 때, 두 수를 각각 구하세요.

06 두 수 p와 q의 비가 17 : 6이고 두 수의 합이 115일 때, 두 수를 각각 구하세요.

▶ 정답 및 해설 34쪽

▶ 개념 다지기 2

물음에 답하세요.

01

길이가 60 cm인 철사를 구부려 가로와 세로의 길이의 비가 21 : 14인 직사각형을 만들려고 합니다. (단, 철사는 겹치는 부분이 없도록 합니다.)

(1) 간단한 자연수의 비로 나타내세요.
   (가로의 길이) : (세로의 길이) = 21 : 14 = ③ : ②

(2) (1)의 비로 가로와 세로의 길이를 문자를 사용하여 나타내세요.

(3) (2)를 이용하여 세로의 길이를 구하세요.

02

구리와 주석을 97 : 3의 비율로 섞어 청동 350 g을 만들려고 합니다.

(1) 청동 350 g에 실제 사용된 구리와 주석의 양을 문자를 사용하여 나타내세요.

(2) (1)을 이용하여 필요한 주석의 양을 구하세요.

03

예지와 승찬이가 가진 포토 카드 수의 비가 3 : 11이고, 두 사람의 포토 카드 수의 차가 32장입니다.

(1) 예지와 승찬이가 가진 포토 카드 수를 문자를 사용하여 나타내세요.

(2) (1)을 이용하여 예지의 포토 카드 수를 구하세요.

▶ 개념 마무리 1

물음에 답하세요.

01 비가 3 : 8인 두 자연수의 합이 55일 때, 두 자연수를 구하세요.

두 자연수를 $3x, 8x$라 하면

$$3x + 8x = 55$$
$$x = 5$$

➡ $3x = 3 \times 5 = 15, \ 8x = 8 \times 5 = 40$

답: 15, 40

02 비가 4 : 1인 두 자연수의 차가 12일 때, 큰 자연수를 구하세요.

03 비가 3 : 5인 두 자연수의 합이 24일 때, 작은 자연수를 구하세요.

04 비가 6 : 7인 두 자연수의 차가 4일 때, 큰 자연수를 구하세요.

05 비가 9 : 8인 두 자연수의 합이 34일 때, 두 자연수의 차를 구하세요.

06 비가 2 : 7인 두 자연수의 차가 45일 때, 두 자연수의 합을 구하세요.

▶ 개념 마무리 2

물음에 답하세요.

01

우리 반 27명 중에 안경을 쓴 사람과 안 쓴 사람의 비는 7 : 2입니다. 안경을 쓴 사람 중 남학생과 여학생의 비가 3 : 4일 때, 안경을 쓴 남학생과 여학생 수를 각각 구하세요.

➡ 안경 쓴 남학생 수: _____9_____ 명

안경 쓴 여학생 수: _____ 명

02

전교생 250명 중에서 학교 체육 대회의 경기에 출전하는 학생과 출전하지 않는 학생의 비는 4 : 1입니다. 출전하는 학생들 중 육상에 나가는 학생과 다른 종목에 나가는 학생의 비가 1 : 4일 때, 육상에 나가는 학생과 다른 종목에 나가는 학생의 수를 각각 구하세요.

➡ 육상에 나가는 학생 수: _____ 명

다른 종목에 나가는 학생 수: _____ 명

03

컴퓨터 자격증 시험에 응시한 남학생과 여학생의 비는 3 : 5이고, 차는 40명입니다. 시험에 합격한 남학생과 불합격한 남학생의 비가 7 : 3일 때, 시험에 응시한 남학생 수와 불합격한 남학생 수를 각각 구하세요.

➡ 응시한 남학생 수: _____ 명

불합격한 남학생 수: _____ 명

04

학교 도서관에 있는 만화책과 과학책의 비가 1 : 4이고, 차가 210권입니다. 오늘까지 대여된 만화책과 대여되지 않은 만화책의 비가 3 : 4일 때, 도서관의 만화책 수와 대여된 만화책 수를 각각 구하세요.

➡ 만화책 수: _____ 권

대여된 만화책 수: _____ 권

5 비에 대한 문제 (2)

문제 ▷ 어느 시험에 응시한 남녀의 비는 5 : 4이고,
합격자의 남녀의 비는 11 : 12, 불합격자의 남녀의 비는 7 : 4였다.
합격자 수가 460명일 때, **응시생 수는?**

풀이 ▷

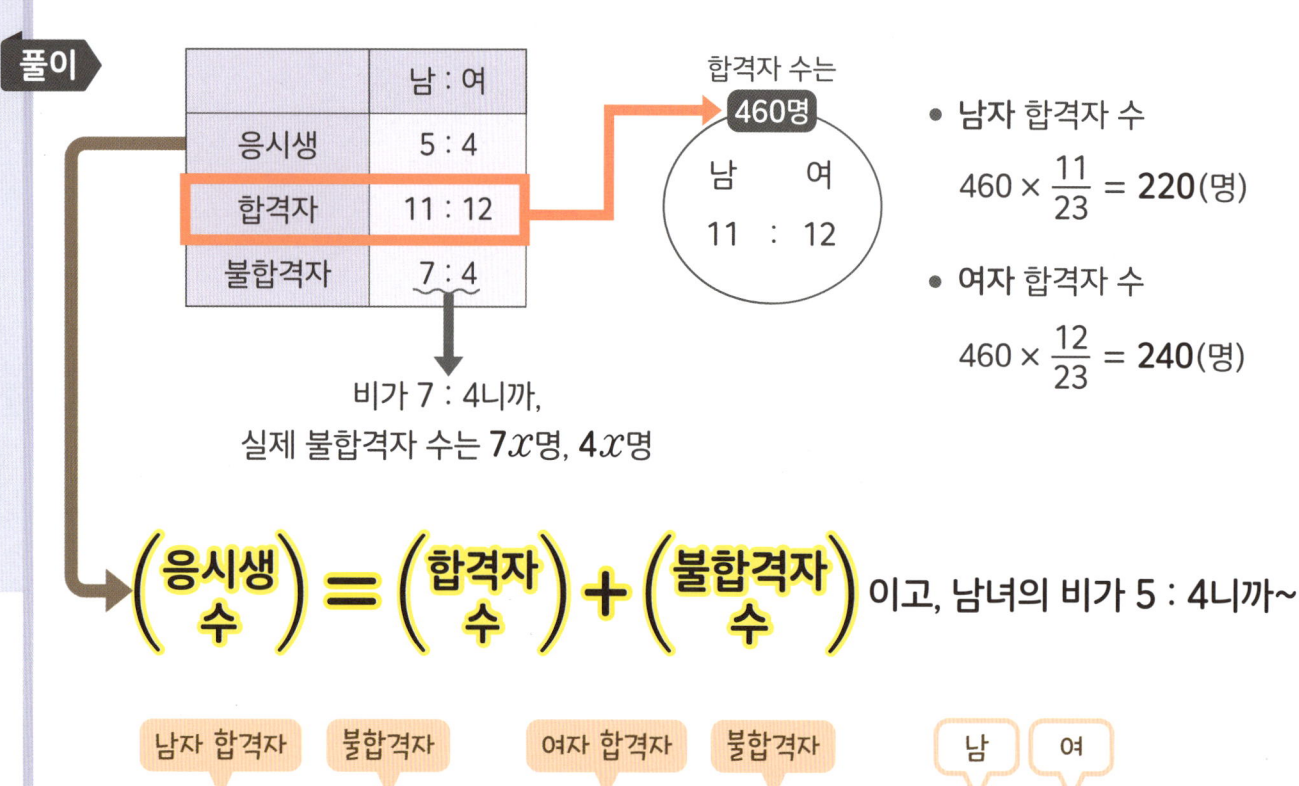

	남 : 여
응시생	5 : 4
합격자	11 : 12
불합격자	7 : 4

합격자 수는
460명

남   여
11 : 12

- 남자 합격자 수
  $460 \times \dfrac{11}{23} = \textbf{220}(명)$

- 여자 합격자 수
  $460 \times \dfrac{12}{23} = \textbf{240}(명)$

비가 7 : 4니까,
실제 불합격자 수는 $7x$명, $4x$명

$$\left(\begin{array}{c}응시생\\수\end{array}\right) = \left(\begin{array}{c}합격자\\수\end{array}\right) + \left(\begin{array}{c}불합격자\\수\end{array}\right) \text{이고, 남녀의 비가 5 : 4니까~}$$

남자 합격자   불합격자   여자 합격자   불합격자   남   여

$$(220 + 7x) : (240 + 4x) = 5 : 4$$

내항의 곱은,
외항의 곱과 같다!

➡ $5(240 + 4x) = 4(220 + 7x)$

$x = 40$

x값을 찾았다고 끝이 아니야.
물어본 게 x인지 다시 한번 보기!

물어보는 건, 응시생 수니까~

$$\left(\begin{array}{c}응시생\\수\end{array}\right) = (220 + 7 \times 40) + (240 + 4 \times 40)$$

$$= 900(명)$$

답 ▷ 900명

▶ 정답 및 해설 37쪽

▶ 개념 익히기 1

어느 시험에 응시한 사람들을 조사하여 비를 나타낸 표입니다. 물음에 답하세요.

	40세 미만	:	40세 이상
응시생	5	:	3
합격자	2	:	1
불합격자	9	:	7

01 응시생이 80명일 때,
40세 미만 응시생 수를 구하세요.

$$80 \times \frac{5}{5+3} = \textbf{50명}$$

02 합격자 수가 48명일 때,
40세 이상 합격자 수를 구하세요.

03 불합격자 수가 32명일 때, 40세 미만 불합격자 수를 구하세요.

▶ 개념 익히기 2

방정식의 해를 구하세요.

01

$$(100+4x) : (200+3x) = 9 : 13$$

$$9(200+3x) = 13(100+4x)$$

$$x = 20$$

02

$$(50+6x) : (75+5x) = 4 : 5$$

03

$$(14+2x) : (37+x) = 1 : 2$$

▶ 정답 및 해설 38쪽

5-27

▶ 개념 다지기 1

[01-03] 어느 병원에서 **3년 이상 근무한 간호사의 수가** 55명, **3년 미만 근무한 간호사의 수가** **45명**일 때, 남녀 간호사의 비가 아래의 표와 같습니다. 물음에 답하세요.

	남자 간호사 : 여자 간호사
3년 이상 근무자	2 : 9
3년 미만 근무자	2 : 1
전체 근무자	:

01 3년 이상 근무한 남자 간호사와 여자 간호사의 수를 각각 구하세요.
3년 이상 근무한 남자 간호사: 10명
3년 이상 근무한 여자 간호사: 45명

02 3년 미만 근무한 남자 간호사와 여자 간호사의 수를 각각 구하세요.

03 01, 02를 이용하여 병원의 남자 간호사와 여자 간호사의 비를 구하여 표를 완성하세요.

[04-06] 어느 창고에 보관 중인 **여름용과 겨울용 의류는 상의 200벌, 하의 130벌**입니다. 여름용과 겨울용 의류의 비가 아래의 표와 같을 때, 물음에 답하세요.

	여름용 : 겨울용
상의	1 : 3
하의	4 : 9
전체	:

04 보관 중인 여름용 상의와 겨울용 상의의 수를 각각 구하세요.

05 보관 중인 여름용 하의와 겨울용 하의의 수를 각각 구하세요.

06 04, 05를 이용하여 여름용 의류와 겨울용 의류의 비를 구하여 표를 완성하세요.

▶ 개념 다지기 2

[01-03] 어느 도시의 소방관과 경찰관의 수를 조사하여 아래의 표와 같이 나타냈습니다. 물음에 답하세요.

	소방관 : 경찰관
전체	19 : 15
남자	3 : 1
여자	2 : 5

01 여자 소방관과 여자 경찰관의 수를 문자 x를 사용하여 나타내세요.

➡ 여자 소방관: __$2x$__(명), 여자 경찰관: __$5x$__(명)

02 남자 소방관과 남자 경찰관의 수의 합이 200명일 때, 빈칸에 알맞은 수를 쓰세요.

➡ 남자 소방관: _____(명), 남자 경찰관: _____(명)

03 01, 02를 이용하여 전체 소방관 수와 경찰관 수에 대한 비례식을 완성하세요.

➡ (☐ + ☐x) : (☐ + ☐x) = ☐ : ☐

남자 소방관   여자 소방관   남자 경찰관   여자 경찰관

[04-06] 미술 동아리실에 있는 작품 수를 조사하여 아래의 표와 같이 나타냈습니다. 물음에 답하세요.

	완성 : 미완성
전체	10 : 9
그림	14 : 15
조각	2 : 1

04 완성된 조각과 미완성 조각 수를 문자 x를 사용하여 나타내세요.

➡ 완성된 조각: _____(개), 미완성 조각: _____(개)

05 그림이 모두 290장일 때, 완성된 그림과 미완성 그림의 수를 각각 구하세요.

➡ 완성된 그림: _____(장), 미완성 그림: _____(장)

06 04, 05를 이용하여 완성된 작품 수와 미완성 작품 수에 대한 비례식을 완성하세요.

➡ (☐ + ☐x) : (☐ + x) = ☐ : ☐

완성된 그림   완성된 조각   미완성 그림   미완성 조각

▶ 개념 마무리 1

[01-03] 어느 학교의 경시대회에 응시한 학생들의 비를 조사한 표입니다. 물음에 답하세요.

	남학생 : 여학생
전체	4 : 3
경시대회 응시 인원	3 : 2
경시대회 미응시 인원	9 : 7

01 경시대회에 미응시한 남학생과 여학생 수를 문자 x를 사용하여 나타내세요.

미응시한 남학생 : $9x$
미응시한 여학생 : $7x$

02 경시대회에 응시한 학생 수가 50명일 때, 경시대회에 응시한 남학생과 여학생 수를 각각 구하세요.

03 01, 02에서 구한 학생 수를 이용하여 전체 남학생 수와 전체 여학생 수에 대한 비례식을 세우고, 경시대회에 미응시한 여학생의 수를 구하세요.

식 _____ 답 _____

[04-06] 어느 회사에서 근무하는 사람들의 비를 조사한 표입니다. 물음에 답하세요.

	남자 : 여자
사무직	5 : 3
생산직	2 : 1
전체	17 : 9

04 사무직 남직원과 사무직 여직원 수를 문자를 사용하여 나타내세요.

05 생산직 직원 수가 270명일 때, 생산직 남직원과 생산직 여직원 수를 각각 구하세요.

06 04, 05에서 구한 직원 수를 이용하여 전체 남직원 수와 전체 여직원 수에 대한 비례식을 세우고, 사무직 여직원의 수를 구하세요.

식 _____ 답 _____

5-30

▶ 개념 마무리 2

문제를 읽고 표를 이용하여 물음에 답하세요.

01

어느 박물관을 방문한 유료 입장객과 무료 입장객의 비가 5 : 4입니다. 입장객 중 유료로 입장한 어린이와 무료로 입장한 어린이의 비는 19 : 11이고, 유료로 입장한 어른과 무료로 입장한 어른의 비는 2 : 3입니다. 어른이 30명일 때, **무료로 입장한 어린이**는 몇 명일까요?

	유료 입장객 :	무료 입장객
입장객	5 :	4
어린이	19 :	11
어른	2 :	3

22명

02

어느 도서관을 방문한 사람들 중에 남자와 여자의 비가 2 : 5입니다. 방문객 중 성인 남자와 성인 여자의 비는 1 : 6이고 남학생과 여학생의 비는 3 : 4이며 방문한 성인이 모두 350명일 때, 이 도서관에 방문한 **여학생**은 몇 명일까요?

03

어느 페인트 회사에서 만든 A, B제품 중 유성 페인트와 수성 페인트의 비가 5 : 6입니다. 이 중에서 A제품의 유성 페인트와 수성 페인트의 비는 6 : 7이고, B제품의 유성 페인트와 수성 페인트의 비는 4 : 5입니다. A제품의 페인트가 130개일 때, **B제품의 유성 페인트**는 몇 개일까요?

단원 마무리

5-31

01 오늘 공부한 x시간 중 $\dfrac{2}{5}$는 수학을, 남은 시간은 영어를 공부했을 때, 빈칸에 알맞은 수를 쓰시오.

> 오늘 영어 공부를 한 시간: $x \times \boxed{}$

02 다음 중 사람 수가 가장 많은 것부터 차례로 기호를 쓰시오.

> ㉠ 2000명의 15 %만큼인 사람 수
>
> ㉡ 300명에서 10 % 증가한 사람 수
>
> ㉢ 500명에서 20 % 감소한 사람 수

03 120 cm짜리 철사를 이용하여 가로와 세로의 비가 2 : 3인 직사각형을 만들었습니다. 이때, 가로는 몇 cm인지 구하시오.

04 다음 상황을 식으로 바르게 나타낸 것은?

> 작년에는 키가 x cm였는데 올해는 작년 보다 5 %가 자라서 168 cm가 되었다.

① $x + 5x = 168$

② $\dfrac{1}{5}x = 168$

③ $x + \dfrac{1}{20}x = 168$

④ $x - \dfrac{1}{20}x = 168$

⑤ $\dfrac{1}{20}x = 168$

05 우리 반 학생 20명 중 $\dfrac{3}{10}$은 농구를 하고, 나머지의 $\dfrac{4}{7}$는 배드민턴을 칠 때, 농구도 배드민턴도 하지 않는 학생은 몇 명인지 구하시오.

▶ 정답 및 해설 42~43쪽

06 올해 입학생 수는 작년 입학생 175명에서 $x \%$가 늘어서 189명이 되었습니다. x의 값을 구하시오.

07 다음 비례식을 만족시키는 x의 값을 구하시오.

$$(10+3x) : (18+5x) = 4 : 7$$

08 x원에서 30 % 오른 금액이 19500원일 때, x의 값을 구하시오.

09 비가 2 : 7인 두 자연수가 있다. 두 수 중 큰 수의 2배는 작은 수의 5배보다 20만큼 더 클 때, 작은 수를 구하시오.

10 다음 중 옳지 <u>않은</u> 것은?

> 용돈 x원의 $\frac{1}{5}$은 학용품을 사고, 나머지의 $\frac{1}{2}$은 저녁을 먹었다. 택시비로 5200원을 썼더니 남은 용돈이 2000원이다.

① 학용품을 산 금액은 $\frac{1}{5}x$원이다.

② 저녁을 먹은 금액은 $\frac{2}{5}x$원이다.

③ 학용품을 사고, 저녁 먹은 뒤, 남은 용돈은 $\frac{3}{5}x$원이다.

④ 용돈은 총 18000원이다.

⑤ 학용품을 산 금액은 3600원이다.

11 아래 표는 어느 학교의 작년 학생 수와 올해 학생 수를 비교하여 학생 수의 변화를 정리한 것입니다. 다음 설명 중 옳지 <u>않은</u> 것은?

	남학생	여학생	전체
작년	x명	$(250-x)$명	250명
변화량	1 % 감소	4 % 증가	5명 증가

① 작년 남학생이 100명이면, 작년 여학생은 150명이다.

② 작년 남학생이 100명이면, 올해 감소한 남학생 수는 1명이다.

③ 작년 여학생이 150명이면, 올해 늘어난 여학생 수는 6명이다.

④ 올해 전체 학생 수는 255명이다.

⑤ 올해 전체 학생 수는 작년에 비해 2 % 미만으로 증가했다.

12 공연 준비를 하기 위해 모인 학생들 중 $\frac{1}{2}$은 무대를 설치하고, 전체의 $\frac{1}{4}$은 의자를 배치했습니다. 나머지 5명은 초대장을 나눠주기로 했다면 공연 준비를 위해 모인 학생은 모두 몇 명인지 구하시오.

[13-15] 올해 학생 수를 알기 위해 작년 학생 수와 변화된 양을 표로 정리하였습니다. 물음에 답하시오.

	남자	여자	전체
작년	x명	$(180-x)$명	180명
변화량	2 % 감소	5 % 감소	6명 감소

13 올해 남학생 수의 변화량을 x에 대한 식으로 나타내시오.

14 올해 여학생 수의 변화량을 x에 대한 식으로 나타내시오.

15 13, 14에서 구한 식을 이용하여 x에 대한 방정식을 만들고 x의 값을 구하시오.

식 _____

답 _____

[16-18] 테니스와 탁구 동아리의 남자 부원과 여자 부원의 수를 조사하여 아래의 표로 만들었습니다. 테니스 부원이 22명일 때, 물음에 답하시오.

	남자	:	여자
테니스	2	:	9
탁구	2	:	1
전체	2	:	3

16 남자 테니스 부원과 여자 테니스 부원의 수를 각각 구하시오.

남자 테니스 부원: _____ 명

여자 테니스 부원: _____ 명

17 여자 탁구 부원의 수를 x명이라고 할 때, 남자 탁구 부원의 수를 x에 대한 식으로 나타내시오.

18 두 동아리 전체 남자 부원과 여자 부원의 비를 이용하여 전체 남녀 부원의 수를 구하시오.

전체 남자 부원: _____ 명

전체 여자 부원: _____ 명

19 A공장에서 올해 조립한 부품의 생산량은 작년보다 25 %만큼 늘고 1000개가 더 늘어 총 15000개를 만들었습니다. 이 공장의 작년 부품 생산량을 구하시오.

20 4월 자격증 시험은 3월 자격증 시험에 비해 응시한 사람 수는 2명이 더 많았고, 합격자 수는 3 % 감소하고, 불합격자 수는 5 % 증가했습니다. 3월 자격증 시험에 응시한 사람 수가 200명일 때, 4월 자격증 시험에서 합격한 사람 수는 몇 명인지 구하시오.

21 서술형 문제

전교 회장 선거에 출마한 남학생과 여학생의 비는 3 : 4이고, 남학생과 여학생 수의 차는 7명입니다. 남학생 중 2학년과 3학년의 비가 1 : 2일 때, 물음에 답하시오. (단, 회장 선거에는 1학년이 지원할 수 없습니다.)

(1) 회장 선거에 출마한 남학생과 여학생의 수를 각각 구하시오.

(2) 회장 선거에 출마한 3학년 남학생의 수를 구하시오.

22 서술형 문제

학교에서 영어 시험에 응시한 남녀의 비는 7 : 9, 합격자의 남녀의 비는 6 : 5, 불합격자의 남녀의 비는 8 : 13이었습니다. 합격자 수가 110명일 때, 응시생 수는 몇 명인지 구하시오.

┌─ 풀이 ─┐

23 서술형 문제

O, X 퀴즈에서 어떤 문제에 O를 택한 학생이 전체의 $\frac{1}{3}$이고, 나머지는 X를 택했습니다. O를 택한 학생 4명이 X로 답을 바꾸었더니 O를 택한 학생 수의 3배가 X를 택한 학생 수가 되었습니다. 전체 학생 수는 몇 명인지 구하시오.

┌─ 풀이 ─┐

디오판토스

디오판토스(Diophantus, 200?~284?)는 방정식의 아버지라고 불리는 고대 그리스의 수학자이다. 출생과 사망의 연도는 불명이지만 그의 묘비에 새겨진 글을 통해 그가 세상을 떠난 나이는 알 수 있다.

디오판토스는 최초로 방정식에 미지수를 쓴 수학자이다. 그는 이러한 업적 덕분에 알콰리즈미와 함께 대수학의 기초를 다진 수학자로 평가받는다.

> 그의 일생의 $\frac{1}{6}$ 동안은 소년이었고
> $\frac{1}{12}$ 후에 수염이 자라기 시작했고,
> $\frac{1}{7}$이 지나자 결혼을 하였다.
> 5년 후에 낳은 아들은 그의 나이의 꼭 반을 살았고
> 아들이 죽은 지 4년 후에 세상을 떠났다.

➡️ 디오판토스의 일생을 x로 두면,

$$\frac{1}{6}x + \frac{1}{12}x + \frac{1}{7}x + 5 + \frac{1}{2}x + 4 = x$$
$$x = 84$$

➡️ 디오판토스는 84세의 나이에 세상을 떠났다.

6 농도에 대한 방정식

이번 단원에서 배울 내용

① 농도는 진하기

② 농도를 %로 나타내기

③ 소금물의 양 구하기

④ 소금의 양 구하기

⑤ 물의 양이 변할 때

⑥ 소금의 양이 변할 때

⑦ 소금물 합치기

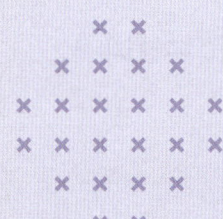

소금물에 물 붓기

소금물

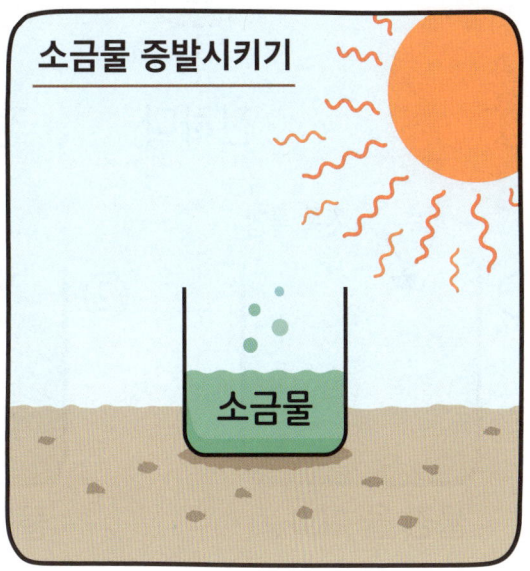

소금물 증발시키기

소금물

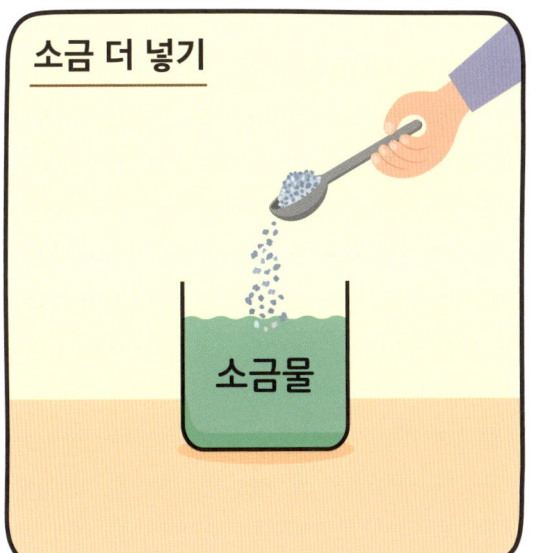

소금 더 넣기

소금물

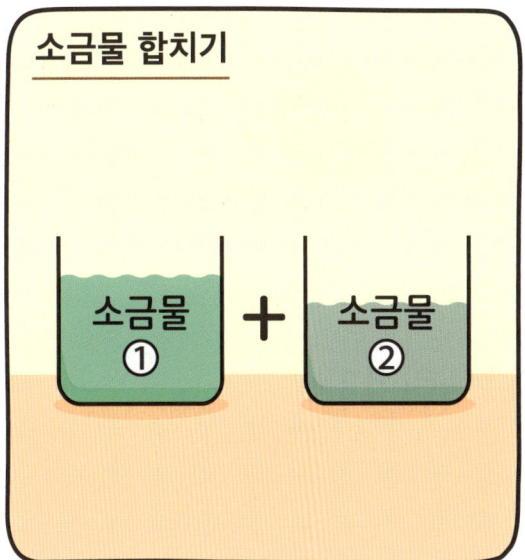

소금물 합치기

소금물 ① + 소금물 ②

이번 단원에서는 각각의 상황에 대한
방정식을 세우고 풀어볼 거예요.

1 농도는 진하기

농 도 : 진한 정도

진하다   정도

① 초록 물감
물감 물 100 g

② 초록 물감
물감 물 100 g

③ 초록 물감
물감 물 100 g

③ 제일 진한 게 3번이니까
농도도 제일 높지~

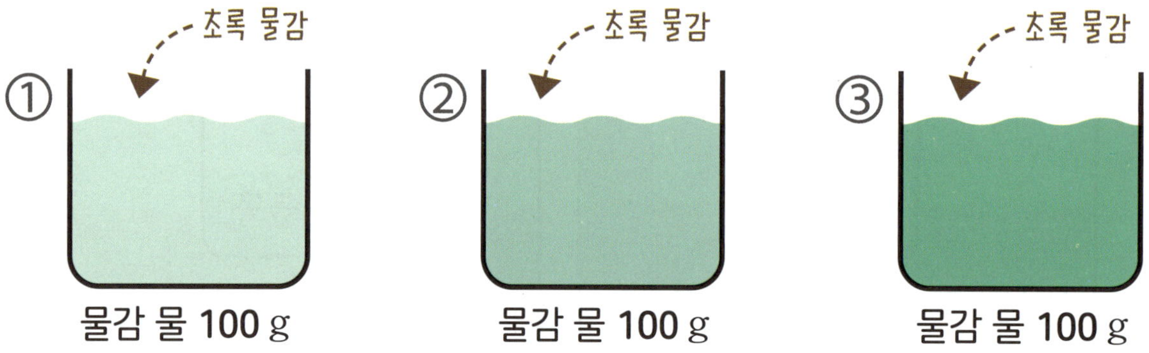

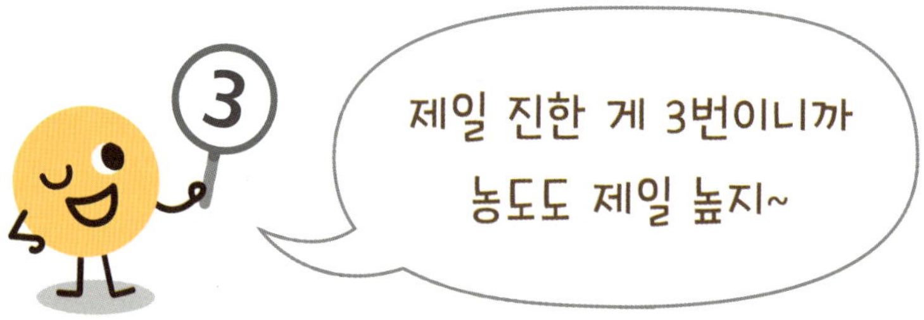

▶ 개념 익히기 1

농도가 제일 높은 것에 V표 하세요.

01

V

02

03

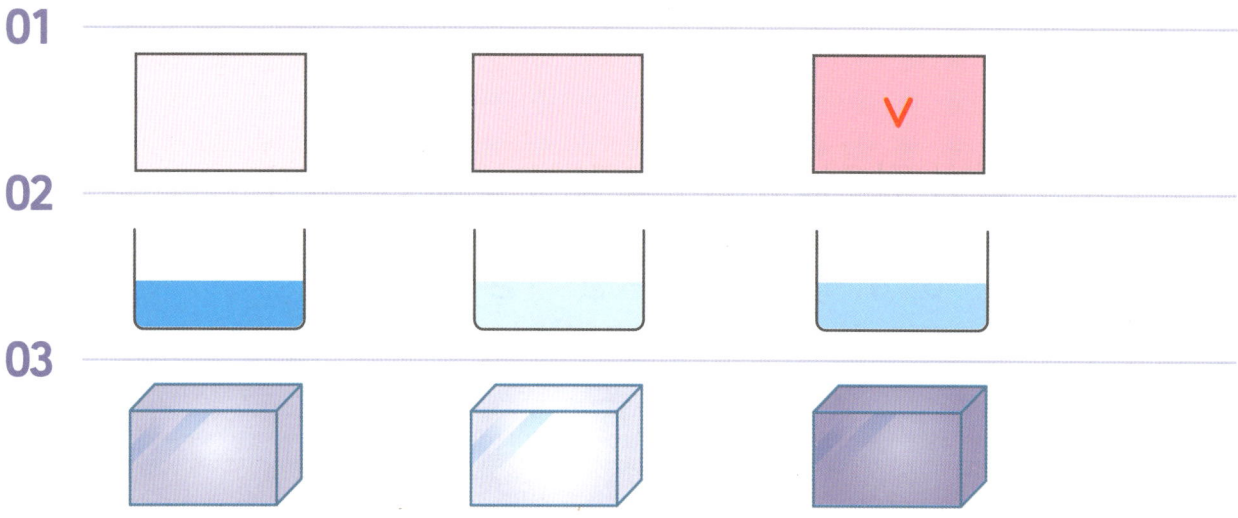

바둑돌로 진한 정도를 나타낸다면?

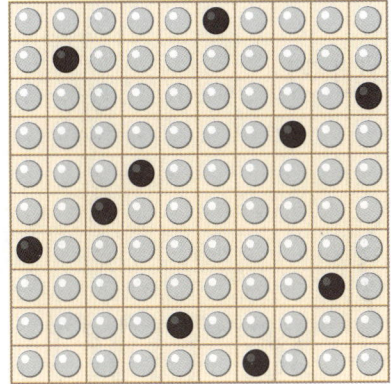

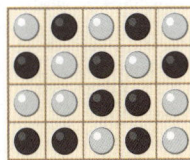

검은 돌은 똑같이 10개지만 **전체 개수가 다르니까** 진한 정도도 다르겠지~

검은 돌: 10개
전체: 100개

검은 돌: 10개
전체: 20개

전체에 대한 검은 돌의 비율

비율! 비율로 진한 정도를 나타낼 수 있구나~

$$\frac{10}{100} = \frac{1}{10}$$

$$\frac{10}{20} = \frac{1}{2}$$

▶ 개념 익히기 2

바둑돌을 보고 전체에 대한 검은 돌의 비율을 분수로 나타내세요.

6-02

01
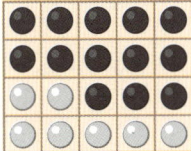

검은 돌 수: **13**
전체 돌 수: **20**

➡ 전체에 대한
　검은 돌의 비율:

02
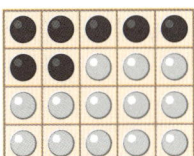

검은 돌 수:
전체 돌 수:

➡ 전체에 대한
　검은 돌의 비율:

03
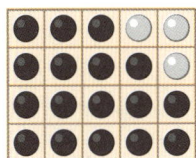

검은 돌 수:
전체 돌 수:

➡ 전체에 대한
　검은 돌의 비율:

2 농도를 %로 나타내기

농도는~

전체를 100으로 생각했을 때의 비율로
액체나 기체에서 구성하는 성분의 양을 %로 나타낸 것

농도 공식

$$(농도) = \frac{(부분의 양)}{(전체의 양)} \times 100$$

문제

소금 2 g

소금물 50 g

소금물의 농도는?

➡ $\frac{2}{50} \times 100 = 4$

답 4 %

▶ 개념 익히기 1

빈칸을 알맞게 채워서 소금물의 농도를 구하세요.

01

소금 20 g

소금물 100 g

➡ 소금물의 농도:

$\frac{20}{100} \times 100 = 20(\%)$

02

소금 10 g

소금물 100 g

➡ 소금물의 농도:

$\frac{\boxed{}}{100} \times \boxed{} = $

03

소금 1 g

소금물 100 g

➡ 소금물의 농도:

$\frac{\boxed{}}{100} \times \boxed{} = $

문제 물 85 g에 소금 15 g을 녹여서 소금물을 만들었다.
만든 소금물의 농도는?

풀이

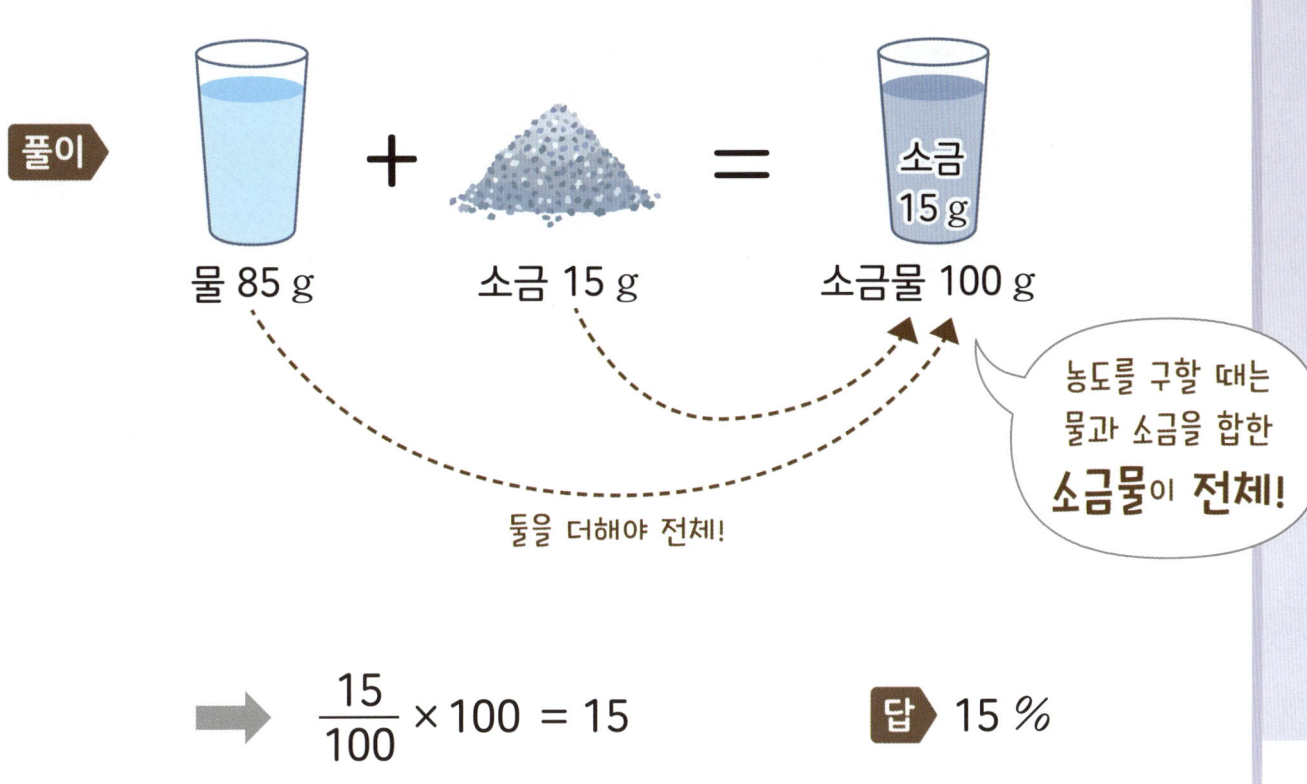

물 85 g + 소금 15 g = 소금물 100 g

둘을 더해야 전체!

농도를 구할 때는
물과 소금을 합한
소금물이 **전체!**

➡ $\dfrac{15}{100} \times 100 = 15$ **답** 15 %

▶ 개념 익히기 2

빈칸을 채워서 농도를 구하는 식을 완성하세요.

6-04

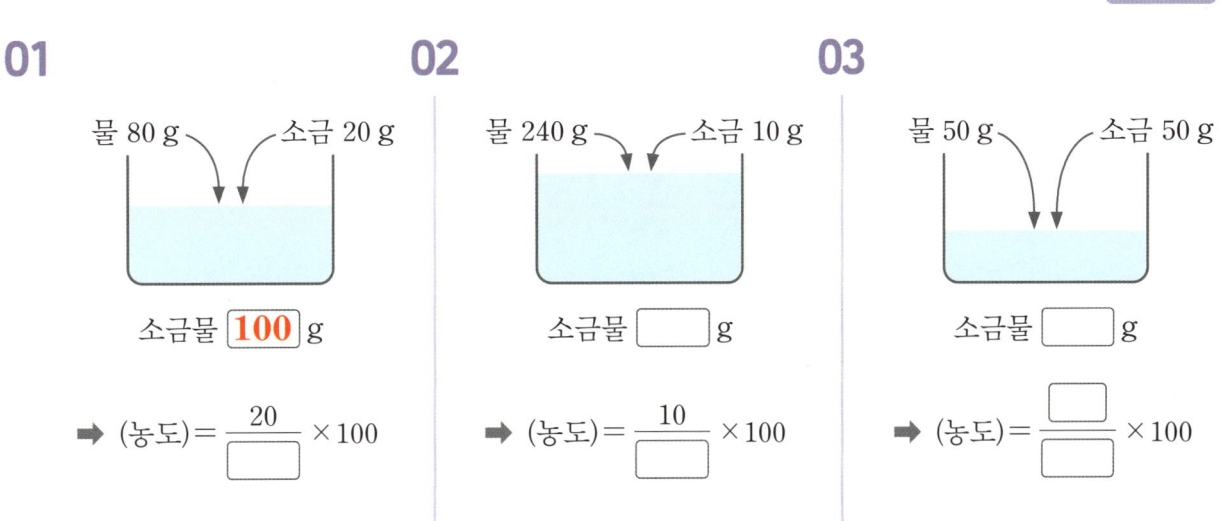

01

물 80 g   소금 20 g

소금물 **100** g

➡ (농도) $= \dfrac{20}{\boxed{}} \times 100$

02

물 240 g   소금 10 g

소금물 $\boxed{}$ g

➡ (농도) $= \dfrac{10}{\boxed{}} \times 100$

03

물 50 g   소금 50 g

소금물 $\boxed{}$ g

➡ (농도) $= \dfrac{\boxed{}}{\boxed{}} \times 100$

▶ 개념 다지기 1

식을 세우고 농도를 구하세요.

01

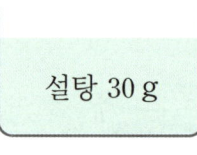

설탕물 300 g

식 $\dfrac{\boxed{30}}{\boxed{300}} \times 100 = \underline{\ \ 10\ \ }$

농도 ___10___ %

02

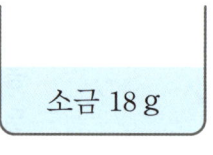

소금물 90 g

식 $\dfrac{18}{90} \times \boxed{} = \underline{}$

농도 _____ %

03

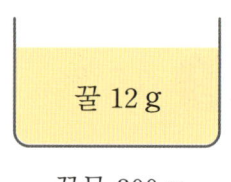

꿀물 300 g

식 $\dfrac{\boxed{}}{\boxed{}} \times 100 = \underline{}$

농도 _____ %

04

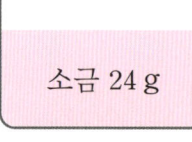

소금물 200 g

식

농도 _____ %

05

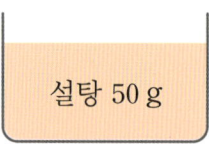

설탕물 250 g

식

농도 _____ %

▶ 정답 및 해설 48쪽

▶ 개념 다지기 2

식을 세우고 농도를 구하세요.

01

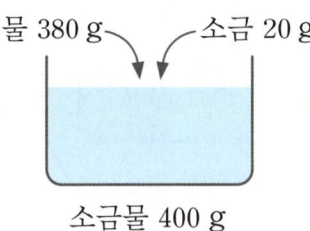

물 380 g → 소금 20 g
소금물 400 g

식 ▶ $\dfrac{20}{\boxed{400}} \times 100 =$ _____ **5**

농도 ▶ _____ **5** %

02

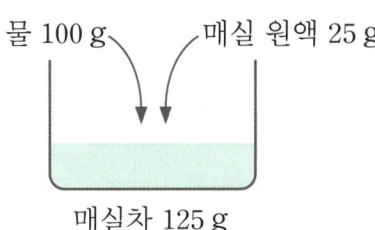

물 100 g → 매실 원액 25 g
매실차 125 g

식 ▶ $\dfrac{25}{\boxed{}} \times 100 =$ _____

농도 ▶ _____ %

03

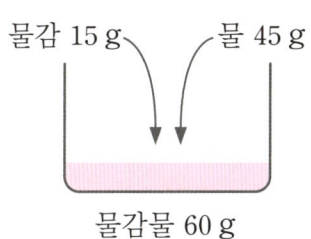

물감 15 g → 물 45 g
물감물 60 g

식 ▶ $\dfrac{\boxed{}}{\boxed{}} \times 100 =$ _____

농도 ▶ _____ %

04

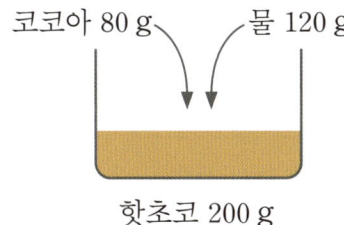

코코아 80 g → 물 120 g
핫초코 200 g

식 ▶

농도 ▶ _____ %

05

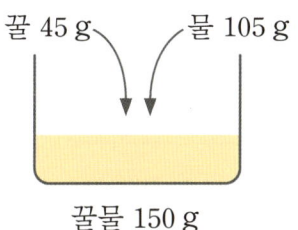

꿀 45 g → 물 105 g
꿀물 150 g

식 ▶

농도 ▶ _____ %

▶정답 및 해설 48~49쪽

▶ 개념 마무리 1

소금물의 농도를 구하여 더 진한 쪽에 ⭕표 하세요.

01

소금 7 g

소금물 100 g

소금 24 g

소금물 300 g

02

소금 30 g

소금물 150 g

소금 12 g

소금물 150 g

03

소금 15 g

소금물 500 g

소금 4 g

소금물 100 g

04

소금 90 g

소금물 300 g

소금 35 g

소금물 125 g

05

소금 42 g

소금물 600 g

소금 50 g

소금물 1000 g

▶ 개념 마무리 2

물음에 답하세요.

01

물 112 g에 꿀 28 g을 섞어서 만든 꿀물의 농도는 몇 %일까요?

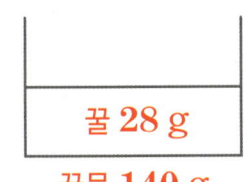

꿀 28 g

꿀물 140 g

식 $\dfrac{28}{140} \times 100 = 20$

답 __20__ %

02

소금물 200 g에 소금 20 g이 녹아있을 때, 소금물의 농도는 몇 %일까요?

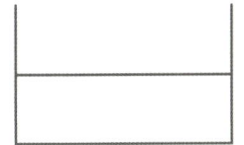

식 _____ 답 _____ %

03

물 570 g에 소금 30 g을 녹여서 만든 소금물의 농도는 몇 %일까요?

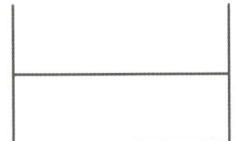

식 _____ 답 _____ %

04

설탕물 350 g에 설탕 70 g이 들어있을 때, 설탕물의 농도는 몇 %일까요?

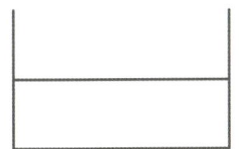

식 _____ 답 _____ %

05

물 140 g과 소금 60 g을 섞어서 만든 소금물의 농도는 몇 %일까요?

식 _____ 답 _____ %

3 소금물의 양 구하기

$$(\text{농도}) = \frac{(\text{부분의 양})}{(\text{전체의 양})} \times 100$$

이 부분만 모른다면
방정식을 세워서 해결할 수 있지!

문제 수조의 물에 소금 20 g을 넣었더니
농도가 16 %인 소금물이 되었다.
소금물의 양은 몇 g일까?

농도에 대한 문제가 나오면
그림을 그리고,
3가지를 표시해 봐~
이때, 모르는 것은 x로 두기!

농도	%
소금	g
소금물	g

먼저
그림으로
그려 봐~

농도 16 %

소금 20 g

소금물 ? g

▶ 개념 익히기 1

문장을 읽고 그림의 빈칸을 알맞게 채우세요. (모르는 값은 문자 x로 쓰세요.)

01

3 %의 소금물에
소금이 4 g 있다.

농도	3	%
소금	4	g

소금물 x g

02

7 %의 소금물에
소금이 10 g 있다.

농도		%
소금		g

소금물 g

03

2 %의 소금물
62 g 있다.

농도		%
소금		g

소금물 g

16 %
20 g
x g
→ $16 = \dfrac{20}{x} \times 100$

농도 공식에 대입하기!

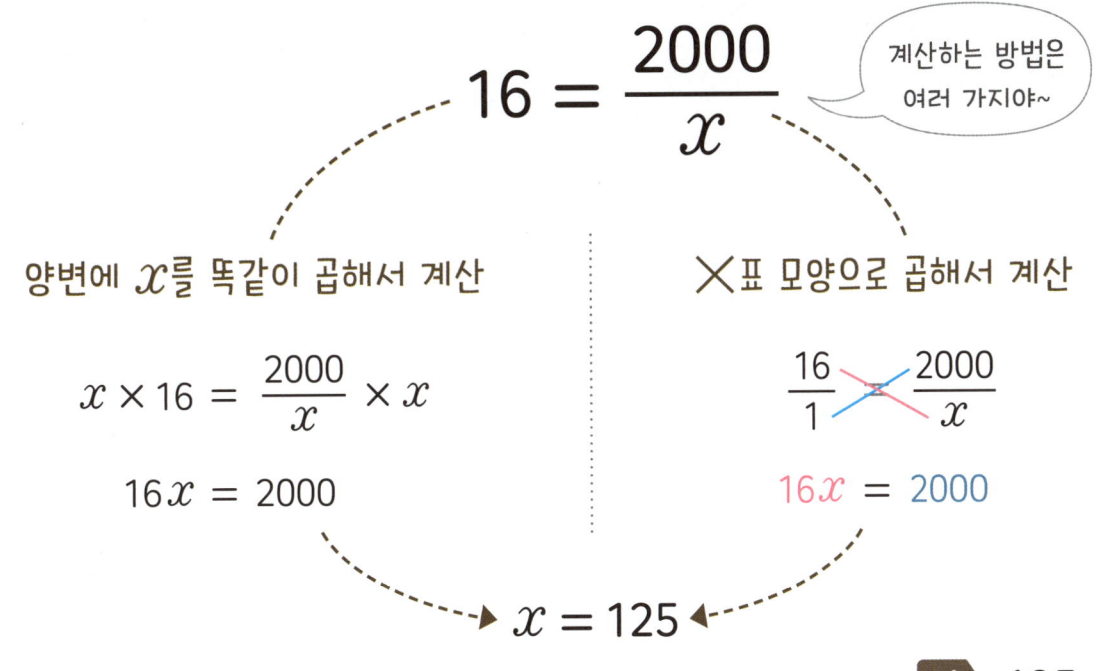

$16 = \dfrac{2000}{x}$

계산하는 방법은 여러 가지야~

양변에 x를 똑같이 곱해서 계산

$x \times 16 = \dfrac{2000}{x} \times x$

$16x = 2000$

$\times$표 모양으로 곱해서 계산

$\dfrac{16}{1} \times \dfrac{2000}{x}$

$16x = 2000$

$x = 125$

답 ▶ 125 g

▶ 개념 익히기 2

분수 모양의 식을 ✖️표 모양으로 곱하는 식을 나타내 보세요.

6-10

01

$\dfrac{9}{x+1} \times \dfrac{4}{5}$

$\boxed{9} \times 5 = 4 \times (\boxed{x+1})$

02

$\dfrac{15}{2} = \dfrac{400}{x}$

$15 \times \boxed{} = 400 \times \boxed{}$

03

$\dfrac{20}{1} = \dfrac{400}{x+100}$

$20 \times (\boxed{}) = \boxed{}$

▶ 정답 및 해설 50쪽

6-11

개념 다지기 1

그림을 보고 농도를 식으로 나타내 보세요.

01

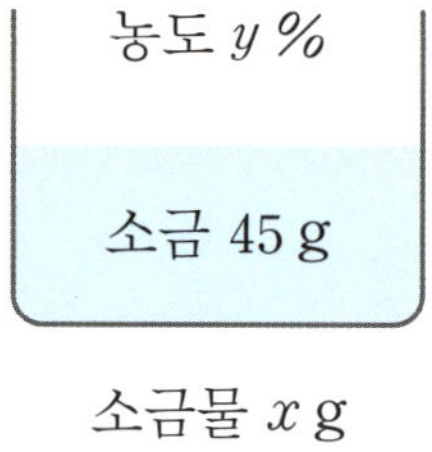
농도 y %
소금 45 g
소금물 x g

식 $y=\frac{45}{x}\times 100$

02

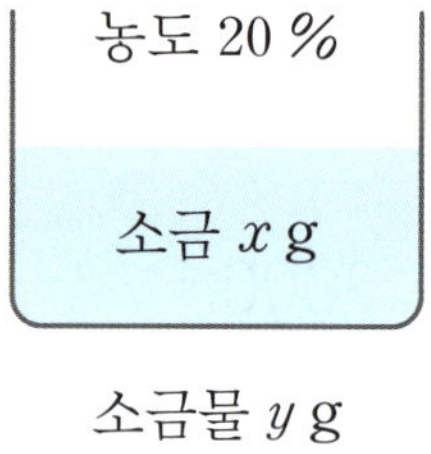
농도 20 %
소금 x g
소금물 y g

식 ____________________

03

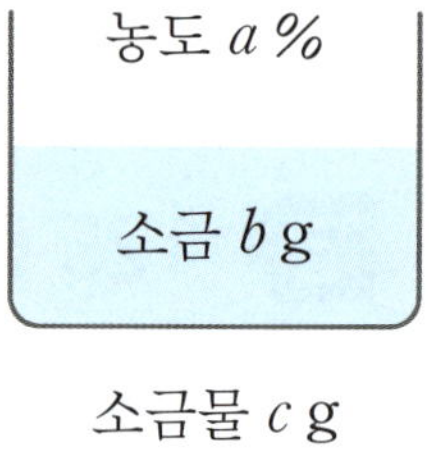
농도 a %
소금 b g
소금물 c g

식 ____________________

04

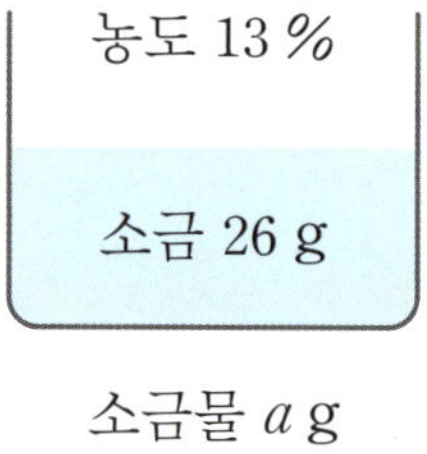
농도 13 %
소금 26 g
소금물 a g

식 ____________________

05

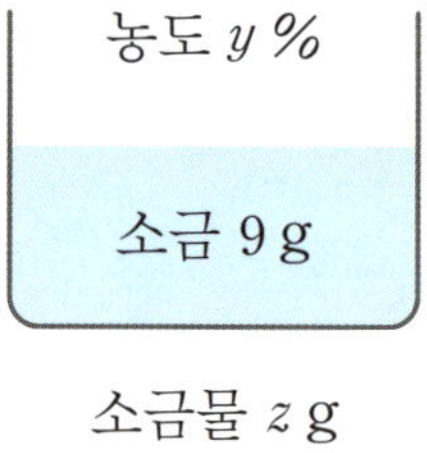
농도 y %
소금 9 g
소금물 z g

식 ____________________

▶ 개념 다지기 2

방정식의 해를 구하세요.

01 $4 = \dfrac{5200}{x+100}$

$$4(x+100) = 5200$$
$$x+100 = 1300$$
$$x = 1200$$

답: $x = 1200$

02 $\dfrac{12}{7} = \dfrac{96}{x}$

03 $14 = \dfrac{9800}{x}$

04 $24 = \dfrac{30}{x} \times 100$

05 $\dfrac{91}{x-200} = \dfrac{13}{6}$

06 $8 = \dfrac{5000}{x+150}$

▶ 개념 마무리 1

오른쪽 그림의 빈칸을 알맞게 채우고, 농도 공식을 이용하여 x의 값을 구하세요.

01

수조에 담긴 물 x g에 소금 40 g을 넣었더니 농도가 25 %인 소금물이 되었습니다. x의 값은?

식 $\dfrac{40}{x+40} \times 100 = 25$ 답 $x = 120$

$\boxed{25}$ %

$\boxed{40}$ g

($\boxed{x+40}$) g

02

물에 소금 10 g을 넣었더니 농도가 20 %인 소금물 x g이 되었습니다. x의 값은?

식 _____ 답 _____

$\boxed{}$ %

$\boxed{}$ g

$\boxed{}$ g

03

소금 21 g을 물에 녹여 농도가 15 %인 소금물 x g을 만들었습니다. x의 값은?

식 _____ 답 _____

$\boxed{}$ %

$\boxed{}$ g

$\boxed{}$ g

04

물 x g에 설탕 60 g을 녹였더니 농도가 40 %인 설탕물이 되었습니다. x의 값은?

식 _____ 답 _____

$\boxed{}$ %

$\boxed{}$ g

($\boxed{}$) g

05

농도가 30 %인 설탕물을 만들려고 물 x g에 설탕 36 g을 넣었습니다. x의 값은?

식 _____ 답 _____

$\boxed{}$ %

$\boxed{}$ g

($\boxed{}$) g

▶ 정답 및 해설 52쪽

▶ 개념 마무리 2

물음에 답하세요.

01 물통의 물에 소금 60 g을 넣었더니 농도가 10 %인 소금물이 되었습니다. 물통에 있던 **물의 양**은 몇 g이었을까요?
$\underset{x}{\underline{}}$

$$\frac{60}{x+60} \times 100 = 10$$
$$\frac{6000}{x+60} = 10$$
$$10(x+60) = 6000$$
$$x+60 = 600$$
$$x = 540$$

10 %

| 60 g |
| (x+60) g |

답: 540 g

02 냄비에 담긴 물에 소금 30 g을 넣었더니 농도가 2 %인 소금물이 되었습니다. 냄비에 든 **소금물의 양**은 몇 g일까요?

03 물통에 든 물에 설탕 35 g을 넣어 농도가 50 %인 설탕물을 만들었습니다. 물통에 있던 **물의 양**은 몇 g이었을까요?

04 수조에 담긴 물 480 g에 소금 120 g을 넣어 소금물을 만들었습니다. 만든 소금물의 **농도**는 몇 %일까요?

05 물에 소금 20 g을 녹였더니 농도가 16 %인 소금물이 되었습니다. **소금물의 양**은 몇 g일까요?

06 농도가 4 %인 설탕물을 만들려고 설탕 80 g과 물을 섞으려고 합니다. **물**은 몇 g이 필요할까요?

 **소금의 양 구하기**

$$(\text{농도}) = \frac{(\text{부분}\,\text{의 양})}{(\text{전체}\,\text{의 양})} \times 100$$

이 중에서 부분의 양만 모른다면?

이번에도 모르는 것을 x로 두자!

문제 2 %의 소금물 50 g에는 소금이 몇 g일까?

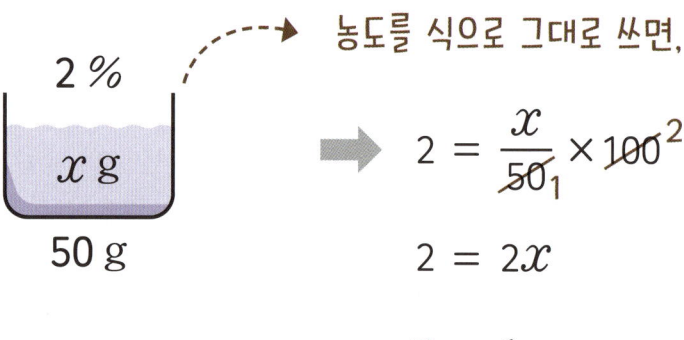

농도를 식으로 그대로 쓰면,

$$2 = \frac{x}{50} \times 100$$

$$2 = 2x$$

$$x = 1$$

답 1 g

▶ 개념 익히기 1

그림을 보고 농도를 식으로 나타내 보세요.

01

농도 5 %

소금 x g

소금물 420 g

→ $5 = \dfrac{x}{420} \times 100$

_____

02

농도 10 %

소금 x g

소금물 350 g

→

_____

03

농도 20 %

꿀 x g

꿀물 100 g

→

_____

$$농도 = \frac{부분}{전체} \times 100$$

$$\frac{농도}{1} \diagdown \frac{부분 \times 100}{전체}$$

$$부분 \times 100 = 농도 \times 전체$$

$$\Rightarrow \quad 부분 = \frac{농도 \times 전체}{100}$$

$$(부분) = \frac{(농도) \times (전체)}{100}$$

농도와 관련된 문제에서 소금의 양(부분의 양)을 구하는 문제는 정말 자주 나오지~ 그래서, 농도 공식을 변형해서 소금의 양을 구하는 공식으로 기억해두는 게 좋아!

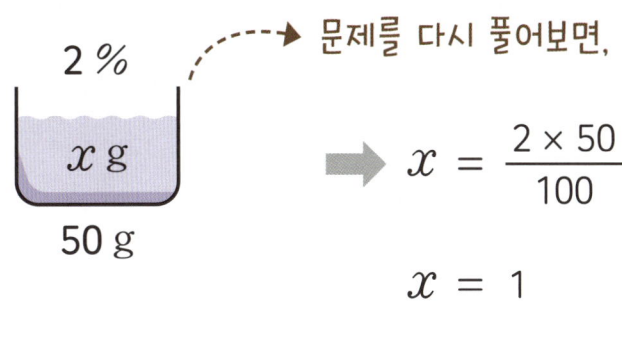

문제를 다시 풀어보면,

$$\Rightarrow \quad x = \frac{2 \times 50}{100}$$

$$x = 1$$

답 ▶ 1 g

▶ 개념 익히기 2

빈칸을 알맞게 채워 공식을 완성해 보세요.

01

$$(부분의 \ 양) = \frac{(농도) \times (전체의 \ 양)}{\boxed{100}}$$

02

$$(부분의 \ 양) = \frac{(\boxed{}) \times (전체의 \ 양)}{100}$$

03

$$(\boxed{}의 \ 양) = \frac{(농도) \times (전체의 \ 양)}{100}$$

▶ 정답 및 해설 53쪽

▶ 개념 다지기 1

그림을 보고 주어진 값을 구하는 식을 쓰세요.

01

농도 a %

소금 b g

소금물 c g

➡ $b = \dfrac{a \times c}{100}$

02

농도 ★ %

설탕 ◆ g

설탕물 ♥ g

➡ ◆ =

03

농도 ㉠ %

꿀 ㉡ g

꿀물 ㉢ g

➡ ㉡ =

04

농도 A %

설탕 B g

설탕물 C g

➡ A =

05

농도 x %

소금 y g

소금물 z g

➡ x =

06

농도 ◇ %

꿀 □ g

꿀물 ♡ g

➡ □ =

▶ 정답 및 해설 53쪽

▶ 개념 다지기 2

그림을 보고 x의 값을 구하는 식을 세우고, 값을 구하세요.

01

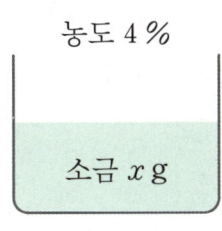

농도 4 %

소금 x g

소금물 200 g

식 ▶ $x = \dfrac{\boxed{4} \times 200}{\boxed{100}}$

답 ▶ $x = \boxed{8}$

02

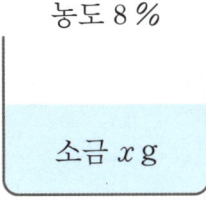

농도 8 %

소금 x g

소금물 150 g

식 ▶ $x = \dfrac{8 \times \boxed{}}{\boxed{}}$

답 ▶ $x = \boxed{}$

03

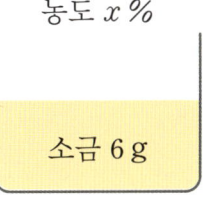

농도 x %

소금 6 g

소금물 300 g

식 ▶ $x = \dfrac{\boxed{}}{\boxed{}} \times 100$

답 ▶ $x = \boxed{}$

04

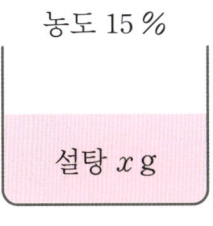

농도 15 %

설탕 x g

설탕물 420 g

식 ▶

답 ▶

05

농도 24 %

설탕 x g

설탕물 50 g

식 ▶

답 ▶

▶ 개념 마무리 1

물음에 답하세요.

01

설탕물의 농도: 12 %

설탕물: 250 g

설탕은? **30 g**

$$(설탕) = \frac{12 \times 250}{100} = 30(g)$$

02

소금물의 농도: 6 %

소금물: 300 g

소금은?

03

설탕물: 400 g

설탕: 20 g

설탕물의 농도는?

04

소금물: 250 g

소금물의 농도: 20 %

소금은?

05

소금물의 농도: 9 %

소금물: 300 g

소금은?

06

설탕물의 농도: 2 %

설탕: 3 g

설탕물은?

▶ 개념 마무리 2

물음에 답하세요.

01 25 %의 설탕물 320 g에 녹아있는 설탕의 양은 몇 g일까요?

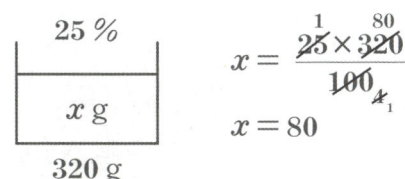

$$x = \frac{\overset{1}{\cancel{25}} \times \overset{80}{\cancel{320}}}{\underset{1}{\cancel{100}}}$$

$$x = 80$$

답: 80 g

02 30 %의 소금물 130 g이 있습니다. 이 소금물에 녹아있는 소금의 양은 몇 g일까요?

03 비커에 있는 소금물 400 g의 농도는 17 %입니다. 이 소금물에 녹아있는 소금의 양은 몇 g일까요?

04 15 %의 소금물 340 g에 녹아있는 소금의 양은 몇 g일까요?

05 물 320 g과 소금 80 g을 섞어서 소금물을 만들었습니다. 이 소금물의 농도는 몇 %일까요?

06 물통에 담긴 물에 설탕 50 g을 넣어 8 %의 설탕물을 만들었습니다. 물통에 있던 물의 양은 몇 g이었을까요?

5 물의 양이 변할 때

문제 ▶ 9 %의 소금물 350 g에 물을 몇 g 더 부으면
5 %의 소금물이 될까?

그릇 그림이
2개 필요해!

그림 그리기

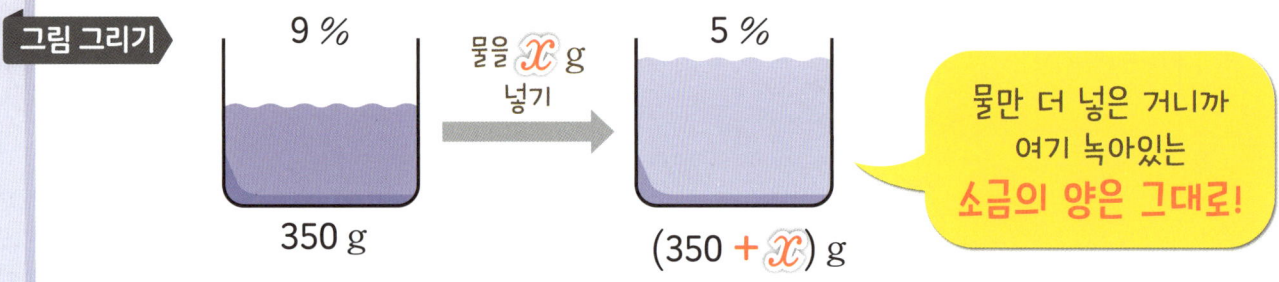

9 %

물을 x g
넣기

5 %

350 g

(350 + x) g

물만 더 넣은 거니까
여기 녹아있는
소금의 양은 그대로!

식 세우기 ▶ 그릇에 녹아있는 **소금의 양**으로 식을 세우면,

$$\frac{9 \times 350}{100} = \frac{5(350 + x)}{100}$$

$$9 \times 350 = 5(350 + x)$$

$$x = 280$$

답 ▶ 280 g

▶ 개념 익히기 1

8 %의 설탕물 200 g에 물을 100 g 더 넣었습니다. 괄호에서 알맞은 말에 ○표 하세요.

농도 8 %

물을 100 g
붓기

설탕물 200 g

01 _____

물을 더 넣어서 만든 설탕물의 양은 (200 g , ⦿300 g⦿)이 된다.

02 _____

농도가 (진해진다 , 옅어진다).

03 _____

녹아있는 설탕의 양은 (늘어난다 , 변함없다 , 줄어든다).

▶정답 및 해설 56쪽

문제 8 %의 소금물 420 g에서 물을 몇 g 증발시켜야 14 %가 될까?

> 이번에도 그릇 그림은 2개.

그림 그리기

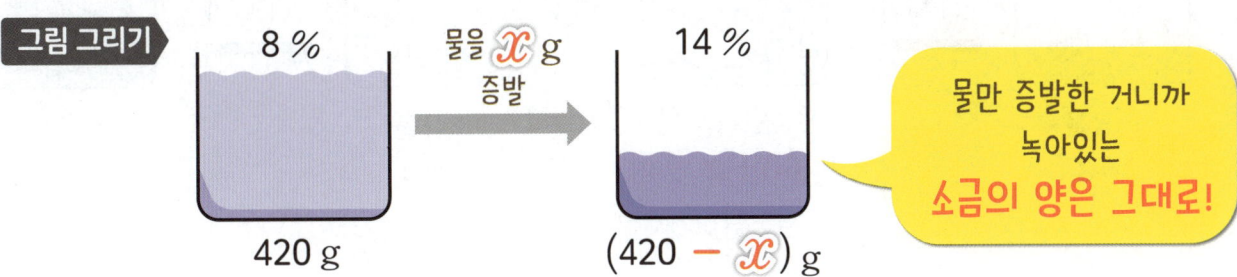

8 %

물을 x g 증발

14 %

420 g

$(420 - x)$ g

> 물만 증발한 거니까 녹아있는 **소금의 양은 그대로!**

식 세우기 그릇에 녹아있는 **소금의 양**으로 식을 세우면,

$$\frac{8 \times 420}{100} = \frac{14(420-x)}{100}$$

$$8 \times 420 = 14(420-x)$$

$$x = 180$$

답 180 g

▶ 개념 익히기 2

6 %의 소금물 200 g에서 물을 100 g 증발시켰습니다. 괄호에서 알맞은 말에 ○표 하세요.

농도 6 %

물을 100 g 증발

소금물 200 g

01

물을 증발시키고 남은 소금물의 양은 ((100 g) , 200 g , 300 g)이 된다.

02

농도가 (진해진다 , 옅어진다).

03

녹아있는 소금의 양은 (늘어난다 , 변함없다 , 줄어든다).

▶ 정답 및 해설 56쪽

▶ 개념 다지기 1

그림을 보고 빈칸을 알맞게 채우세요.

01

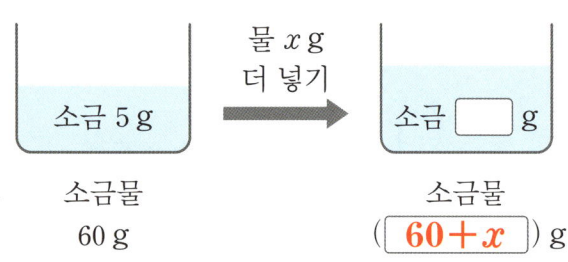

02

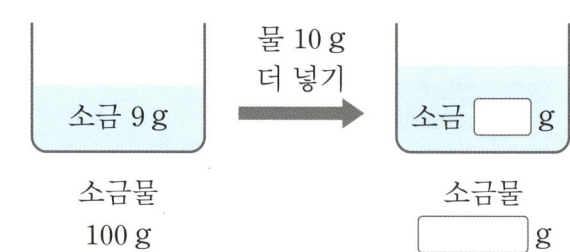

03

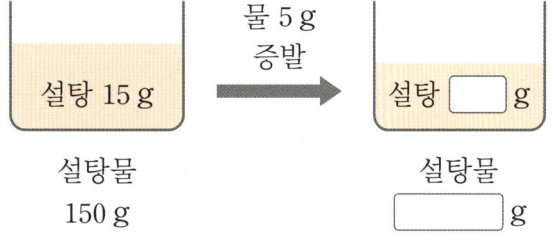

04

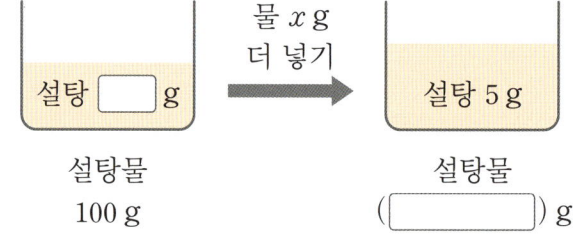

05

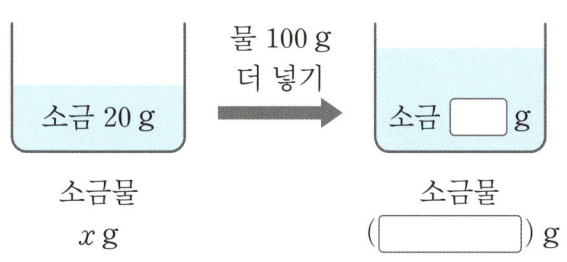

06

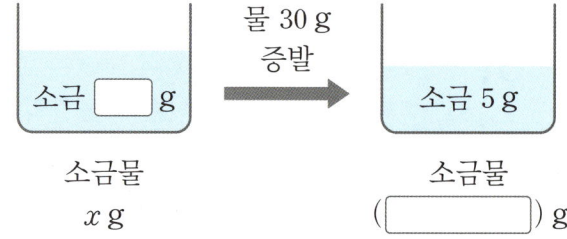

▶ 개념 다지기 2

그림을 보고 소금의 양에 대한 식을 완성하고, x의 값을 구하세요.

01

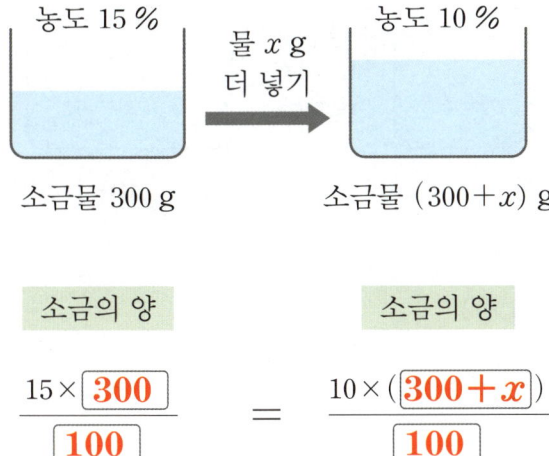

$$\frac{15 \times \boxed{300}}{\boxed{100}} = \frac{10 \times (\boxed{300+x})}{\boxed{100}}$$

02

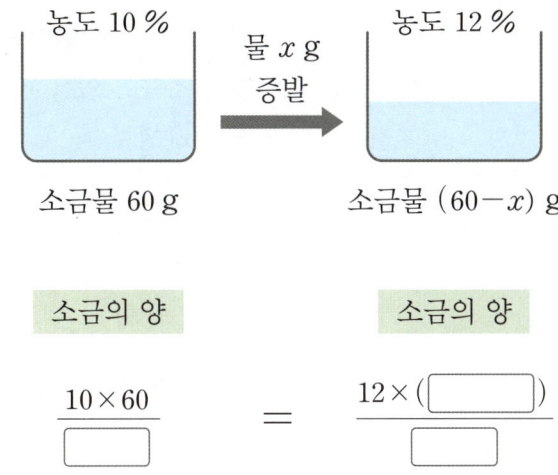

$$\frac{10 \times 60}{\boxed{}} = \frac{12 \times (\boxed{})}{\boxed{}}$$

답: $x = 150$

03

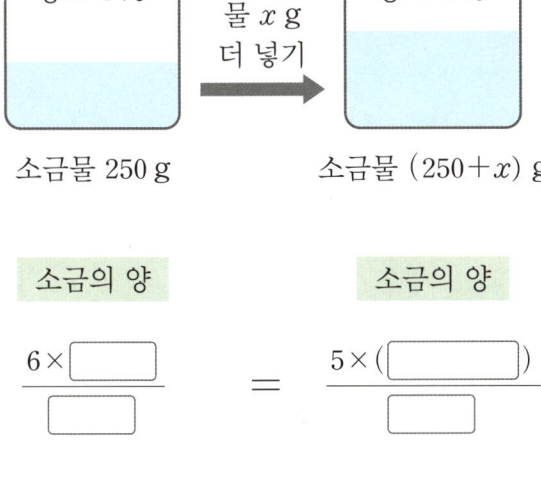

$$\frac{6 \times \boxed{}}{\boxed{}} = \frac{5 \times (\boxed{})}{\boxed{}}$$

04

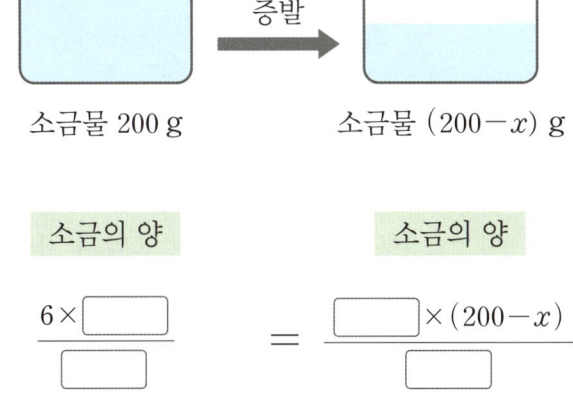

$$\frac{6 \times \boxed{}}{\boxed{}} = \frac{\boxed{} \times (200-x)}{\boxed{}}$$

▶ 개념 마무리 1

문제에 알맞게 그림의 빈칸을 채우고, 물음에 답하세요.

01

12 %의 소금물 300 g에 물 x g을 넣었더니 10 %의 소금물이 되었습니다. 두 소금물의 소금의 양을 비교하여 x의 값을 구하세요.

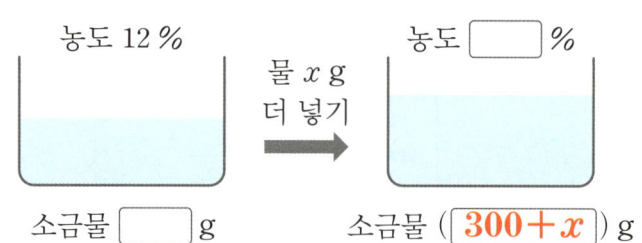

농도 12 %

물 x g 더 넣기

농도 ☐ %

소금물 ☐ g

소금물 (**300＋x**) g

(처음 소금의 양) = (나중 소금의 양)

식 $\dfrac{12 \times 300}{100} = \dfrac{10 \times (300＋x)}{100}$ 답 _____

02

10 %의 소금물 x g에 물 100 g을 넣어 8 %의 소금물을 만들었습니다. 두 소금물의 소금의 양을 비교하여 x의 값을 구하세요.

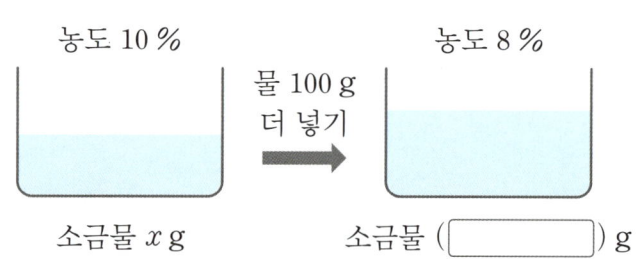

농도 10 %

물 100 g 더 넣기

농도 8 %

소금물 x g

소금물 (☐) g

(처음 소금의 양) = (나중 소금의 양)

식 _____   답 _____

03

15 %의 소금물 100 g에 물 x g을 증발시켜 20 %의 소금물을 만들었습니다. 두 소금물의 소금의 양을 비교하여 x의 값을 구하세요.

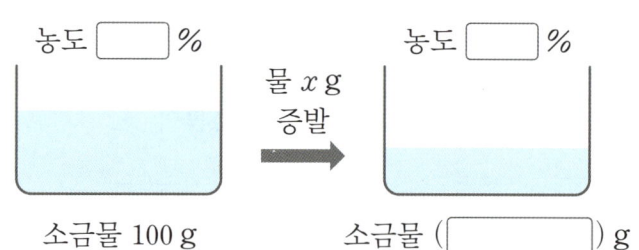

농도 ☐ %

물 x g 증발

농도 ☐ %

소금물 100 g

소금물 (☐) g

(처음 소금의 양) = (나중 소금의 양)

식 _____   답 _____

▶ 개념 마무리 2

물음에 답하세요.

01 4 %의 소금물 100 g에서 몇 g의 물을 증발시키면 10 %의 소금물이 될까요?

증발시킬 물의 양을 x g이라고 하면

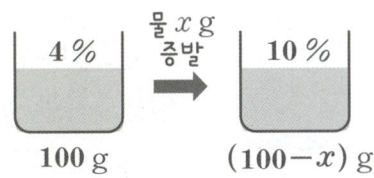

$$\frac{4 \times 100}{100} = \frac{10 \times (100 - x)}{100}$$

$$400 = 10(100 - x)$$

$$40 = 100 - x$$

$$x = 60$$

답: 60 g

02 5 %의 소금물 240 g에서 몇 g의 물을 증발시키면 15 %의 소금물이 될까요?

03 8 %의 소금물 100 g에 몇 g의 물을 넣어야 4 %의 소금물이 될까요?

04 18 %의 소금물에 물 100 g을 넣었더니 12 %의 소금물이 되었습니다. 처음 18 %의 소금물은 몇 g이었을까요?

6 소금의 양이 변할 때

문제 15 %의 소금물 400 g에 소금을 몇 g 더 넣으면 20 %의 소금물이 될까?

그림 그리기

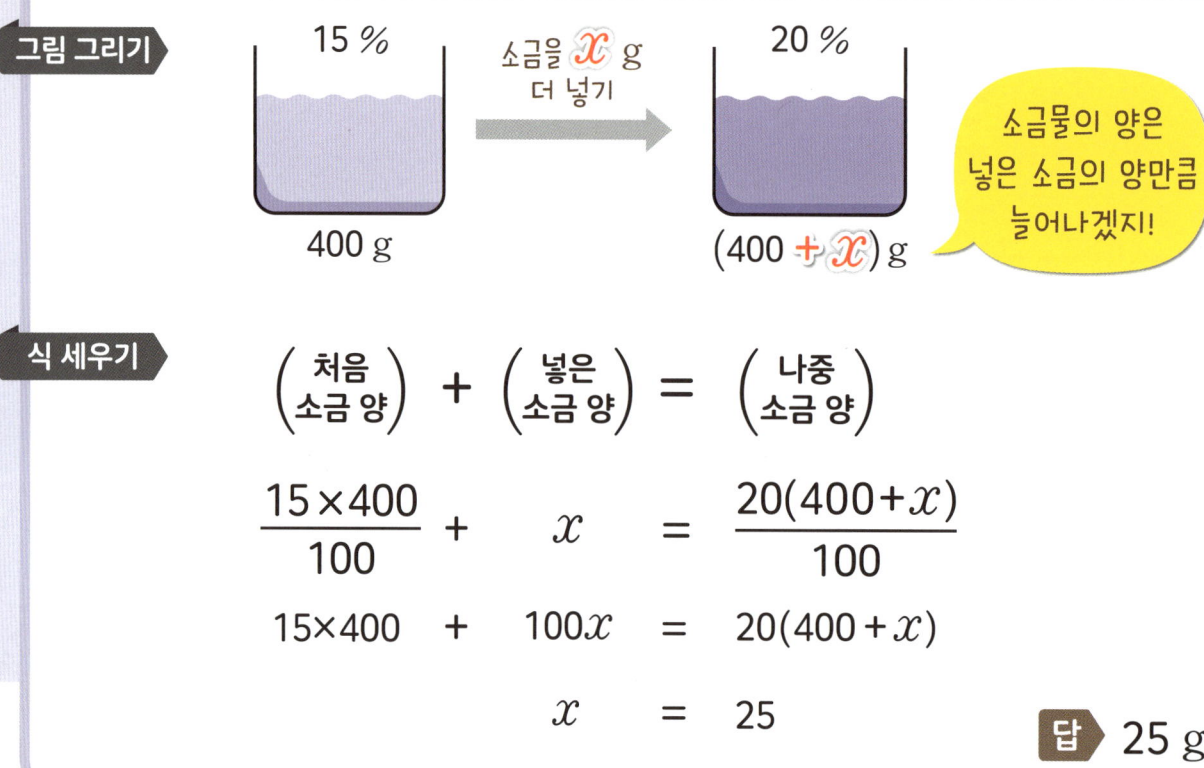

소금물의 양은 넣은 소금의 양만큼 늘어나겠지!

식 세우기

$$\binom{처음}{소금\,양} + \binom{넣은}{소금\,양} = \binom{나중}{소금\,양}$$

$$\frac{15 \times 400}{100} + x = \frac{20(400+x)}{100}$$

$$15 \times 400 + 100x = 20(400+x)$$

$$x = 25$$

답 25 g

▶ 개념 익히기 1

소금물에 소금을 더 넣었습니다. 빈칸을 알맞게 채우세요.

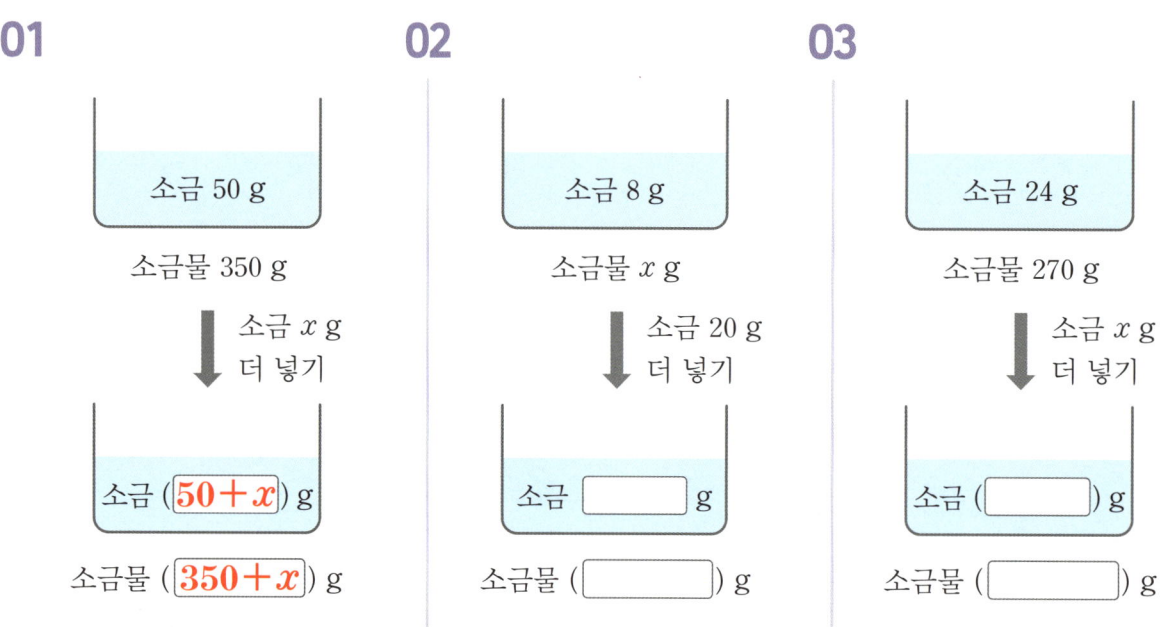

01
소금 50 g
소금물 350 g
↓ 소금 x g 더 넣기
소금 ($50 + x$) g
소금물 ($350 + x$) g

02
소금 8 g
소금물 x g
↓ 소금 20 g 더 넣기
소금 ⬜ g
소금물 (⬜) g

03
소금 24 g
소금물 270 g
↓ 소금 x g 더 넣기
소금 (⬜) g
소금물 (⬜) g

문제 5 %의 소금물에 소금을 40 g 더 넣었더니 25 %의 소금물이 되었다. 처음에 있던 5 %의 소금물의 양은?

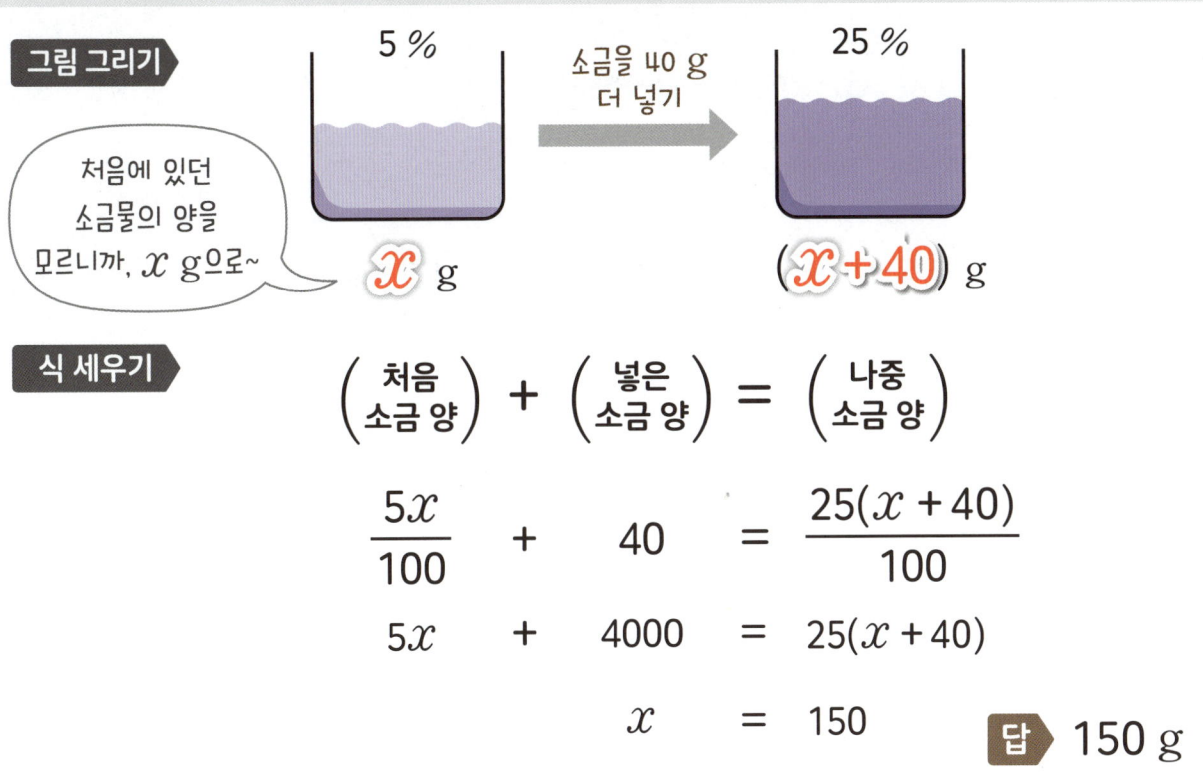

그림 그리기

처음에 있던 소금물의 양을 모르니까, x g으로~

5 %   소금을 40 g 더 넣기   25 %

x g $(x+40)$ g

식 세우기

$$\left(\begin{array}{c}\text{처음}\\\text{소금 양}\end{array}\right) + \left(\begin{array}{c}\text{넣은}\\\text{소금 양}\end{array}\right) = \left(\begin{array}{c}\text{나중}\\\text{소금 양}\end{array}\right)$$

$$\frac{5x}{100} + 40 = \frac{25(x+40)}{100}$$

$$5x + 4000 = 25(x+40)$$

$$x = 150$$

답 150 g

▶ 개념 익히기 2

 6-28

5 %의 소금물 x g에 소금 50 g을 더 넣었더니 12 %의 소금물이 되었습니다. 물음에 답하세요.

농도 5 %   소금 50 g 더 넣기   농도 12 %

x g   ( ) g

01 _____

그림의 빈칸을 알맞게 채우세요.

02 _____

5 %의 소금물에 녹아있는 소금의 양을 식으로 쓰세요.

03 _____

12 %의 소금물에 녹아있는 소금의 양을 식으로 쓰세요.

▶ 개념 다지기 1

소금물에 소금을 더 넣었습니다. 빈칸을 알맞게 채워 소금의 양에 대한 식을 완성하세요.

01

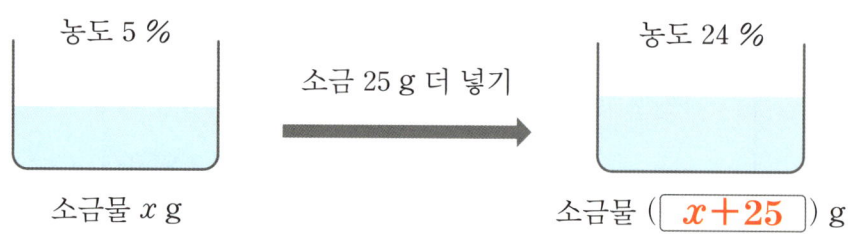

(처음 소금의 양) + (넣은 소금의 양) = (나중 소금의 양)

$$\frac{5 \times \boxed{x}}{100} \quad + \quad \boxed{25} \quad = \quad \frac{24 \times (\boxed{})}{100}$$

02

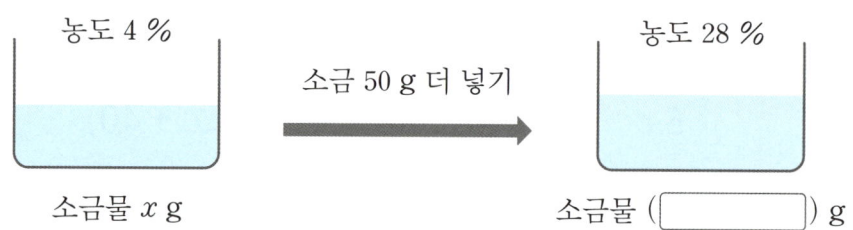

(처음 소금의 양) + (넣은 소금의 양) = (나중 소금의 양)

$$\frac{4 \times \boxed{}}{\boxed{}} \quad + \quad \boxed{} \quad = \quad \frac{28 \times (\boxed{})}{100}$$

03

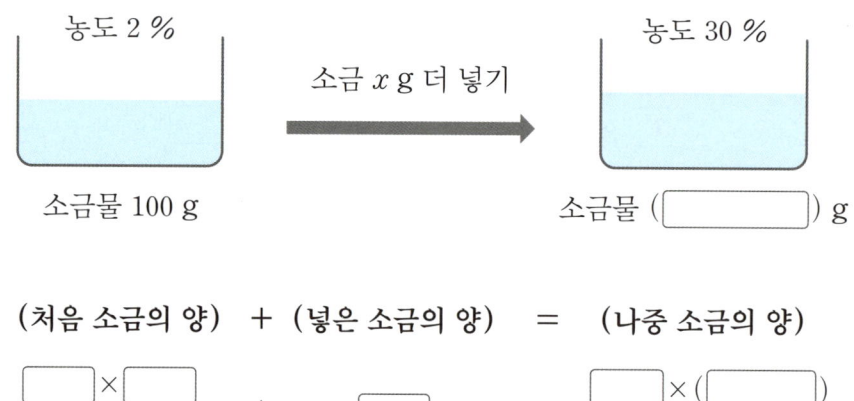

(처음 소금의 양) + (넣은 소금의 양) = (나중 소금의 양)

$$\frac{\boxed{} \times \boxed{}}{100} \quad + \quad \boxed{} \quad = \quad \frac{\boxed{} \times (\boxed{})}{100}$$

▶ 개념 다지기 2

빈칸을 알맞게 채워 방정식의 해를 구하세요.

01

$$\frac{4x}{100} + 50 = \frac{20(x+50)}{100}$$

양변에
100을 곱하기

$$4x + \boxed{5000} = 20(x+50)$$

분배법칙으로
괄호 풀기

$$4x + \boxed{5000} = 20x + \boxed{1000}$$

동류항끼리
간단히 하기

$$\boxed{} = \boxed{}\,x$$

$$x = \boxed{}$$

02

$$\frac{10 \times 20}{100} + x = \frac{25(20+x)}{100}$$

양변에
100을 곱하기

$$200 + \boxed{}\,x = 25(20+x)$$

분배법칙으로
괄호 풀기

$$200 + \boxed{}\,x = 500 + \boxed{}\,x$$

동류항끼리
간단히 하기

$$\boxed{}\,x = 300$$

$$x = \boxed{}$$

03

$$\frac{5x}{100} + 18 = \frac{24(x+18)}{100}$$

04

$$\frac{15 \times 40}{100} + x = \frac{32(40+x)}{100}$$

▶ 정답 및 해설 61~62쪽

▶ 개념 마무리 1

주어진 상황을 그림에 나타내고 x의 값을 구하세요.

01

2 %의 소금물 300 g에 소금 x g을 더 넣었더니 16 %의 소금물이 되었습니다. x의 값은?

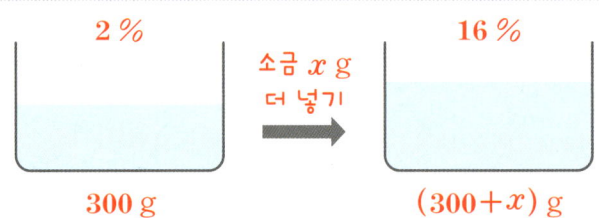

02

7 %의 소금물 100 g에 소금 x g을 더 넣었더니 25 %의 소금물이 되었습니다. x의 값은?

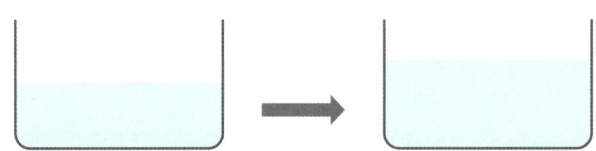

03

5 %의 소금물 x g에 소금 90 g을 더 넣었더니 24 %의 소금물이 되었습니다. x의 값은?

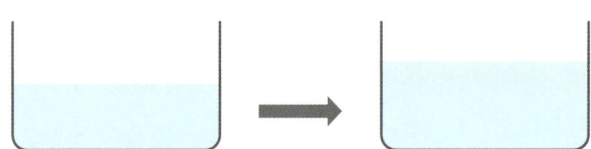

04

20 %의 소금물 170 g에 소금 x g을 더 넣었더니 32 %의 소금물이 되었습니다. x의 값은?

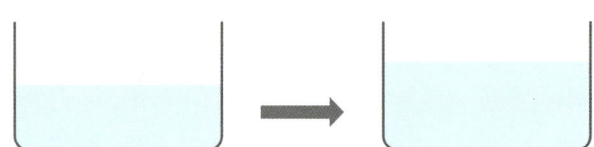

05

10 %의 소금물 x g에 소금 20 g을 더 넣었더니 16 %의 소금물이 되었습니다. x의 값은?

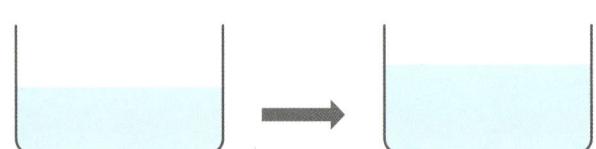

▶ 정답 및 해설 62~63쪽

▶ 개념 마무리 2

물음에 답하세요.

01 30 %의 소금물에 소금 10 g을 더 넣었더니 37 %의 소금물이 되었습니다. 처음 30 %의 소금물의 양은?

30 %의 소금물의 양을 x g이라고 하면

30 %	소금 +10 g	37 %
x g	→	$(x+10)$ g

$$\frac{30 \times x}{100} + 10 = \frac{37 \times (x+10)}{100}$$
$$30x + 1000 = 37(x+10)$$
$$30x + 1000 = 37x + 370$$
$$630 = 7x$$
$$x = 90$$

답: 90 g

02 2 %의 소금물 50 g에 소금 몇 g을 더 넣었더니 30 %의 소금물이 되었습니다. 더 넣은 소금의 양은?

03 소금 25 g을 8 %의 소금물에 더 넣었더니 31 %의 소금물이 되었습니다. 처음 8 %의 소금물의 양은?

04 소금 몇 g을 12 %의 소금물 350 g에 더 넣었더니 20 %의 소금물이 되었습니다. 더 넣은 소금의 양은?

7 소금물 합치기

문제 ▶ 8 %의 소금물 300 g과 14 %의 소금물을 섞어서 12 %의 소금물을 만들었다. 이때 14 %의 소금물의 양은?

그림 그리기

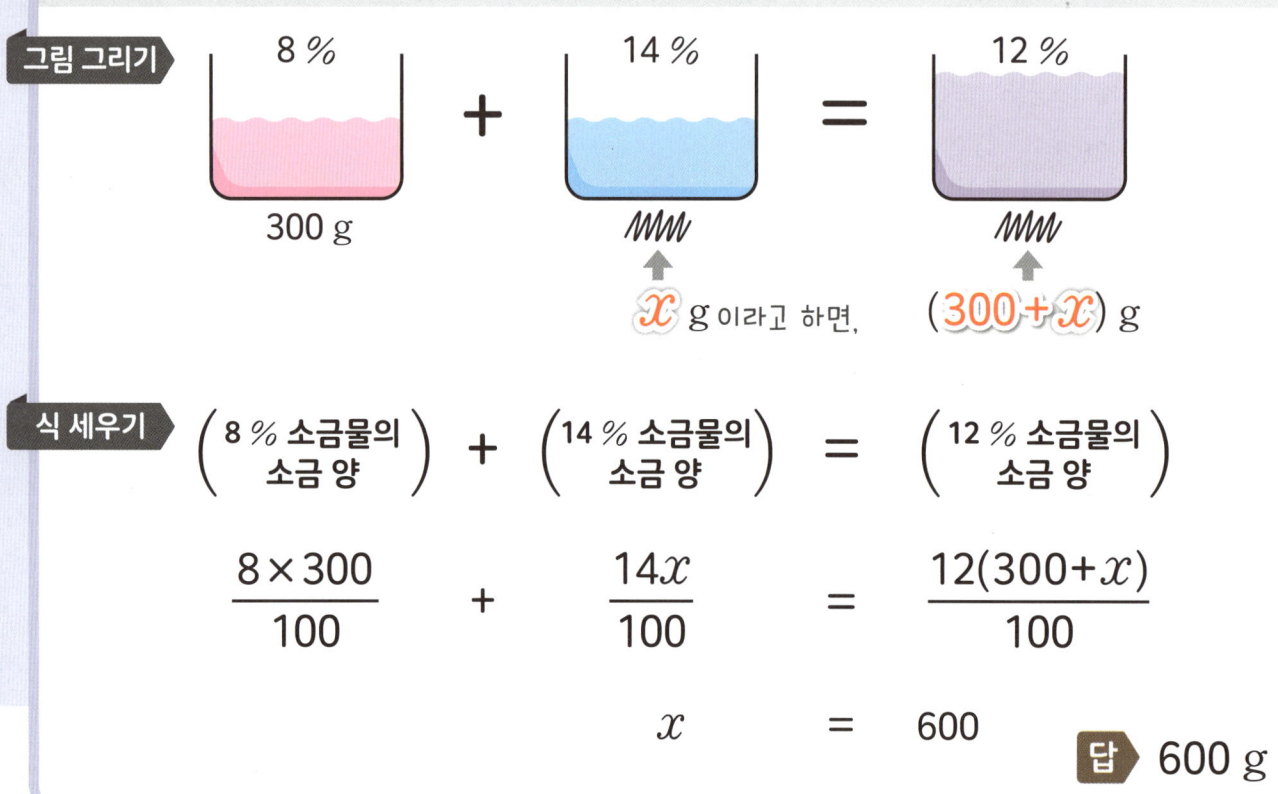

8 %
300 g

$+$

14 %
x g 이라고 하면,

$=$

12 %
$(300+x)$ g

식 세우기

$$\left(\begin{array}{c}8\,\%\,\text{소금물의}\\\text{소금 양}\end{array}\right) + \left(\begin{array}{c}14\,\%\,\text{소금물의}\\\text{소금 양}\end{array}\right) = \left(\begin{array}{c}12\,\%\,\text{소금물의}\\\text{소금 양}\end{array}\right)$$

$$\frac{8\times300}{100} \quad + \quad \frac{14x}{100} \quad = \quad \frac{12(300+x)}{100}$$

$$x \quad = \quad 600$$

답 ▶ 600 g

▶ 개념 익히기 1

주어진 소금물의 소금의 양을 구하는 식을 쓰세요.

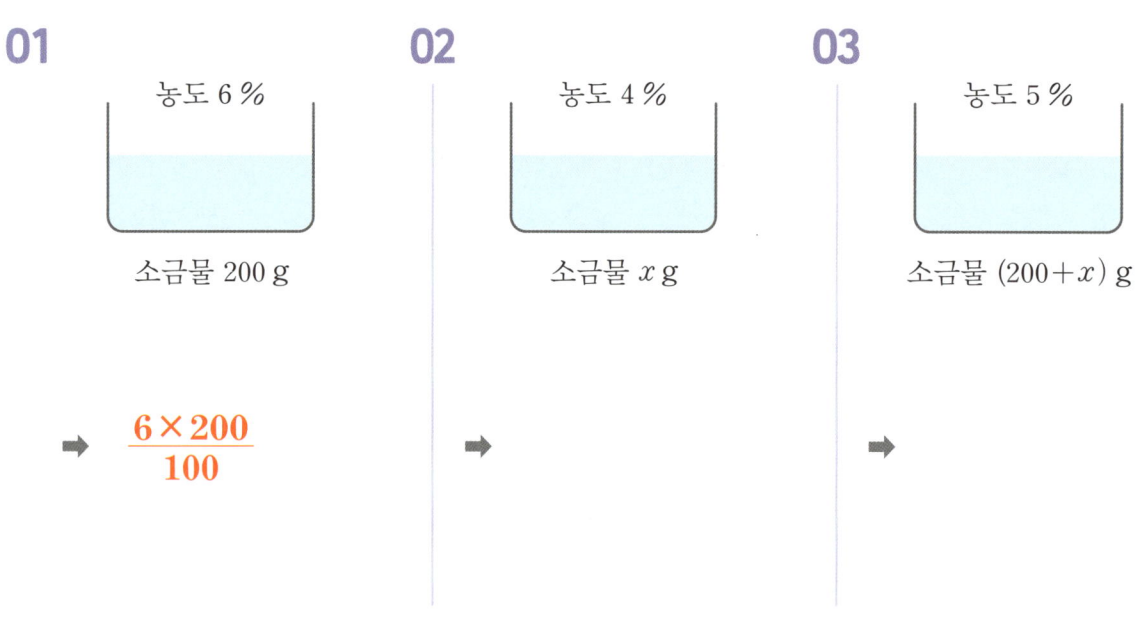

01

농도 6 %

소금물 200 g

➡ $\dfrac{6\times200}{100}$

02

농도 4 %

소금물 x g

➡

03

농도 5 %

소금물 $(200+x)$ g

➡

▶정답 및 해설 63쪽

말풍선: 농도를 모르니까 x로!

문제 16 %의 소금물 200 g과 농도가 다른 소금물 300 g을 섞어서 10 %의 소금물을 만들었다. 섞은 소금물의 농도는?

그림 그리기

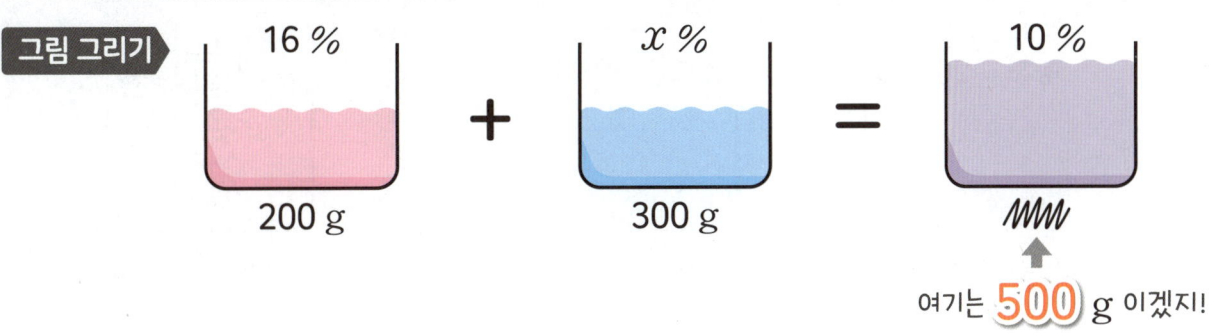

여기는 **500** g 이겠지!

식 세우기

$$\left(\begin{array}{c}16\,\%\ \text{소금물의}\\ \text{소금 양}\end{array}\right) + \left(\begin{array}{c}x\,\%\ \text{소금물의}\\ \text{소금 양}\end{array}\right) = \left(\begin{array}{c}10\,\%\ \text{소금물의}\\ \text{소금 양}\end{array}\right)$$

$$\frac{16 \times 200}{100} + \frac{x \times 300}{100} = \frac{10 \times 500}{100}$$

$$x = 6$$

답 6 %

▶ 개념 익히기 2

15 %의 소금물 200 g과 10 %의 소금물 x g을 섞었습니다. 옳은 설명이면 ○표, 아니면 X표 하세요.

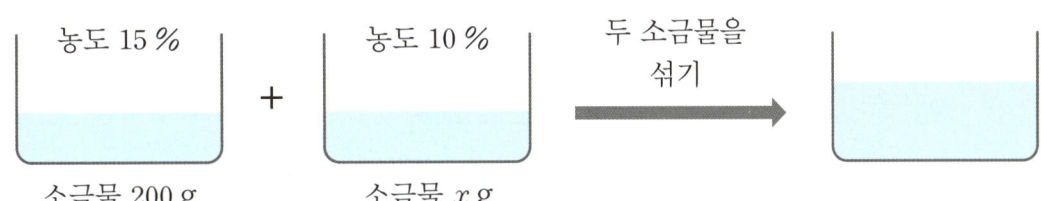

01 새로 만든 소금물의 농도는 15 %보다 더 진해집니다. (**x**)

02 10 %의 소금물의 양을 x g이라고 하면, 새로 만든 소금물의 양은 $(200+x)$ g입니다. (   )

03 15 %의 소금물과 10 %의 소금물의 소금의 양을 합하면 새로 만든 소금물에 녹아있는 소금의 양과 같습니다. (   )

▶ 개념 다지기 1

주어진 상황을 보고 빈칸을 알맞게 채우세요.

01

20 %의 소금물 150 g과 x %의 소금물 100 g을 섞어서 16 %의 소금물을 만들었습니다.

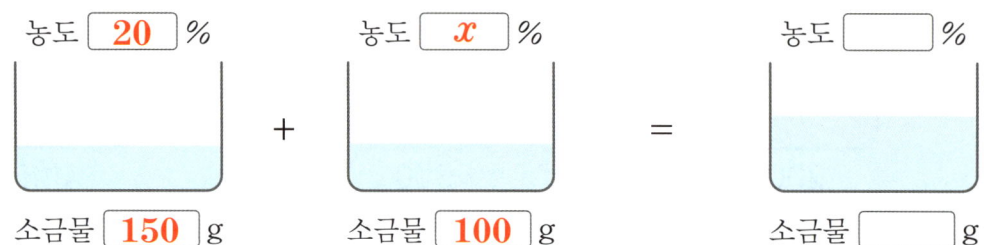

02

9 %의 소금물 600 g과 1 %의 소금물 x g을 섞었더니 7 %의 소금물이 되었습니다.

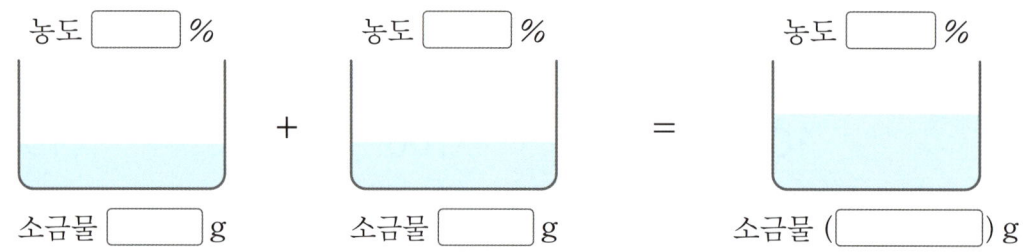

03

x %의 소금물 100 g과 12 %의 소금물 250 g을 섞어서 10 %의 소금물을 만들었습니다.

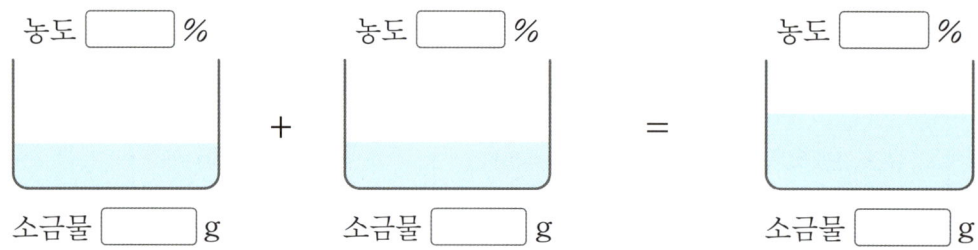

04

25 %의 소금물 240 g과 7 %의 소금물 x g을 섞어서 19 %의 소금물을 만들려고 합니다.

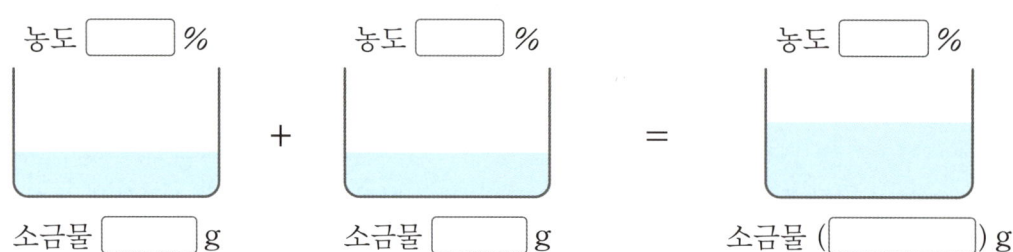

6-36

▶ 개념 다지기 2

그림을 보고 빈칸을 알맞게 채우세요.

01

농도 14 %

\+

농도 8 %

\=

농도 10 %

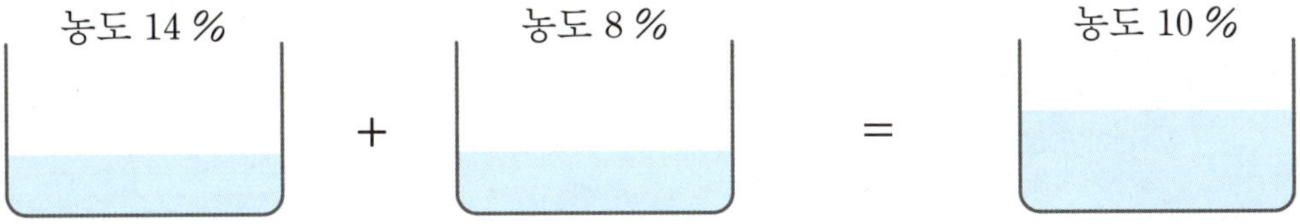

소금물 200 g

소금물 x g

소금물 ($\boxed{200+x}$) g

$\left(\begin{array}{c}14\,\%\ 소금물의\\소금\ 양\end{array}\right)$ $+$ $\left(\begin{array}{c}8\,\%\ 소금물의\\소금\ 양\end{array}\right)$ $=$ $\left(\begin{array}{c}10\,\%\ 소금물의\\소금\ 양\end{array}\right)$

$$\frac{\boxed{14}\times\boxed{200}}{\boxed{100}} + \frac{\boxed{}\times\boxed{}}{\boxed{}} = \frac{\boxed{}\times(\boxed{})}{\boxed{}}$$

02

농도 10 %

\+

농도 2 %

\=

농도 6 %

소금물 x g

소금물 300 g

소금물 ($\boxed{}$) g

$\left(\begin{array}{c}10\,\%\ 소금물의\\소금\ 양\end{array}\right)$ $+$ $\left(\begin{array}{c}2\,\%\ 소금물의\\소금\ 양\end{array}\right)$ $=$ $\left(\begin{array}{c}6\,\%\ 소금물의\\소금\ 양\end{array}\right)$

$$\frac{\boxed{}\times\boxed{}}{\boxed{}} + \frac{\boxed{}\times\boxed{}}{\boxed{}} = \frac{\boxed{}\times(\boxed{})}{\boxed{}}$$

03

농도 x %

\+

농도 9 %

\=

농도 8 %

소금물 100 g

소금물 300 g

소금물 $\boxed{}$ g

$\left(\begin{array}{c}x\,\%\ 소금물의\\소금\ 양\end{array}\right)$ $+$ $\left(\begin{array}{c}9\,\%\ 소금물의\\소금\ 양\end{array}\right)$ $=$ $\left(\begin{array}{c}8\,\%\ 소금물의\\소금\ 양\end{array}\right)$

$$\frac{\boxed{}\times\boxed{}}{\boxed{}} + \frac{\boxed{}\times\boxed{}}{\boxed{}} = \frac{\boxed{}\times\boxed{}}{\boxed{}}$$

▶ 정답 및 해설 64~65쪽

▶ 개념 마무리 1

물음에 답하세요.

01 2 %의 소금물 400 g과 9 %의 소금물을 섞어서 5 %의 소금물을 만들었습니다. 이때 9 %의 소금물의 양은?

x g이라 하면

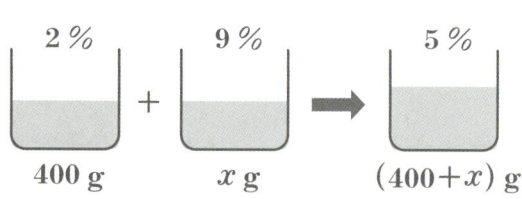

$$\frac{2 \times 400}{100} + \frac{9 \times x}{100} = \frac{5 \times (400 + x)}{100}$$

답: 300 g

02 6 %의 소금물과 1 %의 소금물 300 g을 섞어서 3 %의 소금물을 만들었습니다. 이때 6 %의 소금물의 양은?

03 20 %의 소금물 150 g에 x %의 소금물 90 g을 섞었더니 17 %의 소금물이 되었습니다. x의 값은?

04 10 %의 소금물 70 g에 2 %의 소금물을 섞었더니 4 %의 소금물이 되었습니다. 이때 2 %의 소금물의 양은?

▶ 정답 및 해설 66~67쪽

▶ 개념 마무리 2

물음에 답하세요.

01

6 %의 설탕물 100 g과 10 %의 설탕물 300 g을 섞은 후 물을 증발시켰더니 12 %의 설탕물이 되었습니다.

(1) 증발시키기 전의 설탕물에 녹아있는 설탕의 양과 농도는?　**36 g, 9 %**

(2) 증발시킨 물의 양은?

02

6 %의 소금물 400 g이 있습니다. 이 소금물에 물 200 g을 부은 후, 소금을 얼마 더 넣었더니 10 %의 소금물이 되었습니다.

(1) 물 200 g을 넣은 후의 소금물의 양과 농도는?

(2) 더 넣은 소금의 양은?

03

12 %의 소금물 100 g에 물 50 g을 부은 후, 4 %의 소금물을 섞어서 6 %의 소금물을 만들었습니다.

(1) 12 %의 소금물에 물 50 g을 넣었을 때, 소금의 양과 농도는?

(2) 섞은 4 %의 소금물의 양은?

단원 마무리

01 전체에 대해 색칠한 부분의 비율을 분수로 나타내시오.

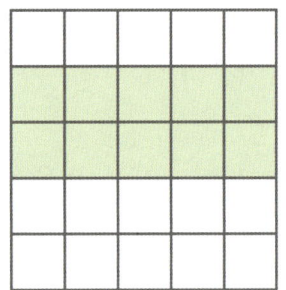

02 그림을 보고 소금물의 농도를 구하시오.

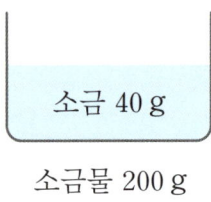

소금 40 g

소금물 200 g

03 소금물에 녹아있는 소금의 양을 구하는 식입니다. 빈칸을 알맞게 채우시오.

$$(소금의 \ 양) = \frac{(\boxed{}) \times (소금물의 \ 양)}{\boxed{}}$$

04 아래의 조건대로 그림의 빈칸을 알맞게 채우시오.

> 15 %의 소금물 350 g에서 물 x g을 증발시켜 25 %의 소금물을 만들었습니다.

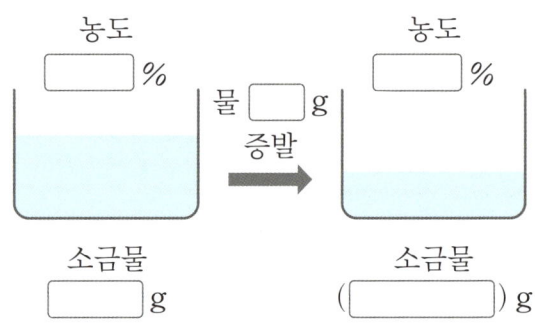

05 12 %의 설탕물 400 g에 녹아있는 설탕의 양은 몇 g인지 구하시오.

06 다음 방정식의 해를 구하시오.

$$6 = \frac{750}{x+75}$$

07 그림을 보고 x의 값을 구하시오.

농도 6 %

소금 18 g

소금물 $(400-x)$ g

08 물 220 g에 소금을 넣어 농도가 12 %인 소금물을 만들려고 합니다. 필요한 소금의 양은 몇 g인지 구하시오.

09 그림을 보고 쓴 등식 중 옳은 것은?

농도 ★ %

설탕 ◆ g

설탕물 ♥ g

① ★ $= \dfrac{♥}{◆} \times 100$ ② ★ $= \dfrac{◆}{100} \times ♥$

③ ◆ $= \dfrac{◆}{★} \times 100$ ④ ◆ $= \dfrac{★ \times ♥}{100}$

⑤ ◆ $= \dfrac{100}{♥ \times ★}$

10 물 120 g에 소금 30 g을 넣어 소금물을 만들었습니다. 이 소금물에 대한 설명으로 옳은 것은?

① 소금물에 녹아있는 소금의 양은 0 g이다.
② 소금물의 양은 120 g이다.
③ 소금물의 농도는 25 %이다.
④ 물 60 g에 소금 15 g을 넣어 만든 소금물과 농도가 같다.
⑤ 이 소금물에 소금을 10 g 더 넣으면 농도는 35 %가 된다.

11 아래 그림과 같이 설탕물에 물을 더 넣었습니다. 다음 설명 중 옳지 <u>않은</u> 것은?

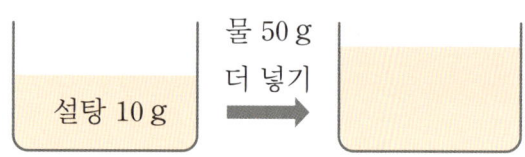

설탕물 50 g

① 설탕물의 양은 늘어난다.
② 설탕물의 농도는 옅어진다.
③ 설탕물에 녹아있는 설탕의 양은 변함이 없다.
④ 물을 더 넣기 전 설탕물의 농도는 5 %이다.
⑤ 물을 더 넣은 설탕물의 농도는 10 %이다.

12 다음 중 소금물의 양이 많은 순서대로 기호를 쓰시오.

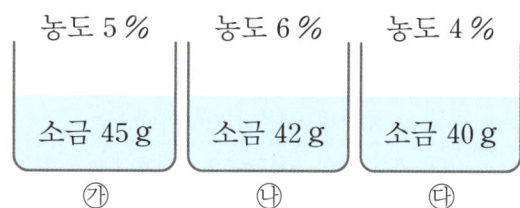

13 다음 중 소금이 가장 많이 녹아있는 소금물은?

① 10 %의 소금물 300 g
② 30 %의 소금물 150 g
③ 15 %의 소금물 200 g
④ 50 %의 소금물 100 g
⑤ 20 %의 소금물 400 g

14 8 %의 소금물 75 g에 소금 17 g을 넣었습니다. 소금물의 농도는 몇 %인지 구하시오.

15 x %의 소금물 200 g에 물 50 g을 더 넣었더니 16 %의 소금물이 되었습니다. x의 값을 구하시오.

16 농도가 다른 두 소금물을 섞어서 새로운 소금물을 만들었습니다. 세 학생 중 잘못 말한 학생은 누구인지 이름을 쓰시오.

> 수현: 4 %의 소금물 100 g과 10 %의 소금물 100 g을 섞었더니 7 %의 소금물이 되었어.
>
> 연호: 5 %의 소금물 200 g과 8 %의 소금물 100 g을 섞었더니 7 %의 소금물이 되었어.
>
> 해인: 1 %의 소금물 300 g과 6 %의 소금물 200 g을 섞었더니 3 %의 소금물이 되었어.

17 5 %의 소금물에 소금 20 g을 더 넣었더니 24 %의 소금물이 되었습니다. 처음 5 %의 소금물의 양을 구하시오.

18 15 %의 소금물 300 g과 8 %의 소금물을 섞어서 10 %의 소금물을 만들었습니다. 이때 8 %의 소금물의 양을 구하시오.

19 2 %의 소금물 100 g과 x %의 소금물 200 g을 섞었더니 4 %의 소금물이 되었습니다. x의 값을 구하시오.

20 10 %의 소금물 200 g에 소금 40 g과 물 60 g을 더 넣었습니다. 새로 만든 소금물의 농도는 몇 %인지 구하시오.

▶ 정답 및 해설 72쪽

서술형 문제

21 물 150 g에 소금을 넣어 40 %의 소금물을 만들려고 합니다. 몇 g의 소금을 넣어야 하는지 구하시오.

┌─ 풀이 ─────────────────────────┐
│   │
│   │
│   │
│   │
│   │
│   │
│   │
│   │
│   │
└────────────────────────────────┘

서술형 문제

22 어떤 소금물에 소금 10 g을 더 넣었더니 10 %의 소금물 160 g이 되었습니다. 물음에 답하시오.

(1) 10 %의 소금물 160 g에 녹아있는 소금의 양을 구하시오.

(2) 소금을 더 넣기 전 소금물의 양을 구하시오.

(3) 처음 소금물의 농도를 구하시오.

서술형 문제

23 7 %의 소금물과 16 %의 소금물을 섞어서 12 %의 소금물 180 g을 만들었습니다. 7 %의 소금물과 16 %의 소금물의 양을 각각 구하시오.

┌─ 풀이 ─────────────────────────┐
│   │
│   │
│   │
│   │
│   │
│   │
│   │
│   │
│   │
│   │
│   │
└────────────────────────────────┘

생활 속의 농도

농도의 사전적 의미는 어떤 성질이나 성분이 들어있는 정도이다. 즉, 어떤 성분이 많이 들어 있으면 농도가 높은 것이고, 반대의 경우는 농도가 낮은 것이다. 공기 중에 있는 미세먼지도 공기 중에 어느 정도 있는지에 따라 농도로 나타낼 수 있고, 그것이 미세먼지 농도이다.

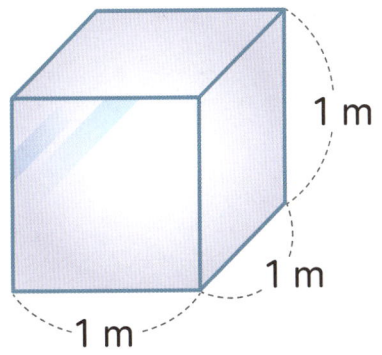

미세먼지 농도는 1 m^3의 공기 안에 들어있는 미세먼지의 무게를 나타내는데 먼지의 무게는 아주 작기 때문에 μg의 단위를 사용한다. 즉, 미세먼지 농도의 단위는 $\mu g / \text{m}^3$(마이크로그램 퍼 세제곱미터)이다.

우리나라 환경부에서는 미세먼지 농도를 기준으로 4개로 나누어 좋음, 보통, 나쁨, 매우 나쁨 으로 예보하고 있다.

좋음 $0 \sim 30 \ \mu g / \text{m}^3$ **보통** $31 \sim 80 \ \mu g / \text{m}^3$

나쁨 $81 \sim 150 \ \mu g / \text{m}^3$ **매우 나쁨** $151 \ \mu g / \text{m}^3$ 이상

MEMO

정답 및 해설은 키출판사 홈페이지
(www.keymedia.co.kr)에서도
볼 수 있습니다.

중등수학

개념으로 한번에
내신 대비까지!

일차
방정식

활용도
개념부터!

 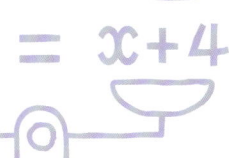

$3x = x+4$

개념이 먼저다

정답 및 해설 2

교육 R&D에 앞서가는
Key 키출판사

정답 및 해설

4 가격에 대한 방정식 ·························· 2쪽

5 비율에 대한 방정식 ·················· 23쪽

6 농도에 대한 방정식 ····················· 47쪽

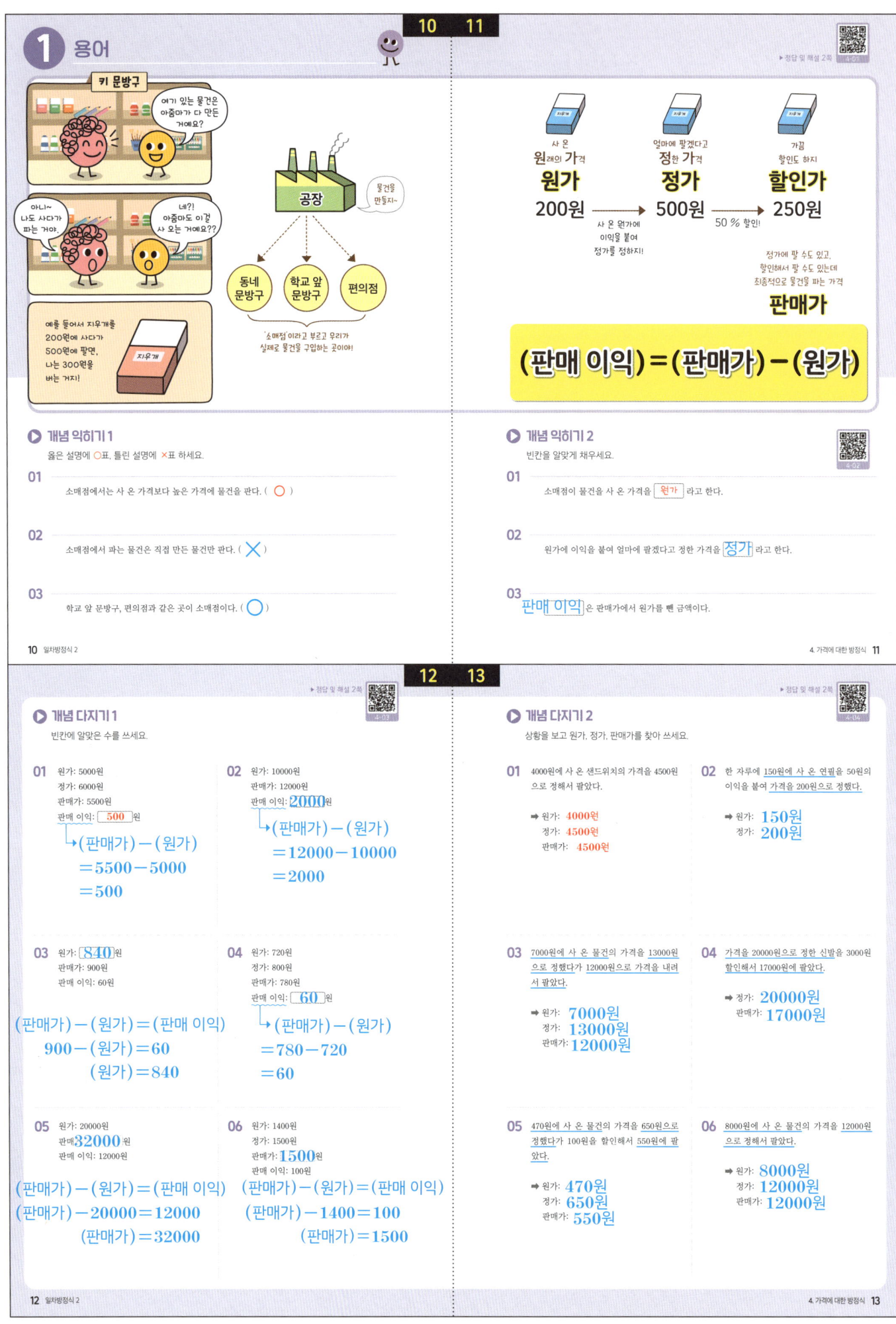

1 용어

10　11

▶ 정답 및 해설 2쪽

키 문방구

여기 있는 물건은 아줌마가 다 만든 거예요?

아니~ 나도 사다가 파는 거야.

네?! 아줌마도 이걸 사 오는 거예요??

공장

물건을 만들지~

동네 문방구　학교 앞 문방구　편의점

'소매점'이라고 부르고 우리가 실제로 물건을 구입하는 곳이야!

예를 들어서 지우개를 200원에 사다가 500원에 팔면, 나는 300원을 버는 거지!

지우개

사 온 **원래의 가격**
원가
200원

얼마에 팔겠다고 정한 가격
정가
500원

가끔 할인도 하지
할인가
250원

사 온 원가에 이익을 붙여 정가를 정하지!　　50 % 할인!

정가에 팔 수도 있고, 할인해서 팔 수도 있는데 최종적으로 물건을 파는 가격

판매가

(판매 이익)＝(판매가)－(원가)

▶ 개념 익히기 1

옳은 설명에 ○표, 틀린 설명에 ×표 하세요.

01
소매점에서는 사 온 가격보다 높은 가격에 물건을 판다. (○)

02
소매점에서 파는 물건은 직접 만든 물건만 판다. (×)

03
학교 앞 문방구, 편의점과 같은 곳이 소매점이다. (○)

▶ 개념 익히기 2

빈칸을 알맞게 채우세요.

01
소매점이 물건을 사 온 가격을 **원가** 라고 한다.

02
원가에 이익을 붙여 얼마에 팔겠다고 정한 가격을 **정가** 라고 한다.

03
판매 이익 은 판매가에서 원가를 뺀 금액이다.

12　13

▶ 정답 및 해설 2쪽

▶ 개념 다지기 1

빈칸에 알맞은 수를 쓰세요.

01
원가: 5000원
정가: 6000원
판매가: 5500원
판매 이익: **500** 원

↳ (판매가)－(원가)
＝5500－5000
＝500

02
원가: 10000원
판매가: 12000원
판매 이익: **2000** 원

↳ (판매가)－(원가)
＝12000－10000
＝2000

03
원가: **840** 원
판매가: 900원
판매 이익: 60원

(판매가)－(원가)＝(판매 이익)
900－(원가)＝60
(원가)＝840

04
원가: 720원
정가: 800원
판매가: 780원
판매 이익: **60** 원

↳ (판매가)－(원가)
＝780－720
＝60

05
원가: 20000원
판매 **32000** 원
판매 이익: 12000원

(판매가)－(원가)＝(판매 이익)
(판매가)－20000＝12000
(판매가)＝32000

06
원가: 1400원
정가: 1500원
판매가: **1500** 원
판매 이익: 100원

(판매가)－(원가)＝(판매 이익)
(판매가)－1400＝100
(판매가)＝1500

▶ 개념 다지기 2

상황을 보고 원가, 정가, 판매가를 찾아 쓰세요.

01
4000원에 사 온 샌드위치의 가격을 4500원으로 정해서 팔았다.

➡ 원가: **4000원**
정가: **4500원**
판매가: **4500원**

02
한 자루에 150원에 사 온 연필을 50원의 이익을 붙여 가격을 200원으로 정했다.

➡ 원가: **150원**
정가: **200원**

03
7000원에 사 온 물건의 가격을 13000원으로 정했다가 12000원으로 가격을 내려서 팔았다.

➡ 원가: **7000원**
정가: **13000원**
판매가: **12000원**

04
가격을 20000원으로 정한 신발을 3000원 할인해서 17000원에 팔았다.

➡ 정가: **20000원**
판매가: **17000원**

05
470원에 사 온 물건의 가격을 650원으로 정했다가 100원을 할인해서 550원에 팔았다.

➡ 원가: **470원**
정가: **650원**
판매가: **550원**

06
8000원에 사 온 물건의 가격을 12000원으로 정해서 팔았다.

➡ 원가: **8000원**
정가: **12000원**
판매가: **12000원**

▶ 정답 및 해설 3쪽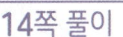

▶ 개념 마무리 1

신발의 원가와 가격표를 보고 물음에 답하세요.

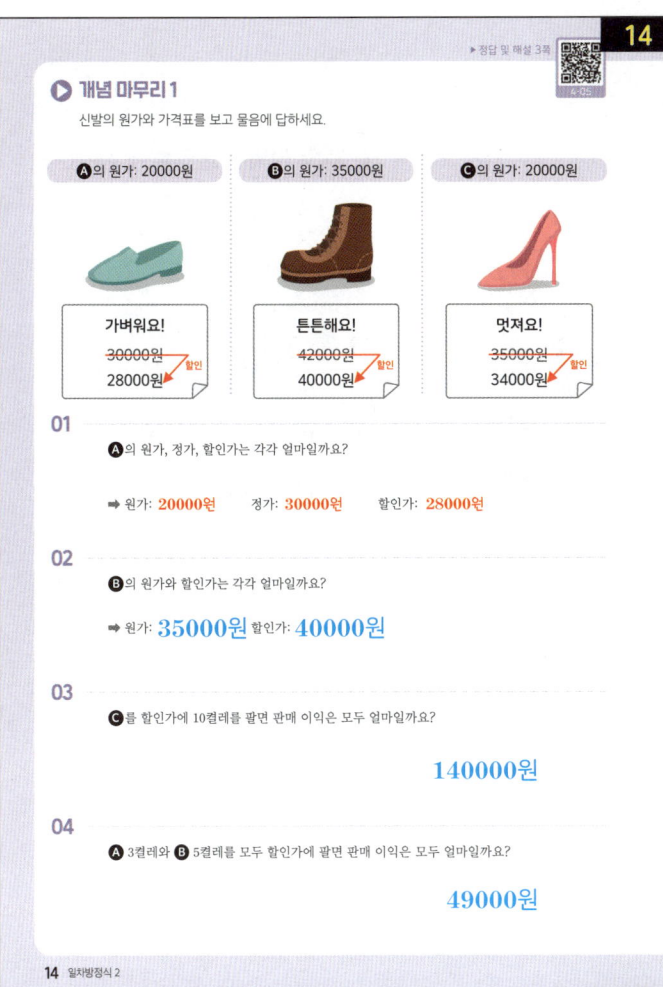

Ⓐ의 원가: 20000원   Ⓑ의 원가: 35000원   Ⓒ의 원가: 20000원

가벼워요!   튼튼해요!   멋져요!

~~30000원~~ 할인   ~~42000원~~ 할인   ~~35000원~~ 할인
28000원   40000원   34000원

01

Ⓐ의 원가, 정가, 할인가는 각각 얼마일까요?

➡ 원가: **20000원**   정가: **30000원**   할인가: **28000원**

02

Ⓑ의 원가와 할인가는 각각 얼마일까요?

➡ 원가: **35000원** 할인가: **40000원**

03

Ⓒ를 할인가에 10켤레를 팔면 판매 이익은 모두 얼마일까요?

140000원

04

Ⓐ 3켤레와 Ⓑ 5켤레를 모두 할인가에 팔면 판매 이익은 모두 얼마일까요?

49000원

14쪽 풀이

03 Ⓒ의 원가: 20000원

Ⓒ의 판매가: 34000원

Ⓒ를 1켤레 팔 때, 판매 이익은 $34000-20000=14000$(원)

10켤레를 팔 때, 판매 이익은

$14000 \times 10 = 140000$(원)

답 140000원

04 Ⓐ를 1켤레 팔 때, 판매 이익은 $28000-20000=8000$(원)

Ⓑ를 1켤레 팔 때, 판매 이익은 $40000-35000=5000$(원)

Ⓐ를 3켤레, Ⓑ를 5켤레 팔 때, 판매 이익은

$8000 \times 3 + 5000 \times 5 = 49000$(원)

답 49000원

▶ 정답 및 해설 3쪽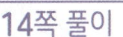

▶ 개념 마무리 2

빈칸을 알맞게 채우세요.

01

개당 900원에 사 온 물건을 200원의 이익을 붙여서 가격을 1100원으로 정한 뒤, 가격의 10 %를 할인하여 990원에 팔았다.

➡ 원가: **900** 원   판매가: **990** 원
정가: **1100** 원   판매 이익: **90** 원

02

2500원에 사 온 물건에 1500원의 이익을 붙여서 가격을 4000원으로 정한 뒤, 가격의 20 %를 할인하여 3200원에 팔았다.

➡ 원가: **2500**원   판매가: **3200**원
정가: **4000**원   판매 이익: **700**원

03

콩 1 kg을 11000원에 사 와서 3000원의 이익을 붙여서 1 kg을 14000원에 팔았다.

➡ 원가: **11000**원   판매가: **14000**원
정가: **14000**원   판매 이익: **3000**원

04

공장에서 7000원에 사 온 물건에 20 %의 이익을 붙여서 가격을 8400원으로 정했다가 400원을 할인하여 팔았다.

➡ 원가: **7000**원   판매가: **8000**원
정가: **8400**원   판매 이익: **1000**원

05

30000원으로 물건의 가격을 정했다가 10 %를 할인해서 27000원에 팔았더니 판매 이익이 2000원이 되었다.

➡ 원가: **25000**원   판매가: **27000**원
정가: **30000**원   판매 이익: **2000**원

15쪽 풀이

02 (판매 이익)=(판매가)－(원가)

$\qquad = 3200-2500$

$\qquad = 700$(원)

03 (판매 이익)=(판매가)－(원가)

$\qquad = 14000-11000$

$\qquad = 3000$(원)

04 (판매가)=(정가)－400

$\qquad = 8400-400 = 8000$(원)

(판매 이익)=(판매가)－(원가)

$\qquad = 8000-7000 = 1000$(원)

05 (판매 이익)=(판매가)－(원가)

$\qquad 2000 = 27000-$(원가)

(원가)$=25000$(원)

2　a %의 이익

▶ 정답 및 해설 4쪽

$$\underbrace{3000원}\underbrace{의}\underbrace{a\%}$$

$$\Rightarrow 3000 \times \frac{a}{100}$$

~의 는 식으로 바꿀 때 **곱하기**

문제　원가가 3000원인 필통에 a % 이익을 붙였더니 정가가 3600원이 되었다. a의 값은?

원가 3000원 ──a % 이익──▶ 정가 3600원

(원가) + (이익) = (정가)

$$3000 + \left(3000 \times \frac{a}{100}\right) = 3600$$

$$a = 20$$

답　20

원가 x원에 **a %의 이익**을 붙였을 때 정가는~

$$x + x \times \frac{a}{100}$$

길고 복잡한 식을 쓸 때는 이 방법을 이용하는 게 편리해!

$$= x\left(1 + \frac{a}{100}\right)$$

분배법칙
A(B+C) = AB + AC

문제　원가 $(100x + 2000)$원에 **5 %의 이익**을 붙인 정가는?

풀이　$(100x + 2000) \times \left(1 + \frac{5}{100}\right)$

$$= (100x + 2000) \times \frac{105}{100}$$

$$= 105x + 2100$$

답　$(105x + 2100)$원

▶ 개념 익히기 1

빈칸을 알맞게 채우세요.

01　5000원의 2 %

$\Rightarrow 5000 \times \boxed{\dfrac{2}{100}}$

02　700원의 19 %

$\Rightarrow 700 \times \dfrac{19}{100}$

03　10000원의 x %

$\Rightarrow 10000 \times \dfrac{x}{100}$

▶ 개념 익히기 2

빈칸을 알맞게 채우세요.

01　2000원에 4 %의 이익을 붙였을 때

$\boxed{2000} + \boxed{2000} \times \dfrac{4}{100} = 2000 \times \left(\boxed{1} + \dfrac{4}{100}\right)$

02　10000원에 5 %의 이익을 붙였을 때

$10000 + 10000 \times \dfrac{5}{100} = 10000 \times \left(\boxed{1} + \dfrac{5}{100}\right)$

03　6500원에 10 %의 이익을 붙였을 때

$6500 + 6500 \times \dfrac{10}{100} = 6500 \times \left(\boxed{1} + \dfrac{10}{100}\right)$

▶ 정답 및 해설 4쪽

▶ 개념 다지기 1

그림을 보고 빈칸을 알맞게 채우세요.

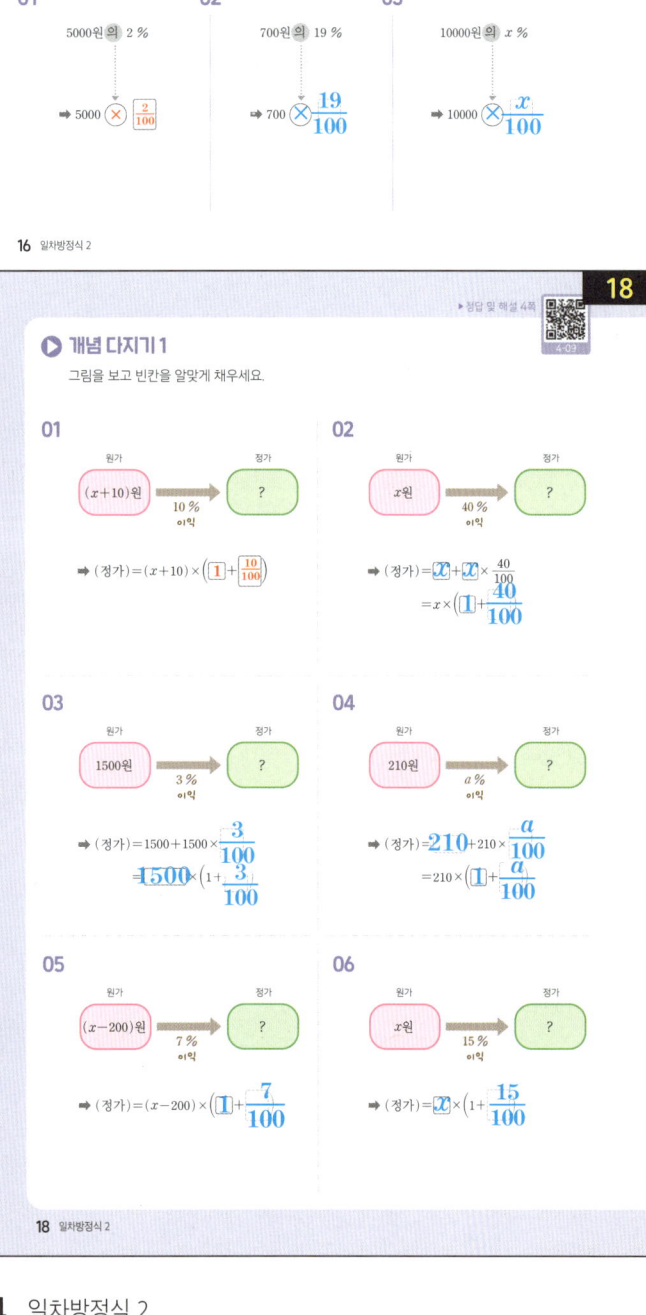

01　원가 $(x+10)$원 ──10 % 이익──▶ 정가 ?

$\Rightarrow$ (정가) $= (x+10) \times \left(\boxed{1} + \boxed{\dfrac{10}{100}}\right)$

02　원가 x원 ──40 % 이익──▶ 정가 ?

$\Rightarrow$ (정가) $= x + x \times \dfrac{40}{100}$

$= x \times \left(\boxed{1} + \dfrac{40}{100}\right)$

03　원가 1500원 ──3 % 이익──▶ 정가 ?

$\Rightarrow$ (정가) $= 1500 + 1500 \times \dfrac{3}{100}$

$= 1500 \times \left(1 + \dfrac{3}{100}\right)$

04　원가 210원 ──a % 이익──▶ 정가 ?

$\Rightarrow$ (정가) $= 210 + 210 \times \dfrac{a}{100}$

$= 210 \times \left(\boxed{1} + \dfrac{a}{100}\right)$

05　원가 $(x-200)$원 ──7 % 이익──▶ 정가 ?

$\Rightarrow$ (정가) $= (x-200) \times \left(\boxed{1} + \dfrac{7}{100}\right)$

06　원가 x원 ──15 % 이익──▶ 정가 ?

$\Rightarrow$ (정가) $= x \times \left(1 + \dfrac{15}{100}\right)$

▶ 개념 다지기 2

다음 일차방정식을 푸세요.

01 $(x-100) \times \left(1 + \dfrac{4}{100}\right) = 1040$

$$(x-100) \times \frac{104}{100} = 1040$$

$$(x-100) \times \frac{\cancel{104}^{1}}{\cancel{100}_{1}} \times \frac{\cancel{100}^{1}}{\cancel{104}_{1}} = \cancel{1040}^{10} \times \frac{100}{\cancel{104}_{1}}$$

$$x - 100 = 1000$$

$$x = 1100$$

답: $x = 1100$

02 $x + x \times \dfrac{15}{100} = 3450$

$$100x + 15x = 345000$$

$$115x = 345000$$

$$x = \frac{\cancel{\cancel{345000}}^{\;69000\;3000}}{\cancel{\cancel{115}}_{\;23\;1}}$$

답: $x = 3000$

03 $6000 \times \left(1 + \dfrac{x}{100}\right) = 6180$

$$6000 + 60x = 6180$$

$$60x = 180$$

$$x = 3$$

답: $x = 3$

04 $5000 \times \left(1 - \dfrac{x}{100}\right) = 4500$

$$5000 - 50x = 4500$$

$$-50x = -500$$

$$x = 10$$

답: $x = 10$

05 $(x+200) \times \left(1 + \dfrac{10}{100}\right) = 8800$

$$(x+200) \times \frac{110}{100} = 8800$$

$$(x+200) \times \frac{\cancel{110}^{1}}{\cancel{100}_{1}} \times \frac{\cancel{100}^{1}}{\cancel{110}_{1}} = \cancel{8800}^{80} \times \frac{100}{\cancel{110}_{1}}$$

$$x + 200 = 8000$$

$$x = 7800$$

답: $x = 7800$

06 $x \times \left(1 + \dfrac{13}{100}\right) = 4520$

$$x \times \frac{113}{100} = 4520$$

$$x \times \frac{\cancel{113}^{1}}{\cancel{100}_{1}} \times \frac{\cancel{100}^{1}}{\cancel{113}_{1}} = \cancel{4520}^{40} \times \frac{100}{\cancel{113}_{1}}$$

$$x = 4000$$

답: $x = 4000$

20

▶ 개념 마무리 1

문제의 내용을 그림에 나타내고 x의 값을 구하세요.

01

원가 12000원에 x %의 이익을 붙여 정가를 13200원으로 정하였다. x의 값은? **답: $x=10$**

원가
12000원
x %
이익
정가
13200원

$$12000+12000\times\frac{x}{100}=13200$$

$$12000\times\frac{x}{100}=13200-12000$$

$$120x=1200$$

$$x=10$$

02

원가 x원에 20 %의 이익을 붙여 정가를 24000원으로 정하였다. x의 값은? 답: $x=20000$

원가
x원
20 %
이익
정가
24000원

$$x\times\left(1+\frac{20}{100}\right)=24000$$

$$x\times\frac{120}{100}=24000$$

$$x\times\frac{120}{100}\times\frac{100}{120}=24000\times\frac{100}{120}$$

$$x=20000$$

03

원가 5000원에 x %의 이익을 붙여 정가를 5650원으로 정하였다. x의 값은? 답: $x=13$

원가
5000원
x %
이익
정가
5650원

$$5000\times\left(1+\frac{x}{100}\right)=5650$$

$$5000+5000\times\frac{x}{100}=5650$$

$$5000+50x=5650$$

$$50x=650$$

$$x=13$$

04

원가 $(x+300)$원에 30 %의 이익을 붙여 정가를 1950원으로 정하였다. x의 값은? 답: $x=1200$

원가
$(x+300)$원
30 %
이익
정가
1950원

$$(x+300)\times\left(1+\frac{30}{100}\right)=1950$$

$$(x+300)\times\frac{130}{100}=1950$$

$$(x+300)\times\frac{130}{100}\times\frac{100}{130}=1950\times\frac{100}{130}$$

$$x+300=1500$$

$$x=1200$$

02

원가   정가

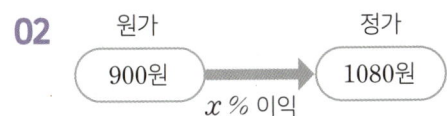

x % 이익

$$900 \times \left(1 + \frac{x}{100}\right) = 1080$$

$$900 + \overset{9}{\cancel{900}} \times \frac{x}{\underset{1}{\cancel{100}}} = 1080$$

$$900 + 9x = 1080$$

$$9x = 180$$

$$x = 20$$

답 $x = 20$

03

원가   정가

8 % 이익

$$7000 \times \left(1 + \frac{8}{100}\right) = x$$

$$\overset{70}{\cancel{7000}} \times \frac{108}{\underset{1}{\cancel{100}}} = x$$

$$7560 = x$$

답 7560원

04 원가를 x원이라고 하면

원가   정가

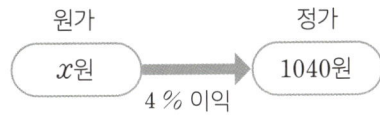

4 % 이익

$$x \times \left(1 + \frac{4}{100}\right) = 1040$$

$$x \times \frac{104}{100} = 1040$$

$$x \times \overset{1}{\cancel{\frac{104}{100}}} \times \overset{1}{\cancel{\frac{100}{104}}} = \overset{10}{\cancel{1040}} \times \frac{100}{\underset{1}{\cancel{104}}}$$

$$x = 1000$$

원가가 1000원, 정가가 1040원이므로
원가에 붙인 이익은 40원

답 40원

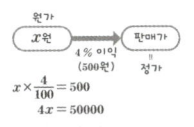

▶ 정답 및 해설 7~8쪽

▶ **개념 마무리 2**

물음에 답하세요.

01 원가에 4 %의 이익을 붙여 팔았더니 500원의 이익이 생겼습니다. 원가는 얼마일까요? x원으로 생각하면

원가
x원 → 판매가 = 정가
4 % 이익
(500원)

$$x \times \frac{4}{100} = 500$$
$$4x = 50000$$
$$x = 12500$$

답: 12500원

02 원가 900원에 x %의 이익을 붙여 정가를 1080원으로 정했습니다. x의 값은 얼마일까요?

답: $x = 20$

03 원가가 7000원인 제품에 8 %의 이익을 붙여 정가를 정했습니다. 정가는 얼마일까요?

답: 7560원

04 어떤 물건의 원가에 4 %의 이익을 붙여 정가를 1040원으로 정했습니다. 원가에 붙인 이익은 얼마일까요?

답: 40원

05 원가가 $(x+1000)$원인 물건에 5 %의 이익을 붙여 정가를 1680원으로 정했습니다. x의 값은 얼마일까요?

답: $x = 600$

06 원가가 5000원인 물건에 x %의 이익을 붙여 정가를 6250원으로 정했습니다. x의 값은 얼마일까요?

답: $x = 25$

4. 가격에 대한 방정식 **21**

05

원가   정가

$(x+1000)$원 → 1680원

5 % 이익

$$(x+1000) \times \left(1 + \frac{5}{100}\right) = 1680$$

$$(x+1000) \times \frac{105}{100} = 1680$$

$$(x+1000) \times \overset{1}{\cancel{\frac{105}{100}}} \times \overset{1}{\cancel{\frac{100}{105}}} = \overset{16}{\cancel{1680}} \times \frac{100}{\underset{1}{\cancel{105}}}$$

$$x + 1000 = 1600$$

$$x = 600$$

답 $x = 600$

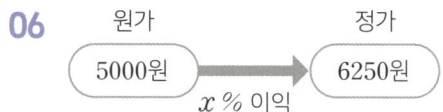

06

원가		정가
5000원	→	6250원

x % 이익

$$5000 \times \left(1 + \frac{x}{100}\right) = 6250$$

$$5000 + \overset{50}{5000} \times \frac{x}{\underset{1}{100}} = 6250$$

$$5000 + 50x = 6250$$

$$50x = 1250$$

$$x = 25$$

답 $x = 25$

---

22 23

3 a % 할인

▶ 정답 및 해설 8쪽

정가가 800원인 초콜릿을 10 % 할인하면?

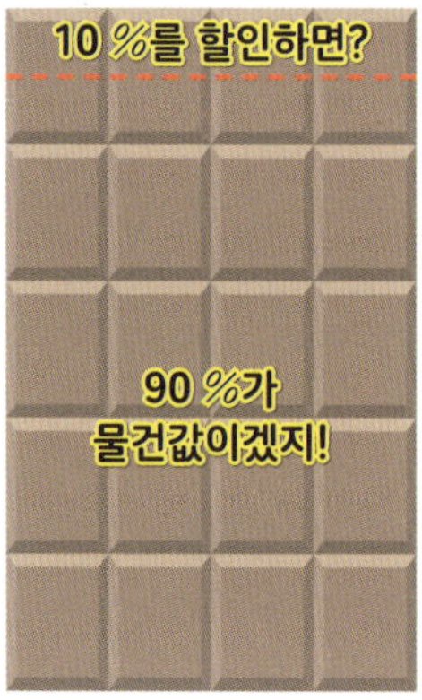

10 %를 할인하면?

800원의 10 %를 할인
$800 \times \dfrac{10}{100} = 80$

➡ 80원 할인!

90 %가 물건값이겠지!

800원의 90 %가 할인가
$800 \times \dfrac{90}{100} = 720$

➡ 할인가는 720원!

문제 원가가 1000원인 초콜릿에 200원의 이익을 붙여서 정가를 정한 후, 정가의 x %를 할인하여 1140원에 팔았다. x의 값은?

풀이

원가	200원 이익	정가	x % 할인	판매가
1000원	→	1200원	⋯	$1200 \times \left(1 - \dfrac{x}{100}\right)$원

할인하면
(정가) − (정가) × $\dfrac{x}{100}$

또는, (정가) × $\left(1 - \dfrac{x}{100}\right)$

$\parallel$
1140원

$$1200 \times \left(1 - \frac{x}{100}\right) = 1140$$

$$1200 - 12x = 1140$$

$$x = 5$$

답 $x = 5$

▶ **개념 익히기 1**

빈칸을 알맞게 채우세요.

01 a원짜리 과자를 5 % 할인 ➡ 할인가: a원의 **95** %

02 90원짜리 물건을 10 % 할인 ➡ 할인가: 90원의 **90** %

03 1500원짜리 공책을 25 % 할인 ➡ 할인가: 1500원의 **75** %

▶ **개념 익히기 2**

■에 알맞은 식을 찾아 ○표 하세요.

01 a원의 15 %를 식으로 쓰면 ■원입니다. $\left(a \times 15 , \enspace \boxed{a \times \dfrac{15}{100}}\right)$

02 a원에서 15 %를 할인했더니 가격이 ■원 내려갔습니다. $\left(\boxed{a \times \dfrac{15}{100}} , \enspace a \times \dfrac{85}{100}\right)$

03 a원에서 15 % 할인하면 가격은 ■원이 됩니다. $\left(a \times \dfrac{15}{100} , \enspace \boxed{a \times \dfrac{85}{100}}\right)$

▶ 개념 다지기 1

물음에 답하세요.

01 1800원짜리 과자의 가격을 20 % 할인하여 팔았습니다. 과자의 판매가는 얼마일까요?　　1800원의 80 %

$$1\cancel{8}\cancel{0}\cancel{0} \times \frac{80}{1\cancel{0}\cancel{0}}$$
$$=18 \times 80$$
$$=1440$$

답: 1440원

02 4000원짜리 음료수의 가격을 10 % 할인하였습니다. 음료수의 가격을 얼마나 내렸을까요?　　4000원의 10 %

$$4\cancel{0}\cancel{0}\cancel{0} \times \frac{10}{1\cancel{0}\cancel{0}}=400$$

답: 400원

03 20만 원짜리 청소기의 가격을 30 % 할인하여 팔았습니다. 청소기의 판매가는 얼마일까요?　　20만 원의 70 %

$$20000\cancel{0} \times \frac{70}{1\cancel{0}\cancel{0}}=140000$$

답: 140000원

04 20000원짜리 충전기의 가격을 5 % 할인하였습니다. 충전기의 가격을 얼마나 할인했을까요?　　20000원의 5 %

$$2000\cancel{0} \times \frac{5}{1\cancel{0}\cancel{0}}=1000$$

답: 1000원

05 8000원짜리 액자의 가격을 10 % 할인하여 팔았습니다. 액자의 판매가는 얼마일까요?　　8000원의 90 %

$$800\cancel{0} \times \frac{90}{1\cancel{0}\cancel{0}}=7200$$

답: 7200원

06 1600원짜리 펜의 가격을 15 % 할인하였습니다. 펜의 가격을 얼마나 할인했을까요?　　1600원의 15 %

$$160\cancel{0} \times \frac{15}{1\cancel{0}\cancel{0}}=240$$

답: 240원

▶ 개념 다지기 2

그림을 보고 물음에 알맞은 식을 쓰세요.

※ 여러 가지 방법으로 식을 쓸 수 있는 경우, 짧게 쓸 수 있는 식을 사용하기로 합니다.

01

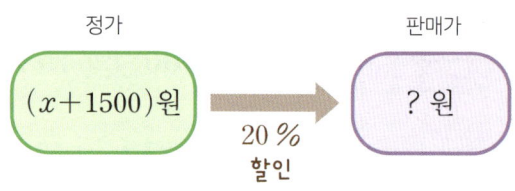

판매가는?

$$(x+1500) \times \left(1 - \frac{20}{100}\right)$$

또는 $(x+1500) - (x+1500) \times \dfrac{20}{100}$

02

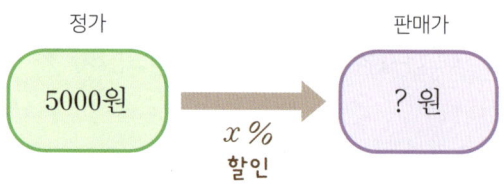

판매가는?

$$5000 \times \left(1 - \frac{x}{100}\right)$$

또는 $5000 - 5000 \times \dfrac{x}{100}$

03

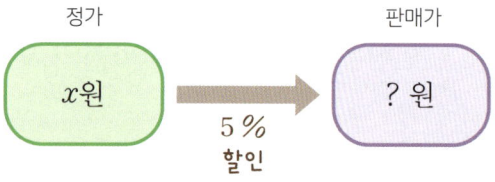

판매가는?

$$x \times \left(1 - \frac{5}{100}\right)$$

또는 $x - x \times \dfrac{5}{100}$

04

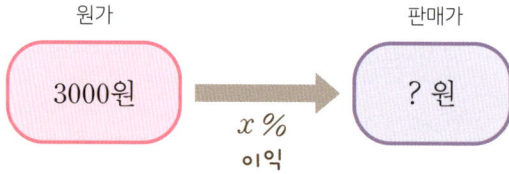

판매가는?

$$3000 \times \left(1 + \frac{x}{100}\right)$$

또는 $3000 + 3000 \times \dfrac{x}{100}$

05

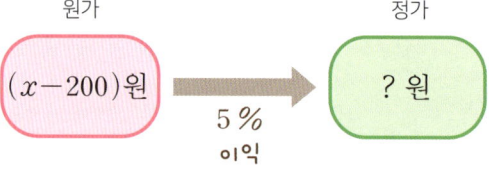

정가는?

$$(x-200) \times \left(1 + \frac{5}{100}\right)$$

또는 $(x-200) + (x-200) \times \dfrac{5}{100}$

06

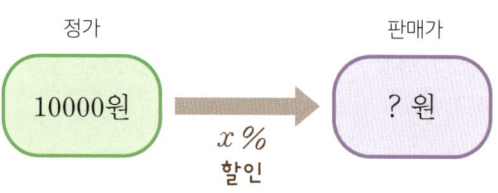

판매가는?

$$10000 \times \left(1 - \frac{x}{100}\right)$$

또는 $10000 - 10000 \times \dfrac{x}{100}$

▶ 개념 마무리 1

문장을 읽고 아래 그림의 원가, 정가, 판매가에 알맞은 식을 쓰세요.

※ 여러 가지 방법으로 식을 쓸 수 있는 경우,
짧게 쓸 수 있는 식을 사용하기로 합니다.

01

원가 x원에 5 %의 이익을 붙여 정가를 정하고, 정가의 2 %를 할인하여 팔았습니다.

원가 $\xrightarrow{\text{5 \% 이익}}$ 정가 $\xrightarrow{\text{2 \% 할인}}$ 판매가

x $\rightarrow$ $x \times \left(1 + \dfrac{5}{100}\right)$ $\rightarrow$ $x \times \left(1 + \dfrac{5}{100}\right) \times \left(1 - \dfrac{2}{100}\right)$

02

원가 x원에 30 %의 이익을 붙여 정가를 정하고, 정가에서 300원을 할인하여 팔았습니다.

원가 $\xrightarrow{\text{30 \% 이익}}$ 정가 $\xrightarrow{\text{300원 할인}}$ 판매가

x $\rightarrow$ $x \times \left(1 + \dfrac{30}{100}\right)$ $\rightarrow$ $x \times \left(1 + \dfrac{30}{100}\right) - 300$

또는 $x + x \times \dfrac{30}{100}$ 또는 $x + x \times \dfrac{30}{100} - 300$

03

원가 5000원에 x원의 이익을 붙여 정가를 정하고, 정가의 10 %를 할인하여 팔았습니다.

원가 $\xrightarrow{\text{$x$원 이익}}$ 정가 $\xrightarrow{\text{10 \% 할인}}$ 판매가

5000 $\rightarrow$ $5000 + x$ $\rightarrow$ $(5000 + x) \times \left(1 - \dfrac{10}{100}\right)$

또는
$$(5000 + x) - (5000 + x) \times \dfrac{10}{100}$$

04

원가 1000원에 15 %의 이익을 붙여 정가를 정하고, 정가의 x %를 할인하여 팔았습니다.

원가 $\xrightarrow{\text{15 \% 이익}}$ 정가 $\xrightarrow{\text{$x$ \% 할인}}$ 판매가

1000 $\rightarrow$ $1000 \times \left(1 + \dfrac{15}{100}\right)$ $\rightarrow$ $1000 \times \left(1 + \dfrac{15}{100}\right) \times \left(1 - \dfrac{x}{100}\right)$

또는 1150 또는 $1150 \times \left(1 - \dfrac{x}{100}\right)$

27쪽 풀이

01

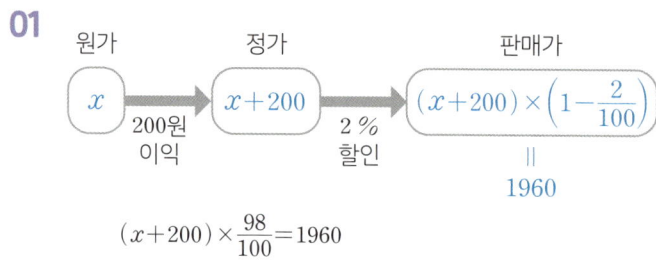

$$(x+200) \times \frac{98}{100} = 1960$$

$$(x+200) \times \frac{\overset{1}{98}}{100} \times \frac{100}{\underset{1}{98}} = \overset{20}{1960} \times \frac{100}{\underset{1}{98}}$$

$$x+200 = 2000$$

$$x = 1800$$

답 1800원

02

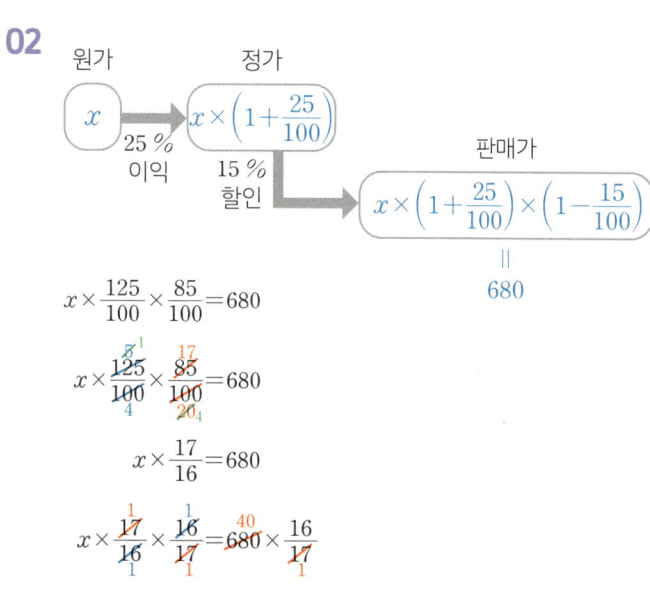

$$x \times \frac{125}{100} \times \frac{85}{100} = 680$$

$$x \times \frac{\overset{5}{125}}{100} \times \frac{\overset{17}{85}}{100} = 680$$
$$\underset{4}{} \quad \underset{20}{}$$

$$x \times \frac{17}{16} = 680$$

$$x \times \frac{\overset{1}{17}}{\underset{1}{16}} \times \frac{\overset{1}{16}}{\underset{1}{17}} = \overset{40}{680} \times \frac{16}{\underset{1}{17}}$$

$$x = 640$$

답 640원

03

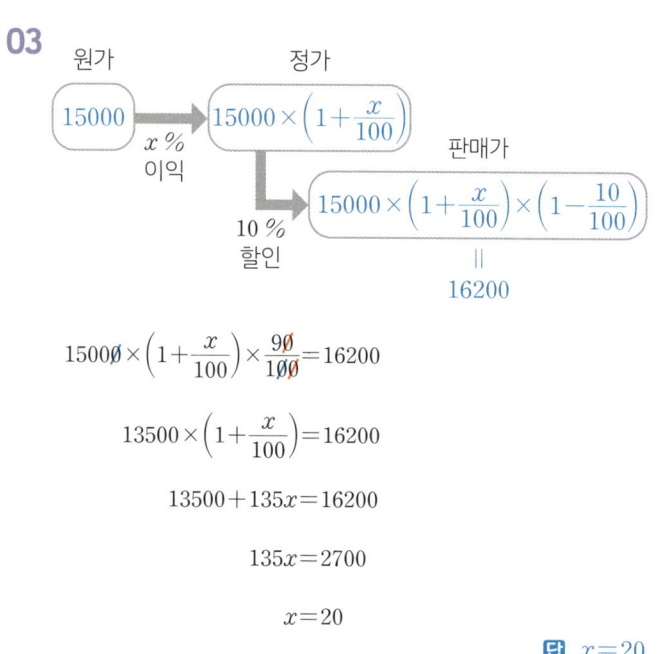

$$1500\cancel{0} \times \left(1 + \frac{x}{100}\right) \times \frac{9\cancel{0}}{10\cancel{0}} = 16200$$

$$13500 \times \left(1 + \frac{x}{100}\right) = 16200$$

$$13500 + 135x = 16200$$

$$135x = 2700$$

$$x = 20$$

답 $x = 20$

▶ 개념 마무리 2

물음에 답하세요.

01

원가가 x원인 과자에 200원의 이익을 붙여 정가를 정한 후, 정가의 2 %를 할인하여 1960원에 팔았습니다. 원가를 구하세요.

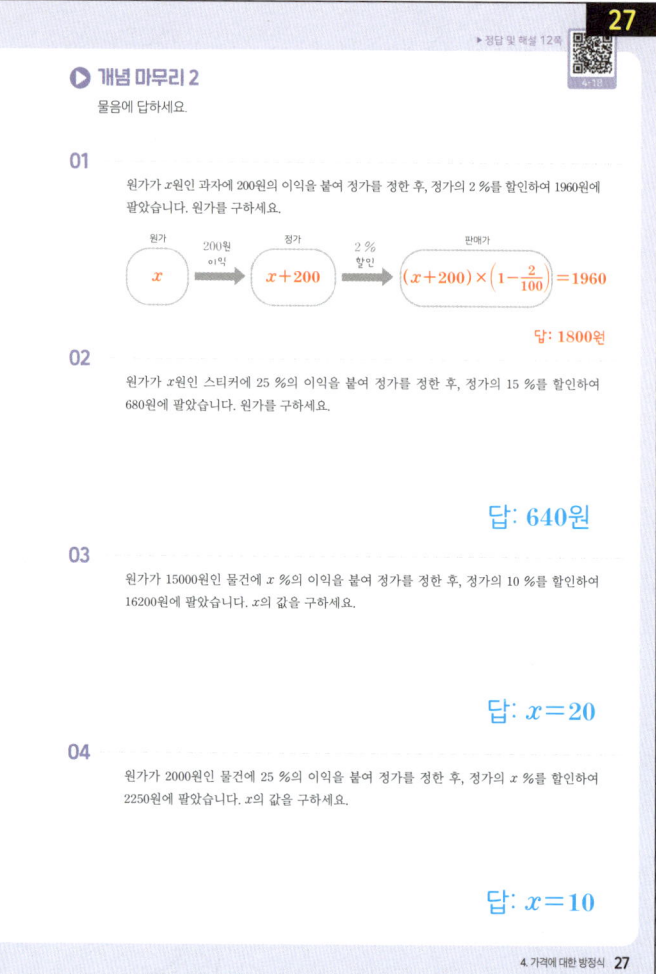

답: 1800원

02

원가가 x원인 스티커에 25 %의 이익을 붙여 정가를 정한 후, 정가의 15 %를 할인하여 680원에 팔았습니다. 원가를 구하세요.

답: 640원

03

원가가 15000원인 물건에 x %의 이익을 붙여 정가를 정한 후, 정가의 10 %를 할인하여 16200원에 팔았습니다. x의 값을 구하세요.

답: $x = 20$

04

원가가 2000원인 물건에 25 %의 이익을 붙여 정가를 정한 후, 정가의 x %를 할인하여 2250원에 팔았습니다. x의 값을 구하세요.

답: $x = 10$

04

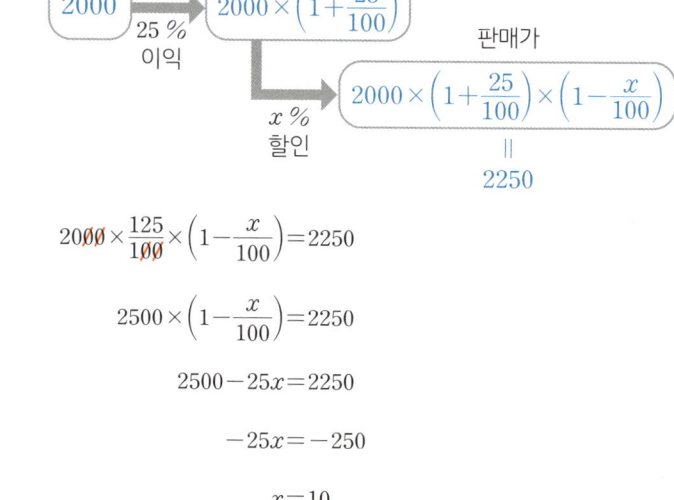

$$200\cancel{0} \times \frac{125}{10\cancel{0}} \times \left(1 - \frac{x}{100}\right) = 2250$$

$$2500 \times \left(1 - \frac{x}{100}\right) = 2250$$

$$2500 - 25x = 2250$$

$$-25x = -250$$

$$x = 10$$

답 $x = 10$

4 판매가와 판매 이익

▶ 정답 및 해설 13쪽

문제 원가에 20 %의 이익을 붙여 우산의 정가를 정했다.
이후, 정가에서 2400원을 할인하여 팔았더니
원가의 8 %의 이익을 얻었다. 이 우산의 원가는?

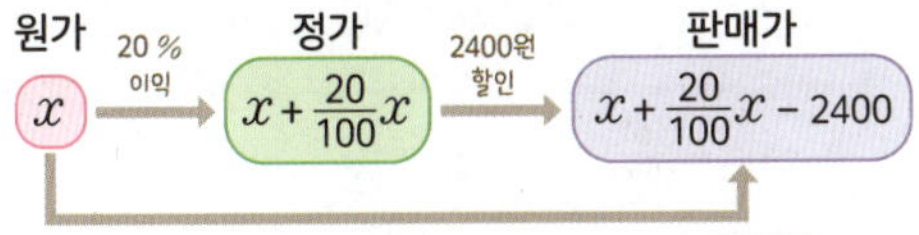

원가 → 20 % 이익 → 정가 → 2400원 할인 → 판매가

x → $x + \dfrac{20}{100}x$ → $x + \dfrac{20}{100}x - 2400$

판매가로 식을 세우거나 판매 이익으로 식을 세울 수 있어!

원가의 8 % 의 이익

판매가: $x + \dfrac{8}{100}x$

풀이

판매가로 식 세우기

$$x + \dfrac{20}{100}x - 2400 = x + \dfrac{8}{100}x$$

x를 이항해서 계산

판매 이익으로 식 세우기

$$x + \dfrac{20}{100}x - 2400 \underbrace{- x}_{} = \boxed{\dfrac{8}{100}x}$$

판매가   원가

$$\dfrac{20}{100}x - 2400 = \dfrac{8}{100}x$$

$$x = 20000$$

답 20000원

▶ 개념 익히기 1

그림을 보고 빈칸을 알맞게 채우세요.

원가 → 1000원 이익 → 정가 → b % 할인 → 판매가
판매 이익 c %

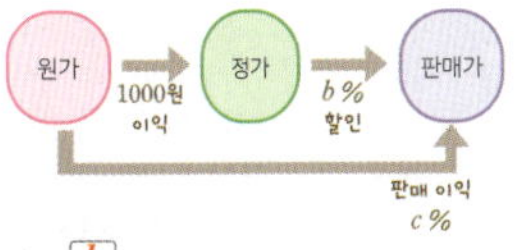

01 (판매가) = (정가) × $\left(1 - \dfrac{\boxed{b}}{100}\right)$

02 (판매 이익) = (원가) × $\dfrac{\boxed{c}}{100}$

03 (판매가) = (정가) × $\left(1 - \dfrac{\boxed{b}}{100}\right)$ = (원가) + (원가) × $\dfrac{\boxed{c}}{100}$

▶ 개념 익히기 2

그림을 보고 물음에 답하세요.

원가 x원 → 15 % 이익 → 정가 → b % 할인 → 판매가
판매 이익 7 %

01 정가를 x에 대한 식으로 쓰세요.
$$x \times \left(1 + \dfrac{15}{100}\right) \quad \text{또는} \quad x + x \times \dfrac{15}{100}$$

02 01에서 구한 정가를 이용하여 판매가를 x에 대한 식으로 쓰세요.
$$x \times \left(1 + \dfrac{15}{100}\right) \times \left(1 - \dfrac{b}{100}\right)$$

03 판매 이익이 원가의 7 %임을 이용하여 판매가를 x에 대한 식으로 쓰세요.
$$x \times \left(1 + \dfrac{7}{100}\right) \quad \text{또는} \quad x + x \times \dfrac{7}{100}$$

▶ 정답 및 해설 13쪽

▶ 개념 다지기 1

문제를 읽고 그림의 빈칸을 알맞게 채우세요.

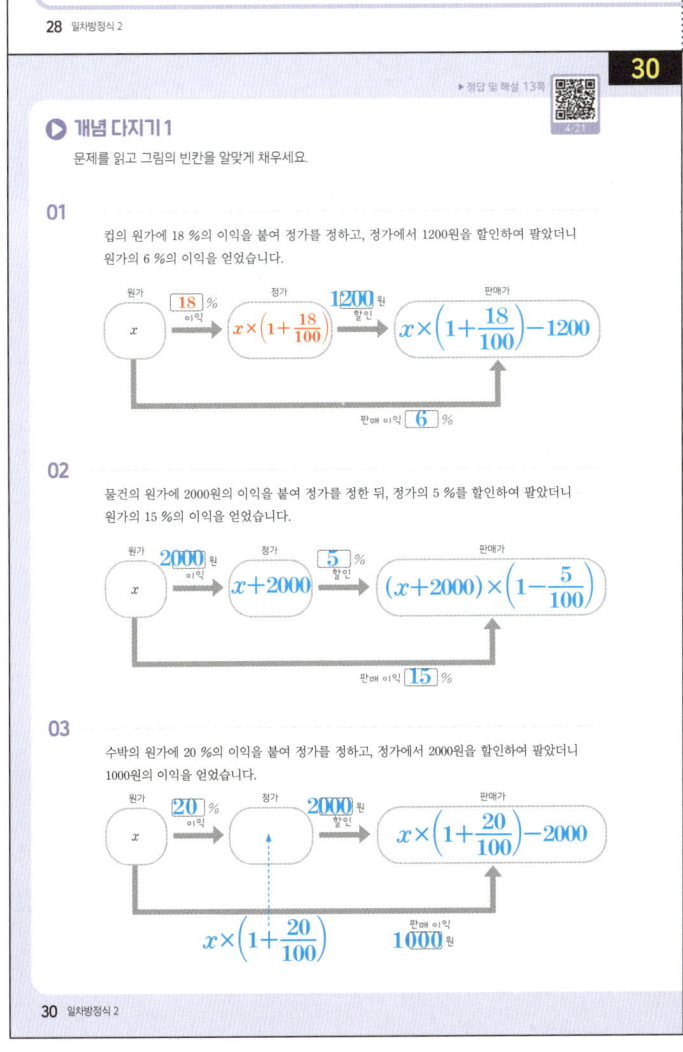

01
컵의 원가에 18 %의 이익을 붙여 정가를 정하고, 정가에서 1200원을 할인하여 팔았더니
원가의 6 %의 이익을 얻었습니다.

원가 x → 18 % 이익 → 정가 $x \times \left(1 + \dfrac{18}{100}\right)$ → 1200원 할인 → 판매가 $x \times \left(1 + \dfrac{18}{100}\right) - 1200$
판매 이익 6 %

02
물건의 원가에 2000원의 이익을 붙여 정가를 정한 뒤, 정가의 5 %를 할인하여 팔았더니
원가의 15 %의 이익을 얻었습니다.

원가 x → 2000원 이익 → 정가 $x + 2000$ → 5 % 할인 → 판매가 $(x + 2000) \times \left(1 - \dfrac{5}{100}\right)$
판매 이익 15 %

03
수박의 원가에 20 %의 이익을 붙여 정가를 정하고, 정가에서 2000원을 할인하여 팔았더니
1000원의 이익을 얻었습니다.

원가 x → 20 % 이익 → 정가 → 2000원 할인 → 판매가 $x \times \left(1 + \dfrac{20}{100}\right) - 2000$
판매 이익 1000원

$x \times \left(1 + \dfrac{20}{100}\right)$ ， 판매 이익 1000원

31쪽 풀이

01

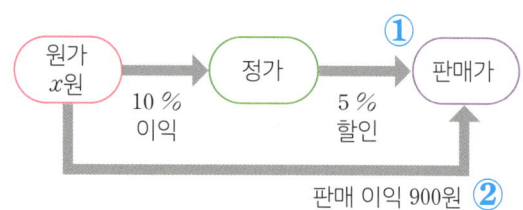

➡ 판매가 ── ① 정가를 5 % 할인한 할인가
        ── ② 원가에 판매 이익 900원을 더한 금액

① $(정가)=(원가)\times\left(1+\dfrac{10}{100}\right)=x\times\left(1+\dfrac{10}{100}\right)$

   $(판매가)=(정가)\times\left(1-\dfrac{5}{100}\right)=$ $x\times\left(1+\dfrac{10}{100}\right)\times\left(1-\dfrac{5}{100}\right)$

② $(판매가)=(원가)+900=$ $x+900$

답 판매가 ── $x\times\left(1+\dfrac{10}{100}\right)\times\left(1-\dfrac{5}{100}\right)(원)$
        ── $x+900(원)$

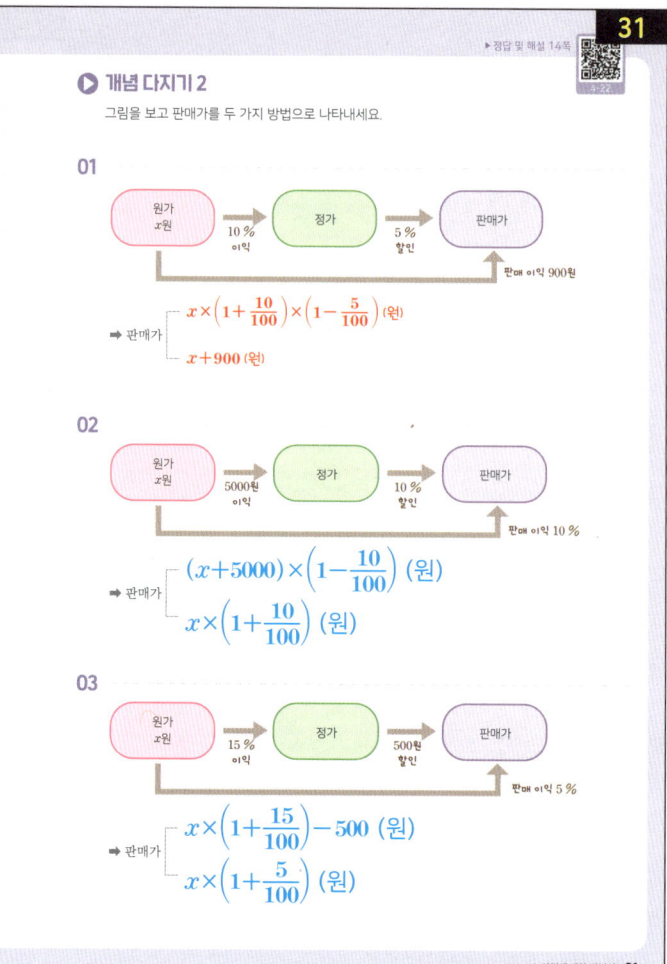

02

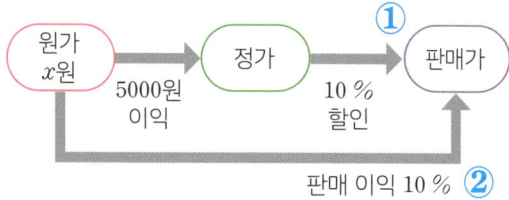

➡ 판매가 ── ① 정가를 10 % 할인한 할인가
        ── ② 원가에 판매 이익 10 %를 더한 금액

① $(정가)=(원가)+5000=x+5000$

   $(판매가)=(정가)\times\left(1-\dfrac{10}{100}\right)=(x+5000)\times\left(1-\dfrac{10}{100}\right)$

② $(판매가)=(원가)\times\left(1+\dfrac{10}{100}\right)=x\times\left(1+\dfrac{10}{100}\right)$

답 판매가 ── $(x+5000)\times\left(1-\dfrac{10}{100}\right)(원)$
        ── $x\times\left(1+\dfrac{10}{100}\right)(원)$

03

원가
x원 ➡ 정가 ➡ 판매가 ①

15 %
이익   500원
할인

판매 이익 5 % ②

➡ 판매가 ── ① 정가에서 500원을 할인한 할인가
        ── ② 원가에 판매 이익 5 %를 더한 금액

① $(정가)=(원가)\times\left(1+\dfrac{15}{100}\right)=x\times\left(1+\dfrac{15}{100}\right)$

   $(판매가)=(정가)-500=$ $x\times\left(1+\dfrac{15}{100}\right)-500$

② $(판매가)=(원가)\times\left(1+\dfrac{5}{100}\right)=$ $x\times\left(1+\dfrac{5}{100}\right)$

답 판매가 ── $x\times\left(1+\dfrac{15}{100}\right)-500(원)$
        ── $x\times\left(1+\dfrac{5}{100}\right)(원)$

▶정답 및 해설 15쪽

▶ 개념 마무리 1

주어진 상황을 그림에 나타내고, 방정식을 세워 답을 구하세요.

01

원가 x원인 상품에 45원의 이익을 붙여 정가를 정했다가, 정가의 20 %를 할인하여 팔았더니 원가의 16 %의 이익을 얻었습니다. 이 상품의 원가를 구하세요.

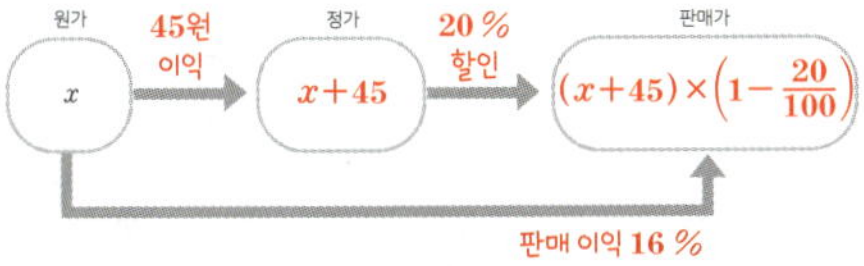

원가 → 45원 이익 → 정가 $x+45$ → 20 % 할인 → 판매가 $(x+45)\times\left(1-\dfrac{20}{100}\right)$

판매 이익 16 %

식 $(x+45)\times\left(1-\dfrac{20}{100}\right)=x\times\left(1+\dfrac{16}{100}\right)$ 답 100원

02

어느 제과점에서 만든 빵의 원가 x원에 30 %의 이익을 붙여 정가를 정했다가, 정가의 10 %를 할인하여 팔았더니 340원의 이익을 얻었습니다. 이 빵의 원가를 구하세요.

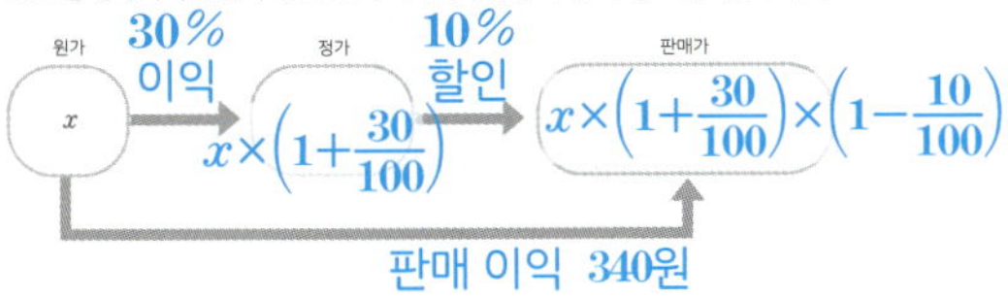

원가 → 30% 이익 → 정가 $x\times\left(1+\dfrac{30}{100}\right)$ → 10% 할인 → 판매가 $x\times\left(1+\dfrac{30}{100}\right)\times\left(1-\dfrac{10}{100}\right)$

판매 이익 340원

식 $x\times\left(1+\dfrac{30}{100}\right)\times\left(1-\dfrac{10}{100}\right)=x+340$ 답 2000원

▶정답 및 해설 15~16쪽

▶ 개념 마무리 2

물음에 답하세요.

01

원가가 3000원인 물건에 10 %의 이익을 붙여 정가를 정한 뒤, 정가의 x %를 할인하여 팔았더니 135원의 이익을 얻었습니다. x의 값을 구하세요.

$$3000\times\left(1+\dfrac{10}{100}\right)\times\left(1-\dfrac{x}{100}\right)=3000+135$$

답: $x=5$

02

원가가 60000원인 물건에 x원의 이익을 붙여 정가를 정한 뒤, 정가의 10 %를 할인하여 팔았더니 3000원의 이익을 얻었습니다. x의 값을 구하세요.

답: $x=10000$

03

원가가 x원인 물건에 20 %의 이익을 붙여 정가를 정했다가, 1120원을 할인하여 팔았더니 원가의 6 %의 이익을 얻었습니다. x의 값을 구하세요.

답: $x=8000$

04

원가가 10000원인 물건에 x %의 이익을 붙여 정가를 정했다가, 정가의 20 %를 할인하여 팔았더니 400원의 이익을 얻었습니다. x의 값을 구하세요.

답: $x=30$

32쪽 풀이

01

$$(x+45)\times\left(1-\dfrac{20}{100}\right)=x\times\left(1+\dfrac{16}{100}\right)$$

$$(x+45)\times\dfrac{80}{100}=x\times\dfrac{116}{100}$$

$$(x+45)\times 80=x\times 116$$

$$80x+45\times 80=116x$$

$$45\times 80=36x$$

$$x=\dfrac{\overset{5}{\cancel{45}}\times\overset{20}{\cancel{80}}}{\underset{1}{\cancel{36}}}$$

$$x=100$$

답 100원

02

$$x\times\left(1+\dfrac{30}{100}\right)\times\left(1-\dfrac{10}{100}\right)=x+340$$

$$x\times\dfrac{13\cancel{0}}{10\cancel{0}}\times\dfrac{9\cancel{0}}{10\cancel{0}}=x+340$$

$$\dfrac{117}{100}x=x+340$$

$$117x=100x+34000$$

$$17x=34000$$

$$x=2000$$

답 2000원

33쪽 풀이

01

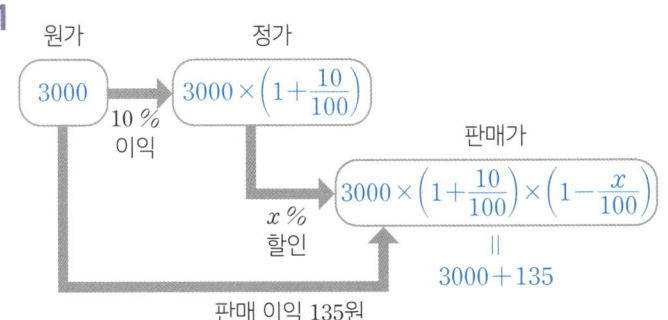

원가 3000 → 10 % 이익 → 정가 $3000\times\left(1+\dfrac{10}{100}\right)$ → x % 할인 → 판매가 $3000\times\left(1+\dfrac{10}{100}\right)\times\left(1-\dfrac{x}{100}\right)$ = $3000+135$

판매 이익 135원

판매가로 방정식을 세우면

$$3000\times\left(1+\dfrac{10}{100}\right)\times\left(1-\dfrac{x}{100}\right)=3000+135$$

$$300\cancel{0}\times\dfrac{11\cancel{0}}{10\cancel{0}}\times\left(1-\dfrac{x}{100}\right)=3135$$

$$3300\times\left(1-\dfrac{x}{100}\right)=3135$$

$$3300-33x=3135$$

$$-33x=-165$$

$$x=5$$

답 $x=5$

33쪽 풀이

02

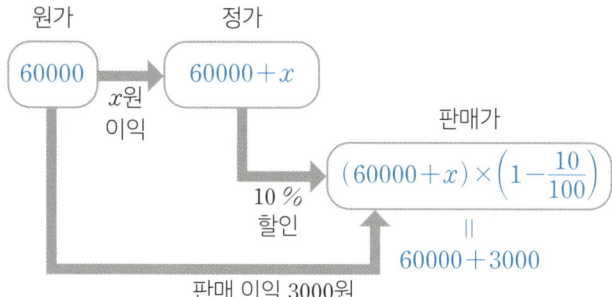

판매가로 방정식을 세우면

$$(60000+x) \times \left(1-\frac{10}{100}\right) = 60000 + 3000$$

$$(60000+x) \times \frac{90}{100} = 63000$$

$$(60000+x) \times \frac{9}{10} \times \frac{10}{9} = 63000 \times \frac{10}{9}$$

$$60000 + x = 70000$$

$$x = 10000$$

답 $x = 10000$

03

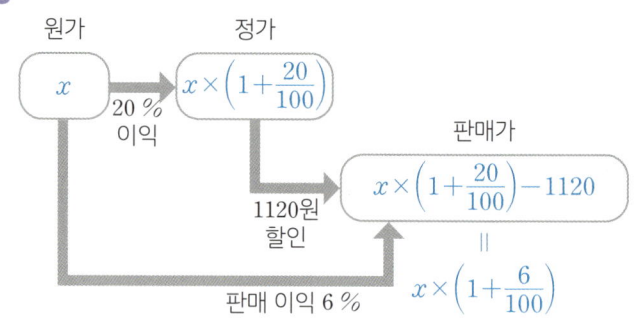

판매가로 방정식을 세우면

$$x \times \left(1+\frac{20}{100}\right) - 1120 = x \times \left(1+\frac{6}{100}\right)$$

$$x \times \frac{120}{100} - 1120 = x \times \frac{106}{100}$$

$$120x - 112000 = 106x$$

$$14x = 112000$$

$$x = 8000$$

답 $x = 8000$

04

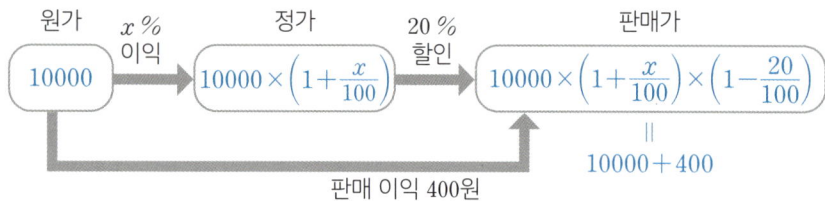

판매가로 방정식을 세우면

$$10000 \times \left(1+\frac{x}{100}\right) \times \left(1-\frac{20}{100}\right) = 10000 + 400$$

$$10000 \times \frac{100+x}{100} \times \frac{80}{100} = 10400$$

$$(100+x) \times 80 = 10400$$

$$8000 + 80x = 10400$$

$$80x = 2400$$

$$x = 30$$

답 $x = 30$

01

① 소매점이 물건을 사 온 가격이 ~~정가~~이다. (×)
　　　　　　　　　　　　　　　원가

② 소매점에서는 모든 물건을 만들어서 판다. (×)
　→ 소매점에서는 주로 사 온 물건을 판다.

③ 정가는 보통 원가를 할인하여 정한다. (×)
　→ 정가는 원가에 이익을 붙여서 정한다.

④ 정가에 팔면 판매가는 정가이다. (○)

⑤ 판매가에서 원가를 ~~더한~~ 금액이 판매 이익이다. (×)
　　　　　　　　　　뺀

답 ④

03 ㉠ $10000 \times \left(1 - \dfrac{10}{100}\right) = 10000 \times \dfrac{90}{100} = 9000$(원)

㉡ $9000 \times \left(1 + \dfrac{20}{100}\right) = 9000 \times \dfrac{120}{100} = 10800$(원)

㉢ $12000 \times \left(1 - \dfrac{30}{100}\right) = 12000 \times \dfrac{70}{100} = 8400$(원)

가격이 낮은 순서대로 쓰면 ㉢, ㉠, ㉡

답 ㉢, ㉠, ㉡

06 원가를 x원이라고 하면

$$x \times \left(1 + \dfrac{5}{100}\right) = 1365$$

$$x \times \dfrac{105}{100} = 1365$$

$$x \times \dfrac{105}{100} \times \dfrac{100}{105} = 1365 \times \dfrac{100}{105}$$

$$x = 1300$$

답 1300원

07 $x \times \left(1 - \dfrac{10}{100}\right) = 6300$

$$x \times \dfrac{90}{100} = 6300$$

$$9x = 63000$$

$$x = 7000$$

답 $x = 7000$

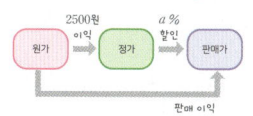

34

4. 가격에 대한 방정식　**단원 마무리**

01 다음 설명 중 옳은 것은? ④

① 소매점이 물건을 사 온 가격이 정가이다.
② 소매점에서는 모든 물건을 만들어서 판다.
③ 정가는 보통 원가를 할인하여 정한다.
✔④ 정가에 팔면 판매가는 정가이다.
⑤ 판매가에서 원가를 더한 금액이 판매 이익이다.

02 다음 상황을 보고 빈칸을 알맞게 채우시오.

공장에서 580원에 사 온 물건을 30원의 이익을 붙여서 610원으로 가격을 정했다가 10원을 할인해서 600원에 팔았다.

➡ 원가: **580**원
　정가: **610**원
　판매가: **600**원

03 다음 중 가격이 낮은 순서대로 기호를 쓰시오.

㉠ 정가 10000원을 10 % 할인한 가격
㉡ 원가 9000원에 20 % 이익을 붙인 가격
㉢ 정가 12000원을 30 % 할인한 가격

㉢, ㉠, ㉡

04 그림에 대한 설명으로 옳은 것은? ⑤

원가 → 정가 → 판매가
(2500원 이익 / a % 할인 / 판매 이익 b %)

① ~~정가~~에서 2500원을 더하여 ~~판매가~~가 된다.
　원가　　　　　　　　　　정가
② ~~정가~~에서 a %를 할인하면 ~~정가~~
　정가　　　　　　　　판매가
③ 정가와 원가의 ~~합~~은 2500원이다.
　　　　　　　차는
④ 정가에서 정가의 a %를 ~~더하면~~ 판매가이다.
　　　　　　　　　　　　뺴면
✔⑤ (판매가) − (원가)는 원가의 b %이다.

34 일차방정식 2

35

▶ 정답 및 해설 17~18쪽

05 빈칸을 채워 설명에 알맞은 식을 완성하시오.

(1) (1000원에 x %의 이익을 붙인 가격)
$$= 1000 \times \left(1 + \dfrac{x}{100}\right)$$

(2) (2500원에서 3 %의 이익을 붙인 후, 그 가격의 x %를 할인한 가격)
$$= 2500 \times \left(1 + \dfrac{3}{100}\right) \times \left(1 - \dfrac{x}{100}\right)$$

06 다음 그림을 보고 원가를 구하시오.

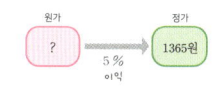

1300원

07 x원짜리 펜을 10 % 할인하여 6300원에 팔기로 했습니다. x의 값을 구하시오.

$x = 7000$

08 다음 그림을 보고 판매가를 구하시오.

10260원

09 다음 일차방정식을 푸시오.

$$(x + 3000) \times \left(1 - \dfrac{5}{100}\right) = 5700$$

$x = 3000$

10 원가 12000원에 이익을 붙여서 정가를 14400원으로 정했습니다. 이익은 원가의 몇 %인지 구하시오.

20 %

4. 가격에 대한 방정식 **35**

35쪽 풀이

08 (정가)$=10000\times\left(1+\dfrac{8}{100}\right)=1000\cancel{0}\times\dfrac{108}{10\cancel{0}}=10800$(원)

(판매가)$=10800\times\left(1-\dfrac{5}{100}\right)=1080\cancel{0}\times\dfrac{95}{10\cancel{0}}=10260$(원)

답 10260원

09 $(x+3000)\times\left(1-\dfrac{5}{100}\right)=5700$

$(x+3000)\times\dfrac{\overset{19}{95}}{\underset{20}{100}}=5700$

$(x+3000)\times\dfrac{\overset{1}{\cancel{19}}}{\underset{1}{20}}\times\dfrac{\overset{1}{\cancel{20}}}{\underset{1}{\cancel{19}}}=\overset{300}{\cancel{5700}}\times\dfrac{20}{\underset{1}{\cancel{19}}}$

$x+3000=6000$

$x=3000$

답 $x=3000$

10 (이익)$=$(정가)$-$(원가)$=14400-12000=2400$(원)

원가의 $x\%$가 이익이라고 하면

$1200\cancel{0}\times\dfrac{x}{1\cancel{00}}=2400$

$120x=2400$

$x=20$

답 20%

36쪽 풀이

11

원가 ① 15 % 이익 정가 ③ 6000원 할인 판매가

원가 x

⑤ 판매 이익 3 %

② $x\times\left(1+\dfrac{15}{100}\right)$
$=\left(1+\dfrac{15}{100}\right)x$

④ $x\times\left(1+\dfrac{15}{100}\right)-6000$
$=\dfrac{115}{100}x-6000$

답 ④

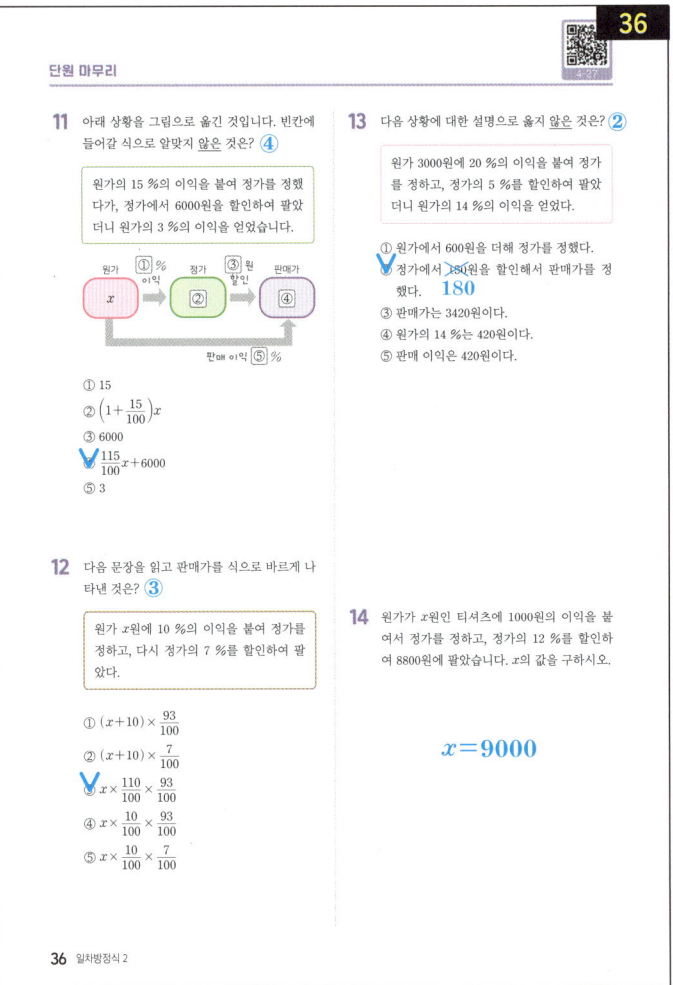

12

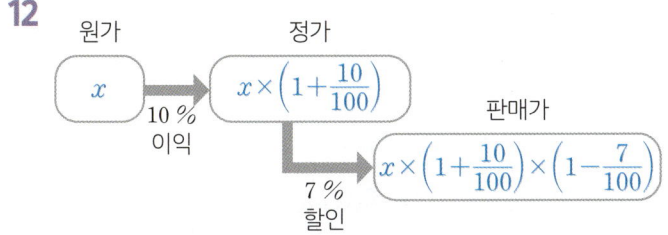

$(정가)=x\times\left(1+\dfrac{10}{100}\right)=x\times\dfrac{110}{100}$

$(판매가)=x\times\dfrac{110}{100}\times\left(1-\dfrac{7}{100}\right)=x\times\dfrac{110}{100}\times\dfrac{93}{100}$

답 ③

14

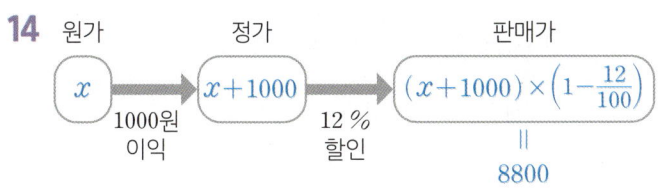

$(x+1000)\times\left(1-\dfrac{12}{100}\right)=8800$

$(x+1000)\times\dfrac{88}{100}=8800$

$(x+1000)\times\dfrac{88}{100}\times\dfrac{100}{88}=8800\times\dfrac{100}{88}$

$x+1000=10000$

$x=9000$

답 $x=9000$

13

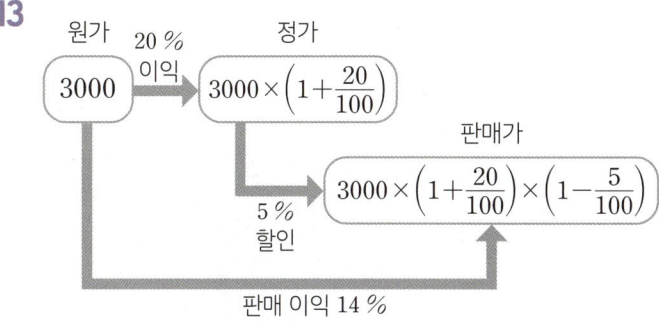

① $30\cancel{00}\times\dfrac{20}{1\cancel{00}}=600(원)$

② $(정가)=3000+600=3600(원)$
→ $(정가의\ 5\ \%)=36\cancel{00}\times\dfrac{5}{1\cancel{00}}=180(원)$

③ $(판매가)=3600-180=3420(원)$

④ $(원가의\ 14\ \%)=30\cancel{00}\times\dfrac{14}{1\cancel{00}}=420(원)$

⑤ $(판매\ 이익)=(판매가)-(원가)=3420-3000=420(원)$

답 ②

15

$$(x+3600)\times\left(1-\dfrac{8}{100}\right)=x\times\left(1+\dfrac{10}{100}\right)$$

원가가 x원인 가방에 ⟨ ㉠ ⟩원의 이익을 붙여서 정가를 정했다가 정가의 ⟨ ㉡ ⟩%를 할인하여 팔았더니 원가의 ⟨ ㉢ ⟩%의 이익을 얻었다.

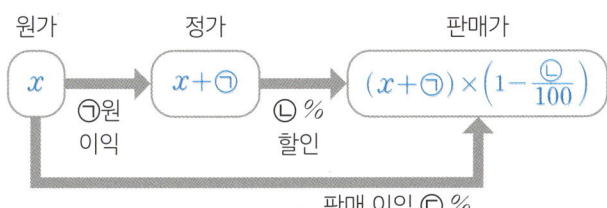

판매가로 방정식을 세우면

$(x+㉠)\times\left(1-\dfrac{㉡}{100}\right)=x\times\left(1+\dfrac{㉢}{100}\right)$

주어진 식과 비교하면

㉠=3600, ㉡=8, ㉢=10

답 ㉠: 3600, ㉡: 8, ㉢: 10

▶ 정답 및 해설 18~21쪽

15 다음 식을 판매 상황과 연결 지어 글로 표현하려고 합니다. 빈칸에 들어갈 수를 각각 구하시오.

$$(x+3600)\times\left(1-\dfrac{8}{100}\right)=x\times\left(1+\dfrac{10}{100}\right)$$

원가가 x원인 가방에 ⟨ ㉠ ⟩원의 이익을 붙여서 정가를 정했다가 정가의 ⟨ ㉡ ⟩%를 할인하여 팔았더니 원가의 ⟨ ㉢ ⟩%의 이익을 얻었다.

㉠: 3600, ㉡: 8, ㉢: 10

16 원가 4000원에 20 %의 이익을 붙여 정가를 정한 후 x원을 할인하여 팔았더니 원가의 15 %의 이익을 얻었습니다. x의 값을 구하시오.

$x=200$

17 원가가 7500원인 물건에 x %의 이익을 붙여서 정가를 정한 뒤 정가에서 125원을 할인하여 8500원에 팔았습니다. x의 값을 구하시오.

$x=15$

18 원가가 6000원인 상품이 있습니다. 이 상품의 정가를 20 % 할인하여 팔았더니 원가의 10 %의 이익이 생겼습니다. 이 상품의 정가를 구하시오.

8250원

19 두 상점 Ⓐ, Ⓑ에서 어떤 물건의 정가를 같은 가격으로 정했다가 다음과 같이 각각 할인하여 판매하였습니다. 두 상점의 판매가의 차이가 200원일 때, 이 물건의 정가는 얼마였는지 구하시오.

Ⓐ 상점 Ⓑ 상점

10000원

20 원가가 5000원인 상품의 정가를 10 % 할인하여 10개를 팔았더니 판매 이익이 400원이 있었습니다. 이 상품의 정가를 구하시오.

5600원

4. 가격에 대한 방정식 **37**

37쪽 풀이

16

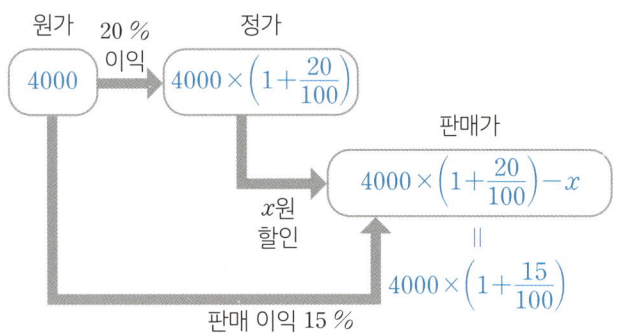

판매가로 방정식을 세우면

$$4000 \times \left(1+\frac{20}{100}\right) - x = 4000 \times \left(1+\frac{15}{100}\right)$$

$$4000 \times \frac{120}{100} - x = 4000 \times \frac{115}{100}$$

$$4800 - x = 4600$$

$$x = 200$$

답 $x = 200$

17

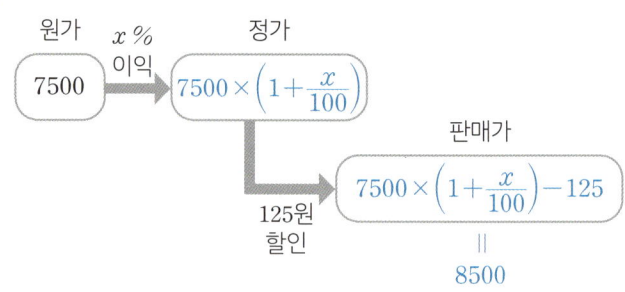

판매가로 방정식을 세우면

$$7500 \times \left(1+\frac{x}{100}\right) - 125 = 8500$$

$$7500 \times \left(1+\frac{x}{100}\right) = 8625$$

$$7500 + 75x = 8625$$

$$75x = 1125$$

$$x = 15$$

답 $x = 15$

18

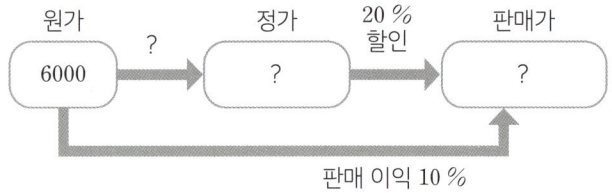

판매 이익이 원가의 10 %이므로 판매가를 구하면

$$(판매가) = 6000 \times \left(1+\frac{10}{100}\right) = 6600$$

정가를 20 % 할인하면 판매가이므로

$$(정가) \times \left(1-\frac{20}{100}\right) = 6600$$

$$(정가) \times \frac{80}{100} = 6600$$

$$(정가) \times \frac{80}{100} \times \frac{100}{80} = 6600 \times \frac{100}{80}$$

$$(정가) = 8250$$

답 8250원

19

물건의 정가를 a원이라고 하면

Ⓐ 상점의 판매가는

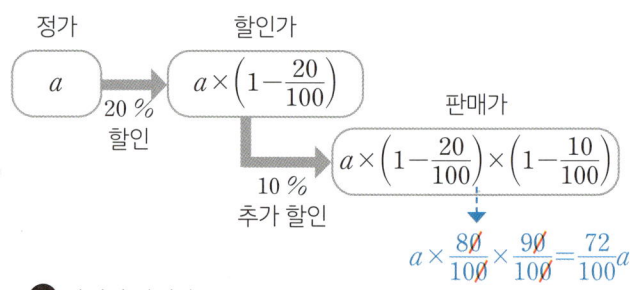

Ⓑ 상점의 판매가는

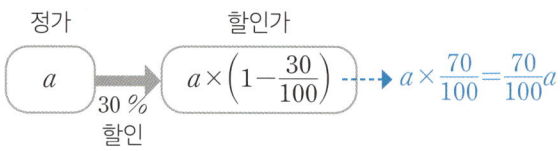

따라서 판매가가 더 비싼 상점은 Ⓐ 상점이고,
판매가의 차이가 200원이므로

$$\frac{72}{100}a - \frac{70}{100}a = 200$$

$$\frac{2}{100}a = 200$$

$$\frac{1}{50}a = 200$$

$$a = 10000$$

답 10000원

37쪽 풀이

20 10개 팔았을 때 판매 이익이 400원이니까

1개 팔 때 판매 이익은 40원

원가가 5000원이었으니까 판매가는 5040원이다.

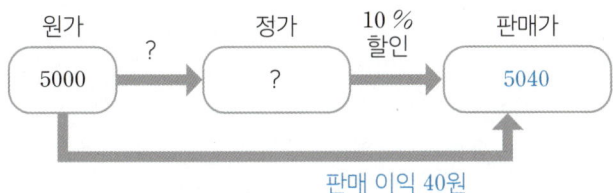

정가를 10 % 할인하면 판매가이므로 정가를 x원이라고 하면

$$x \times \left(1 - \frac{10}{100}\right) = 5040$$

$$x \times \frac{90}{100} = 5040$$

$$x \times \frac{\overset{1}{90}}{\underset{1}{100}} \times \frac{\overset{1}{100}}{\underset{1}{90}} = \overset{56}{5040} \times \frac{100}{\underset{1}{90}}$$

$$x = 5600$$

답 5600원

38쪽 풀이

21 상품의 원가를 x원이라고 하면

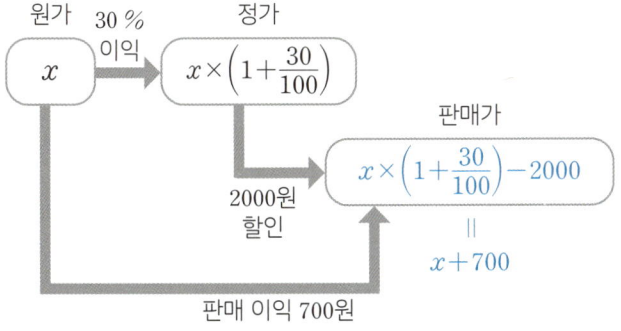

판매가로 방정식을 세우면

$$x \times \left(1 + \frac{30}{100}\right) - 2000 = x + 700$$

$$x \times \frac{13\cancel{0}}{10\cancel{0}} - 2000 = x + 700$$

$$\frac{13}{10}x = x + 2700$$

$$13x = 10x + 27000$$

$$3x = 27000$$

$$x = 9000$$

답 9000원

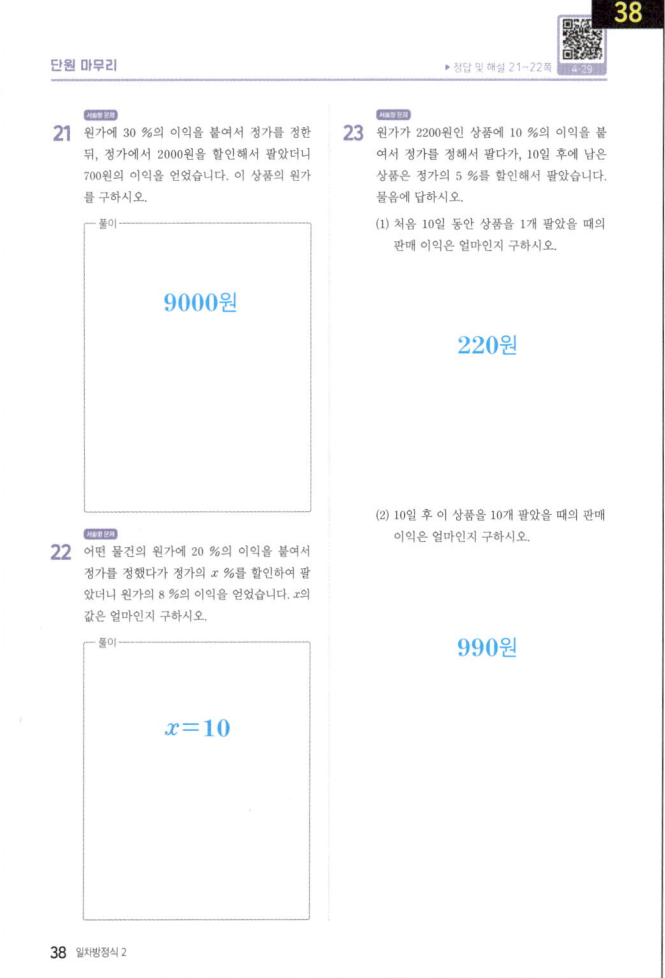

22 원가를 a원이라고 하면

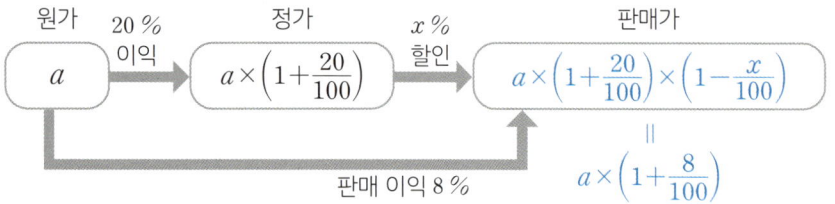

판매가로 방정식을 세우면

$$a \times \left(1 + \frac{20}{100}\right) \times \left(1 - \frac{x}{100}\right) = a \times \left(1 + \frac{8}{100}\right)$$

양변을 a로 나눔

$$\left(1 + \frac{20}{100}\right) \times \left(1 - \frac{x}{100}\right) = 1 + \frac{8}{100}$$

$$\frac{120}{100} \times \left(1 - \frac{x}{100}\right) = \frac{108}{100}$$

$$120 \times \left(1 - \frac{x}{100}\right) = 108$$

$$120 - \frac{6}{5}x = 108$$

$$-\frac{6}{5}x = -12$$

$$x = 10$$

답 $x = 10$

23 (1)

원가　　　　　정가　　　　　　　　할인가

2200　　$2200 \times \left(1 + \frac{10}{100}\right)$　　$2200 \times \left(1 + \frac{10}{100}\right) \times \left(1 - \frac{5}{100}\right)$

10 % 이익　　10일 후 5 % 할인

처음 10일 동안의 상품의 판매가는 정가이니까 판매 이익은 원가의 10 %

$$\rightarrow 2200 \times \frac{10}{100} = 220(원)$$

답 220원

(2) 10일 후 상품의 판매가는 정가를 5 % 할인한 가격인데, 정가가 $2200 + 220 = 2420$(원)이므로

$$(10일\ 후\ 판매가) = 2420 \times \left(1 - \frac{5}{100}\right)$$

$$= \overset{121}{2420} \times \frac{\overset{19}{95}}{\underset{\underset{1}{20}}{100}}$$

$$= 2299$$

$$(판매 이익) = 2299 - 2200 = 99(원)$$

따라서 10개 팔았을 때 판매 이익은 모두 $99 \times 10 = 990$(원)

답 990원

▶ 정답 및 해설 23쪽

떡 x g의 $\frac{1}{3}$만큼을 먹었다. **남은 떡**은 몇 g일까?

먹은 떡   남은 떡

x g의 $\frac{1}{3}$ (전체) − (먹은 것) = (남은 것)

$x \times \frac{1}{3}$ $x - x \times \frac{1}{3} = x \times \frac{2}{3}$

전체를 **1**이라고 할 때
나머지의 비율은
$1 - (부분) = 1 - \frac{1}{3} = \frac{2}{3}$

전체를 1로 보고
부분과 나머지를
비율로 나타내기

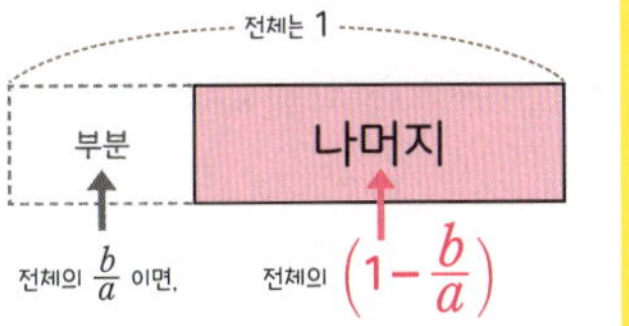

전체는 1

부분   나머지

전체의 $\frac{b}{a}$ 이면,   전체의 $\left(1 - \frac{b}{a}\right)$

문제 유리네 가족은 유럽 여행 일수의 $\frac{5}{9}$ 는 영국에, **나머지**의 $\frac{1}{4}$ 은 프랑스에서 지내고, 남은 6일은 독일을 여행하기로 하였다. 유리네 가족의 유럽 여행 일수는 모두 며칠일까?

풀이 전체 여행 일수를 x일이라고 하면,

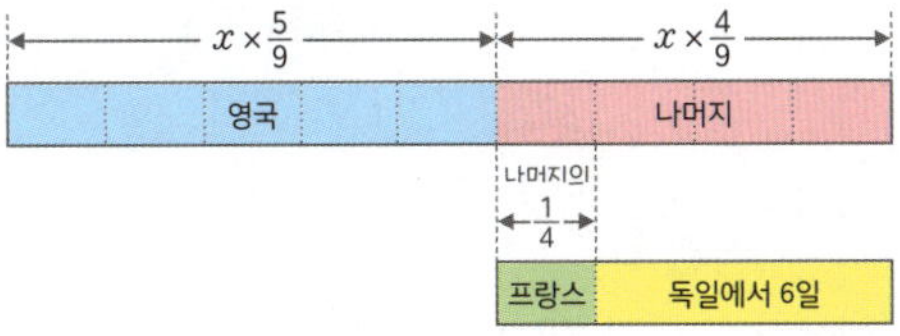

영국의 여행 일수는 $x \times \frac{5}{9}$ 나머지 여행 일수는 $x \times \frac{4}{9}$

영국   나머지

나머지의 $\frac{1}{4}$

프랑스   독일에서 6일

➡ $x \times \frac{5}{9} + x \times \frac{4}{9} \times \frac{1}{4} + 6 = x$
영국   프랑스   독일

$x = 18$

답 18일

▶ **개념 익히기 1**

빈칸을 알맞게 채우세요.

01 사탕 x개의 $\frac{1}{4}$을 먹고, 남은 양은 $\left(x \times \boxed{\frac{3}{4}}\right)$개

02 종이 x장의 $\frac{4}{5}$를 쓰고, 남은 양은 $\left(x \times \boxed{\frac{1}{5}}\right)$장

03 찰흙 x g의 $\frac{3}{8}$을 주고, 남은 양은 $\left(x \times \boxed{\frac{5}{8}}\right)$ g

▶ **개념 익히기 2**

오늘 공부한 x시간 중 $\frac{1}{4}$은 수학을, **나머지**의 $\frac{1}{3}$은 영어를 공부하고, 남은 2시간은 국어를 공부했습니다. 물음에 답하세요.

01 오른쪽 그림의 빈칸을 알맞게 채우세요.

[오늘 공부한 x 시간]

$\frac{1}{4}$ $\boxed{\frac{3}{4}}$

수학   영어   국어

나머지의 $\frac{1}{3}$ 2시간

02 수학을 공부한 시간 ➡ $\left(x \times \boxed{\frac{1}{4}}\right)$시간

03 영어를 공부한 시간 ➡ $\left(x \times \boxed{\frac{3}{4}} \times \boxed{\frac{1}{3}}\right)$시간

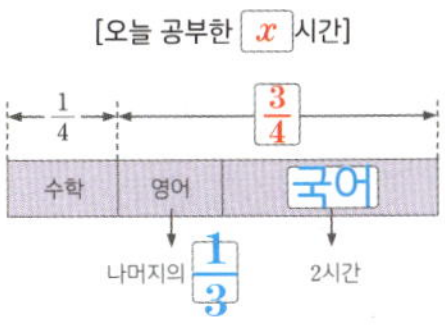

▶ 정답 및 해설 23~24쪽

▶ **개념 다지기 1**

물음에 답하세요.

01 하루의 $\frac{1}{6}$을 공부하고, **나머지**의 $\frac{1}{10}$은 운동을 했다.

(1) 하루 중 공부를 한 시간은?   **4시간**
$24 \times \frac{1}{6} = 4$

(2) 하루 중 운동을 한 시간은?   **2시간**
$24 \times \frac{5}{6} \times \frac{1}{10} = 2$

02 용돈 10000원의 $\frac{1}{5}$은 저금을 하고, 용돈의 $\frac{1}{4}$은 간식을 사 먹었다.

(1) 저금을 한 금액은?   **2000원**

(2) 간식을 사 먹은 금액은?   **2500원**

03 밀가루 250 g 중 $\frac{1}{2}$은 냉장고에 보관하고, **나머지**의 $\frac{2}{5}$는 빵을 만들었다.

(1) 냉장고에 보관한 밀가루의 양은?   **125 g**

(2) 빵을 만드는 데 쓴 밀가루의 양은?   **50 g**

04 우리 반 학생 40명의 $\frac{1}{2}$은 축구를 하고, 전체의 $\frac{1}{4}$은 농구를 했다.

(1) 축구를 한 학생 수는?   **20명**

(2) 농구를 한 학생 수는?   **10명**

05 물 500 mL 중 $\frac{4}{5}$는 오전에 마시고, **나머지**의 $\frac{1}{4}$은 오후에 마셨다.

(1) 오전에 마신 물의 양은?   **400 mL**

(2) 오후에 마신 물의 양은?   **25 mL**

06 여름 방학 30일 중 $\frac{1}{2}$은 집에서 공부를 하고, **나머지**의 $\frac{1}{3}$은 도서관에서 공부를 했다.

(1) 집에서 공부한 일수는?   **15일**

(2) 도서관에서 공부한 일수는?   **5일**

44쪽 풀이

01 [하루 24시간]

$\frac{1}{6}$ 나머지는 $\frac{5}{6}$

공부   운동

나머지의 $\frac{1}{10}$

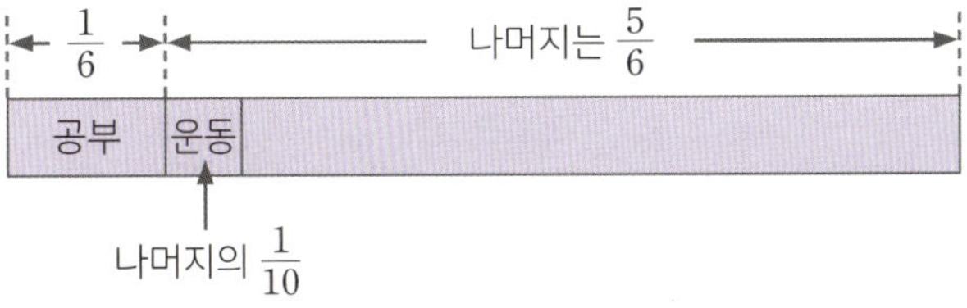

(1) (공부한 시간) $= 24 \times \frac{1}{6} = 4$(시간)

(2) (운동한 시간) $= 24 \times \frac{5}{6} \times \frac{1}{10} = 2$(시간)

02 [용돈 10000원]

$\frac{1}{5}$ $\frac{1}{4}$

저금   간식

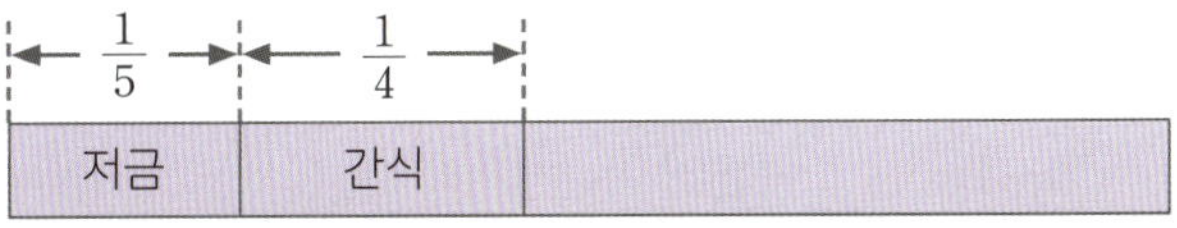

(1) (저금을 한 금액) $= 10000 \times \frac{1}{5} = 2000$(원)

(2) (간식을 사 먹은 금액) $= 10000 \times \frac{1}{4} = 2500$(원)

44쪽 풀이

03

[밀가루 250 g]

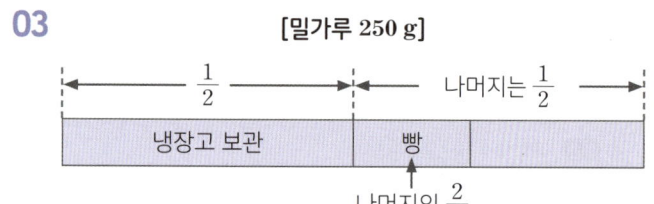

(1) (냉장고에 보관한 밀가루의 양)=$250 \times \frac{1}{2}$=125(g)

(2) (빵을 만든 밀가루의 양)=$250 \times \frac{1}{2} \times \frac{2}{5}$=50(g)

04

[우리 반 40명]

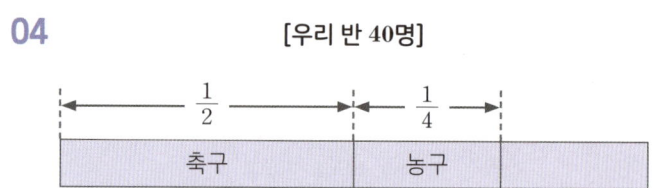

(1) (축구를 한 학생 수)=$40 \times \frac{1}{2}$=20(명)

(2) (농구를 한 학생 수)=$40 \times \frac{1}{4}$=10(명)

05

[물 500 mL]

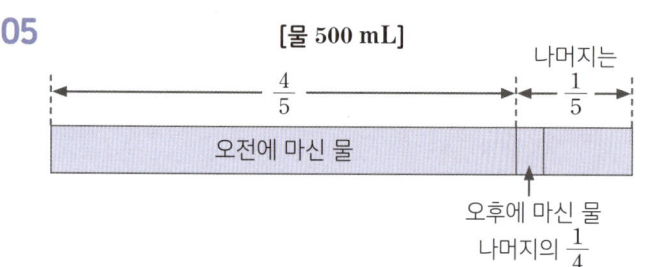

(1) (오전에 마신 물의 양)=$500 \times \frac{4}{5}$=400(mL)

(2) (오후에 마신 물의 양)=$500 \times \frac{1}{5} \times \frac{1}{4}$=25(mL)

06

[여름 방학 30일]

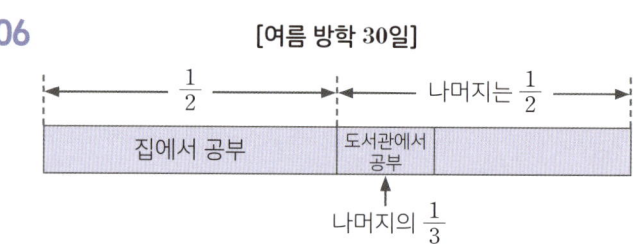

(1) (집에서 공부한 일수)=$30 \times \frac{1}{2}$=15(일)

(2) (도서관에서 공부한 일수)=$30 \times \frac{1}{2} \times \frac{1}{3}$=5(일)

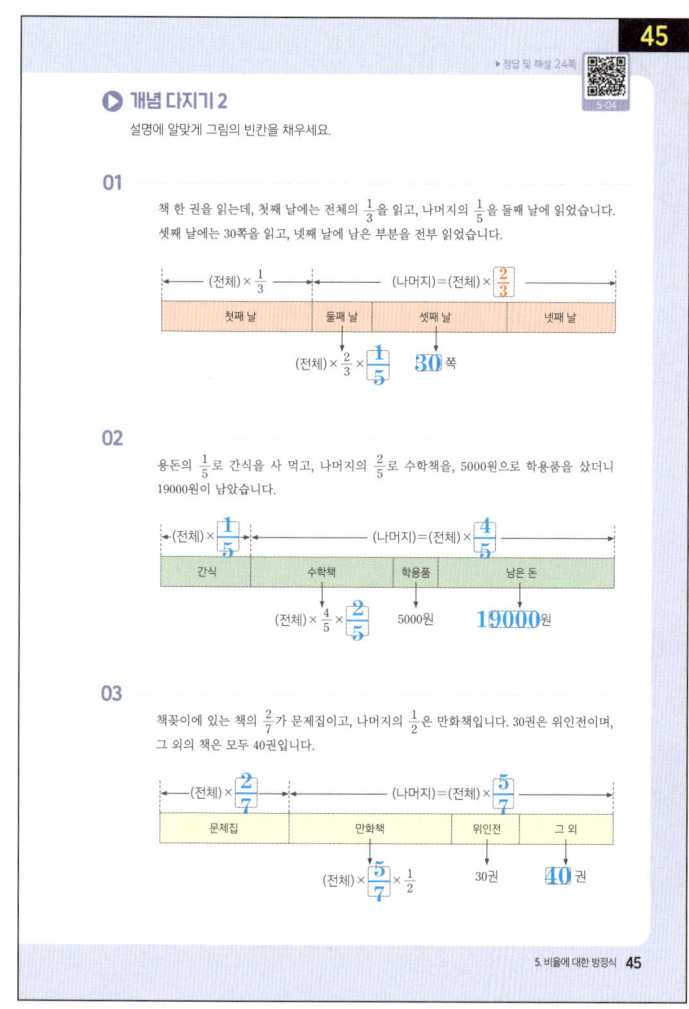

◐ 개념 마무리 1

▶정답 및 해설 25쪽

물음에 답하세요.

01 이번 방학 x일 동안 다양한 운동을 배우기로 했다. 방학 기간의 $\frac{1}{3}$은 스키를 배우고, **남은 기간**의 $\frac{1}{5}$은 농구를 배우기로 정했다. 이후 12일 동안 피겨 스케이팅을 배우고 나면, 방학은 4일이 남는다.

(1) 다음을 x에 대한 식으로 나타내세요.

(스키를 배우는 기간) = $\frac{1}{3}x$

(농구를 배우는 기간) = $\frac{2}{15}x$

(2) 빈 곳에 식을 알맞게 쓰세요.

$\underset{\text{스키}}{\frac{1}{3}x} + \underset{\text{농구}}{\frac{2}{15}x} + \underset{\text{피겨 스케이팅}}{12} + 4 = \underset{\text{방학}}{x}$

02 우리 반 x명을 대상으로 가장 좋아하는 계절을 조사했다. 전체의 $\frac{2}{9}$는 봄을 가장 좋아했고, **나머지**의 $\frac{1}{3}$은 여름을, $\frac{2}{7}$는 가을을 골랐다. 겨울을 고른 사람은 8명이었다.

(1) 다음을 x에 대한 식으로 나타내세요.

(봄을 고른 사람 수) = $\frac{2}{9}x$

(여름을 고른 사람 수) = $\frac{7}{27}x$

(가을을 고른 사람 수) = $\frac{2}{9}x$

(2) 빈 곳에 식을 알맞게 쓰세요.

$\underset{\text{봄}}{\frac{2}{9}x} + \underset{\text{여름}}{\frac{7}{27}x} + \underset{\text{가을}}{\frac{2}{9}x} + 8 = \underset{\text{반 학생 수}}{x}$

◐ 개념 마무리 2

▶정답 및 해설 25~27쪽

물음에 답하세요.

01 주말농장 텃밭에 모종을 심고 있습니다. 텃밭의 $\frac{1}{4}$에는 고추를 심고, 나머지 밭의 $\frac{1}{3}$에는 가지를 심었습니다. 상추를 2 m²에 심고 나니 4 m²의 밭이 남았다면 텃밭의 전체 크기는 몇 m²일까요?

$x \times \frac{1}{4} + x \times \frac{3}{4} \times \frac{1}{3} + 2 + 4 = x$

답: 12 m²

02 시험을 준비하기 위해 시험 공부 기간을 정했습니다. 시험 공부 기간의 $\frac{1}{5}$은 국어를 하고, $\frac{1}{4}$은 영어를, $\frac{1}{2}$은 수학을 공부했더니 2일이 남았습니다. 시험 공부 기간은 모두 며칠일까요?

답: 40일

03 어느 교육센터의 유치원생은 전체의 $\frac{2}{5}$이고, 나머지의 $\frac{2}{3}$는 초등학생, $\frac{1}{3}$는 중학생입니다. 고등학생이 80명일 때, 이 교육센터의 전체 학생 수는 모두 몇 명일까요?

답: 300명

04 사탕을 사서 친구들에게 전체의 $\frac{1}{5}$을 나눠주고, 남은 사탕의 $\frac{3}{8}$을 가족들에게 나눠준 뒤, 내가 9개를 먹었더니 11개가 남았습니다. 구매한 사탕은 모두 몇 개일까요?

답: 40개

05 우리 학교 학생들의 혈액형을 조사했습니다. A형과 B형이 각각 전교생의 $\frac{1}{3}$이고, AB형은 $\frac{1}{4}$, O형은 30명입니다. 우리 학교 학생은 모두 몇 명일까요?

답: 360명

06 빵집에 빵을 사러 갔습니다. 가져간 돈의 $\frac{2}{5}$로 단팥빵을 사고, 남은 돈의 $\frac{1}{3}$로 샌드위치를 사고, 슈크림빵을 4000원어치 샀더니 2000원이 남았습니다. 가져간 돈은 모두 얼마일까요?

답: 15000원

01

[방학 x일]

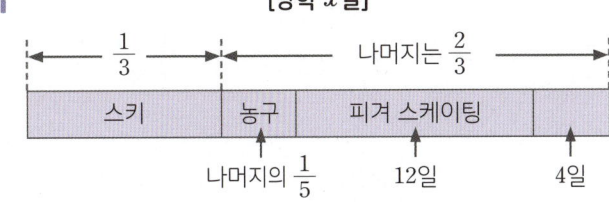

(1) (스키를 배우는 기간) $= x \times \frac{1}{3} = \frac{1}{3}x$

(농구를 배우는 기간) $= x \times \frac{2}{3} \times \frac{1}{5} = \frac{2}{15}x$

02

[우리 반 x명]

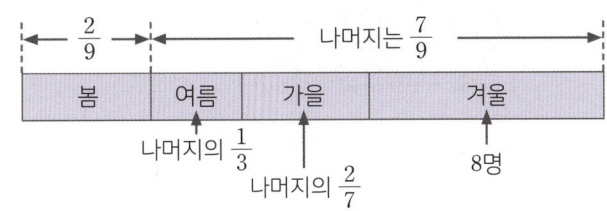

(1) (봄을 고른 사람 수) $= x \times \frac{2}{9} = \frac{2}{9}x$

(여름을 고른 사람 수) $= x \times \frac{7}{9} \times \frac{1}{3} = \frac{7}{27}x$

(가을을 고른 사람 수) $= x \times \frac{7}{9} \times \frac{2}{7} = \frac{2}{9}x$

---

01 전체 텃밭의 크기를 x m²라고 하면,

[전체 텃밭 x m²]

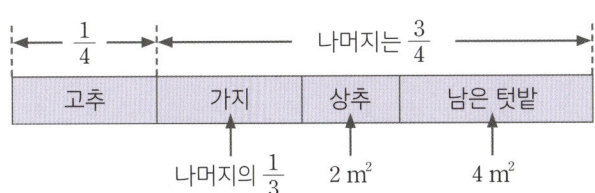

(고추) $= x \times \frac{1}{4} = \frac{1}{4}x$

(가지) $= x \times \frac{3}{4} \times \frac{1}{3} = \frac{1}{4}x$

➡ (고추) + (가지) + (상추) + (남은 텃밭) = (전체)

$\frac{1}{4}x + \frac{1}{4}x + 2 + 4 = x$

$\frac{1}{2}x + 6 = x$

$6 = \frac{1}{2}x$

$x = 12$

답 12 m²

02

[시험 공부 기간 x일]

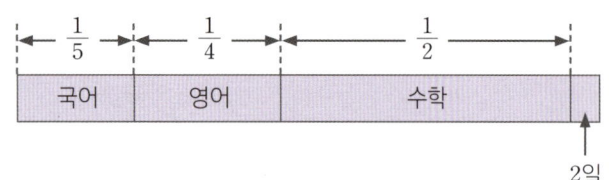

$(국어)=x\times\dfrac{1}{5}=\dfrac{1}{5}x$ $(영어)=x\times\dfrac{1}{4}=\dfrac{1}{4}x$

$(수학)=x\times\dfrac{1}{2}=\dfrac{1}{2}x$

➡ $(국어)+(영어)+(수학)+(남은 기간)=(전체)$

$$\dfrac{1}{5}x+\dfrac{1}{4}x+\dfrac{1}{2}x+2=x$$

$$4x+5x+10x+40=20x$$

$$19x+40=20x$$

$$x=40$$

답 40일

03

[교육센터 학생 x명]

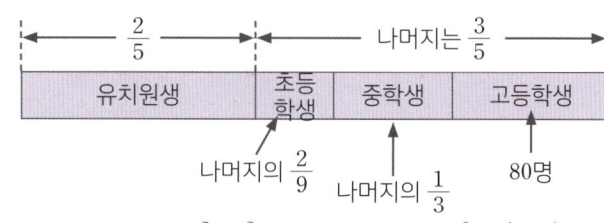

$(유치원생)=x\times\dfrac{2}{5}=\dfrac{2}{5}x$ $(중학생)=x\times\dfrac{3}{5}\times\dfrac{1}{3}=\dfrac{1}{5}x$

$(초등학생)=x\times\dfrac{3}{5}\times\dfrac{2}{9}=\dfrac{2}{15}x$

➡ $(유치원생)+(초등학생)+(중학생)+(고등학생)=(전체)$

$$\dfrac{2}{5}x+\dfrac{2}{15}x+\dfrac{1}{5}x+80=x$$

$$6x+2x+3x+1200=15x$$

$$11x+1200=15x$$

$$1200=4x$$

$$x=300$$

답 300명

04

[사탕 x개]

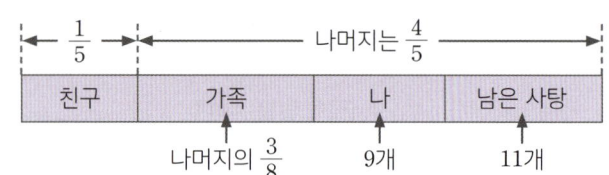

$(친구)=x\times\dfrac{1}{5}=\dfrac{1}{5}x$ $(가족)=x\times\dfrac{4}{5}\times\dfrac{3}{8}=\dfrac{3}{10}x$

➡ $(친구)+(가족)+(나)+(남은 사탕)=(전체)$

$$\dfrac{1}{5}x+\dfrac{3}{10}x+9+11=x$$

$$2x+3x+200=10x$$

$$5x+200=10x$$

$$200=5x$$

$$x=40$$

답 40개

05

[전교생 x명]

$(A형)=x\times\dfrac{1}{3}=\dfrac{1}{3}x$ $(B형)=x\times\dfrac{1}{3}=\dfrac{1}{3}x$

$(AB형)=x\times\dfrac{1}{4}=\dfrac{1}{4}x$

➡ $(A형)+(B형)+(AB형)+(O형)=(전체)$

$$\dfrac{1}{3}x+\dfrac{1}{3}x+\dfrac{1}{4}x+30=x$$

$$4x+4x+3x+360=12x$$

$$11x+360=12x$$

$$x=360$$

답 360명

06

[가져간 돈 x원]

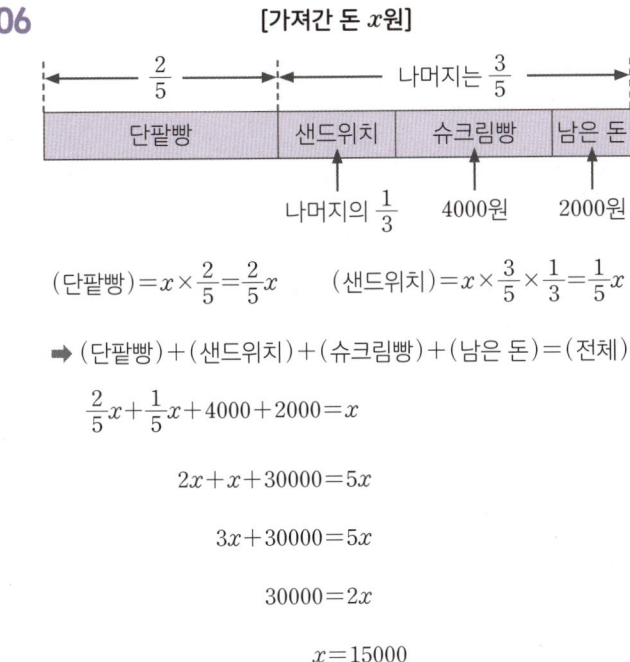

$$(단팥빵) = x \times \frac{2}{5} = \frac{2}{5}x \qquad (샌드위치) = x \times \frac{3}{5} \times \frac{1}{3} = \frac{1}{5}x$$

➡ $(단팥빵) + (샌드위치) + (슈크림빵) + (남은 돈) = (전체)$

$$\frac{2}{5}x + \frac{1}{5}x + 4000 + 2000 = x$$

$$2x + x + 30000 = 5x$$

$$3x + 30000 = 5x$$

$$30000 = 2x$$

$$x = 15000$$

답 15000원

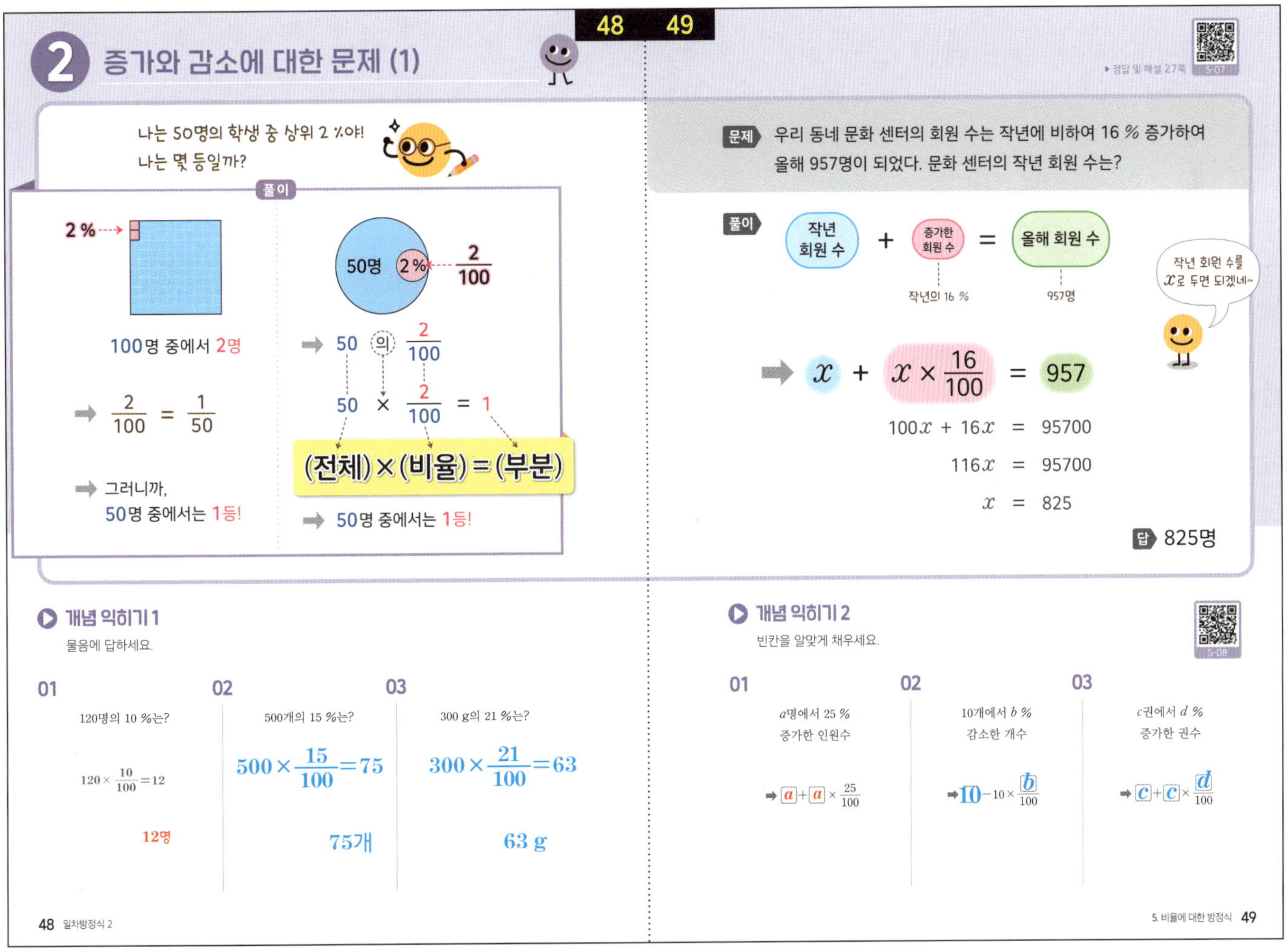

---

2 증가와 감소에 대한 문제 (1)

48 49

▶정답 및 해설 27쪽

나는 50명의 학생 중 상위 2 %야!
나는 몇 등일까?

풀이

2 % ⟶

100명 중에서 **2**명

➡ $\frac{2}{100} = \frac{1}{50}$

➡ 그러니까,
50명 중에서는 **1**등!

50명 2 % ⟶ $\frac{2}{100}$

➡ 50 의 $\frac{2}{100}$

50 × $\frac{2}{100}$ = 1

(전체) × (비율) = (부분)

➡ 50명 중에서는 **1**등!

문제 우리 동네 문화 센터의 회원 수는 작년에 비하여 16 % 증가하여
올해 957명이 되었다. 문화 센터의 작년 회원 수는?

풀이

작년
회원 수 + 증가한
회원 수 = 올해 회원 수

작년의 16 %   957명

작년 회원 수를
x로 두면 되겠네~

➡ $x + x \times \frac{16}{100} = 957$

$$100x + 16x = 95700$$

$$116x = 95700$$

$$x = 825$$

답 825명

▶ 개념 익히기 1

물음에 답하세요.

01
120명의 10 %는?

$120 \times \frac{10}{100} = 12$

12명

02
500개의 15 %는?

$500 \times \frac{15}{100} = 75$

75개

03
300 g의 21 %는?

$300 \times \frac{21}{100} = 63$

63 g

▶ 개념 익히기 2

빈칸을 알맞게 채우세요.

01
a명에서 25 %
증가한 인원수

➡ $a + a \times \frac{25}{100}$

02
10개에서 b %
감소한 개수

➡ $10 - 10 \times \frac{b}{100}$

03
c권에서 d %
증가한 권수

➡ $c + c \times \frac{d}{100}$

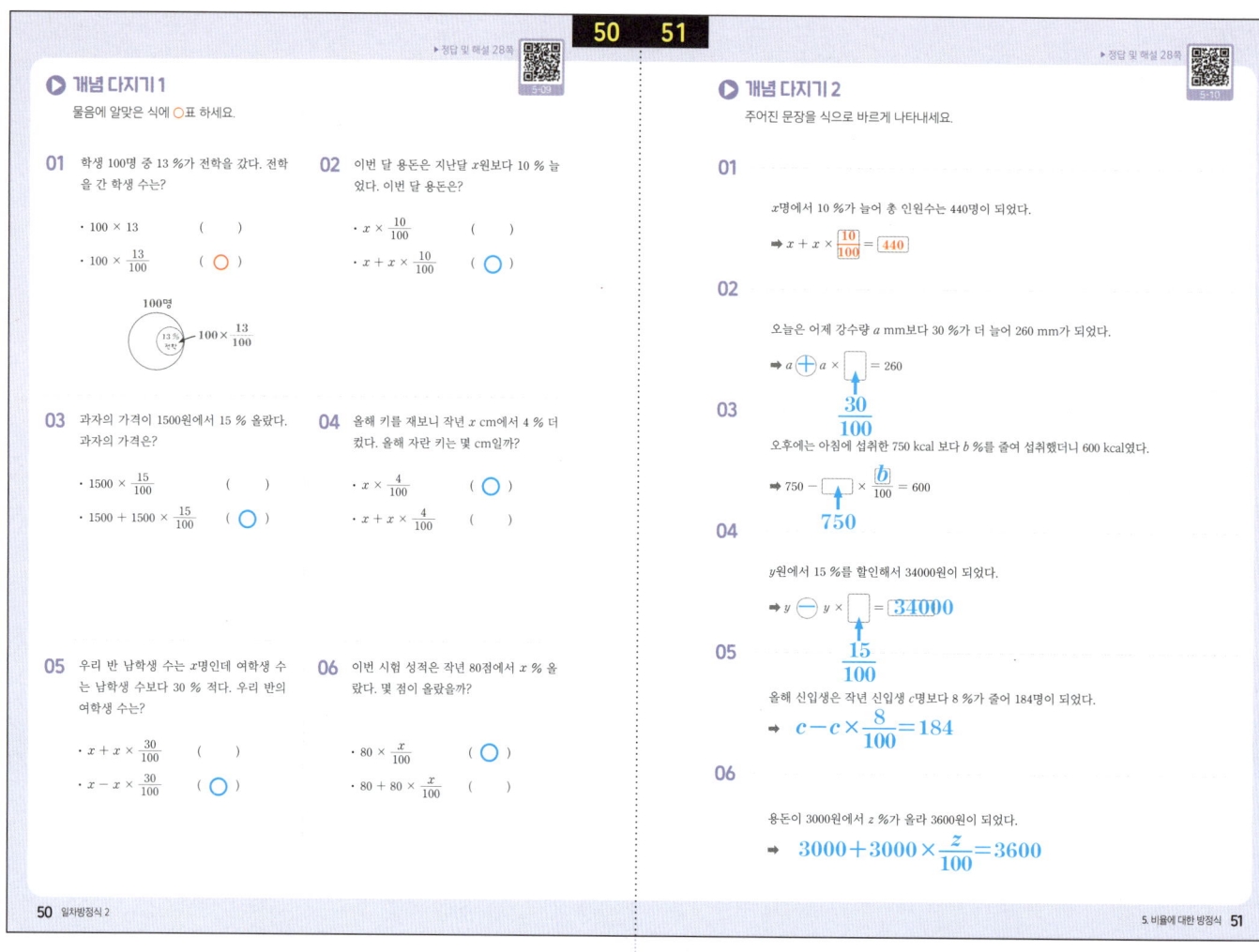

개념 다지기 1

▶정답 및 해설 28쪽

물음에 알맞은 식에 ◯표 하세요.

01 학생 100명 중 13 %가 전학을 갔다. 전학을 간 학생 수는?

· 100×13 (　)
· $100 \times \dfrac{13}{100}$ (◯)

02 이번 달 용돈은 지난달 x원보다 10 % 늘었다. 이번 달 용돈은?

· $x \times \dfrac{10}{100}$ (　)
· $x + x \times \dfrac{10}{100}$ (◯)

100명
$100 \times \dfrac{13}{100}$

03 과자의 가격이 1500원에서 15 % 올랐다. 과자의 가격은?

· $1500 \times \dfrac{15}{100}$ (　)
· $1500 + 1500 \times \dfrac{15}{100}$ (◯)

04 올해 키를 재보니 작년 x cm보다 4 % 더 컸다. 올해 자란 키는 몇 cm일까?

· $x \times \dfrac{4}{100}$ (◯)
· $x + x \times \dfrac{4}{100}$ (　)

05 우리 반 남학생 수는 x명인데 여학생 수는 남학생 수보다 30 % 적다. 우리 반의 여학생 수는?

· $x + x \times \dfrac{30}{100}$ (　)
· $x - x \times \dfrac{30}{100}$ (◯)

06 이번 시험 성적은 작년 80점에서 x % 올랐다. 몇 점이 올랐을까?

· $80 \times \dfrac{x}{100}$ (◯)
· $80 + 80 \times \dfrac{x}{100}$ (　)

개념 다지기 2

▶정답 및 해설 28쪽

주어진 문장을 식으로 바르게 나타내세요.

01 x명에서 10 %가 늘어 총 인원수는 440명이 되었다.

➡ $x + x \times \boxed{\dfrac{10}{100}} = \boxed{440}$

02 오늘은 어제 강수량 a mm보다 30 %가 더 늘어 260 mm가 되었다.

➡ $a \oplus a \times \boxed{} = 260$
　　　　　$\dfrac{30}{100}$

03 오후에는 아침에 섭취한 750 kcal 보다 b %를 줄여 섭취했더니 600 kcal였다.

➡ $750 - \boxed{} \times \dfrac{b}{100} = 600$
　　　　750

04 y원에서 15 %를 할인해서 34000원이 되었다.

➡ $y \ominus y \times \boxed{} = \boxed{34000}$
　　　　　$\dfrac{15}{100}$

05 올해 신입생은 작년 신입생 c명보다 8 %가 줄어 184명이 되었다.

➡ $c - c \times \dfrac{8}{100} = 184$

06 용돈이 3000원에서 z %가 올라 3600원이 되었다.

➡ $3000 + 3000 \times \dfrac{z}{100} = 3600$

50쪽 풀이

02 (이번 달 용돈)＝(지난달 용돈)＋(지난달의 10 %)
$$= x + x \times \dfrac{10}{100}$$

03 (과자의 가격)＝(1500원)＋(1500원의 15 %)
$$= 1500 + 1500 \times \dfrac{15}{100}$$

04 (올해 자란 키)＝(작년 키의 4 %)
$$= x \times \dfrac{4}{100}$$

05 (여학생 수)＝(남학생 수)－(남학생 수의 30 %)
$$= x - x \times \dfrac{30}{100}$$

06 (오른 점수)＝(작년 점수의 x %)
$$= 80 \times \dfrac{x}{100}$$

▶ 개념 마무리 1

x의 값을 구하세요.

01 x원에서 12 %가 오르면 7000원

$$x + \frac{12}{100}x = 7000$$
$$100x + 12x = 700000$$
$$112x = 700000$$
$$x = 6250$$

답: $x = 6250$

02 x명의 20 %는 30명

$$x \times \frac{\overset{1}{\cancel{20}}}{\underset{5}{\cancel{100}}} = 30$$
$$x = 150$$

답: $x = 150$

03 1000개의 x %는 350개

$$\cancel{1000} \times \frac{x}{\cancel{100}} = 350$$
$$10x = 350$$
$$x = 35$$

답: $x = 35$

04 200명에서 x % 감소해서 160명

$$200 - \cancel{200} \times \frac{x}{\cancel{100}} = 160$$
$$200 - 2x = 160$$
$$-2x = -40$$
$$x = 20$$

답: $x = 20$

05 150 cm의 고무줄을 x % 늘리면 153 cm

$$150 + \cancel{150}^{3} \times \frac{x}{\cancel{100}_{2}} = 153$$
$$300 + 3x = 306$$
$$3x = 6$$
$$x = 2$$

답: $x = 2$

06 x kg에서 10 % 줄이면 무게는 540 kg

$$x - x \times \frac{\cancel{10}}{\cancel{100}} = 540$$
$$10x - x = 5400$$
$$9x = 5400$$
$$x = 600$$

답: $x = 600$

▶ 개념 마무리 2

물음에 답하세요.

01 올해 남학생 수는 작년의 남학생 수에 비해 5 %가 증가하여 252명이 되었습니다. 작년 남학생 수는 몇 명이었을까요?

작년의 남학생 수를 x명이라 하면,

$$x + \frac{5}{100}x = 252$$

$$100x + 5x = 25200$$

$$105x = 25200$$

$$x = 240$$

답: 240명

02 기말시험 점수는 중간시험 점수보다 12 %가 증가하여 56점이 되었습니다. 중간시험 점수는 몇 점이었을까요?

중간시험 점수를 x점이라 하면,

$$x + x \times \frac{12}{100} = 56$$

$$100x + 12x = 5600$$

$$112x = 5600$$

$$x = 50$$

답: 50점

03 학교 매점에서 샌드위치를 오늘부터 15 % 할인하여 2125원에 팔고 있습니다. 할인하기 전 가격은 얼마였을까요?

할인하기 전 샌드위치 가격을 x원이라 하면,

$$x - x \times \frac{15}{100} = 2125$$

$$100x - 15x = 212500$$

$$85x = 212500$$

$$x = 2500$$

답: 2500원

04 350 mL인 어떤 음료의 양을 x % 늘렸더니 420 mL가 되었습니다. 늘린 양은 처음 양의 몇 %였을까요?

$$350 + \overset{7}{\cancel{350}} \times \frac{x}{\underset{2}{\cancel{100}}} = 420$$

$$\frac{7}{2}x = 70$$

$$x = \overset{10}{\cancel{70}} \times \frac{2}{\underset{1}{\cancel{7}}} = 20$$

답: 20 %

3 증가와 감소에 대한 문제 (2)

▶정답 및 해설 31쪽

문제 어느 학교의 남학생과 여학생 수는 작년에 비해서 **남자**는 5 % 감소하고 **여자**는 4 % 증가하여 **전체**는 작년보다 6명이 감소하였다. 작년에 전체 학생 수가 300명이었을 때, 작년 남학생 수는?

작년과 비교하는 문제는 표를 그려서 해결하기~

풀이 ❶ 문제를 표로 나타내기

맨 윗줄에는 남학생, 여학생, 전체를 쓰고~

	남학생	여학생	전체
작년			
변화량			

왼쪽 칸에는 작년 학생 수와 변화량을 써서 정리하자~

❷ 주어진 정보들을 메모하기

여기를 x라고 하면~

	남학생	여학생	전체
작년	x명	$(300-x)$명	300명
변화량	-5 %	+4 %	-6명

여기는 전체 학생 수에서 x를 뺀 $300-x$

❸ 식 세우기

식을 세우는 방법은 2가지야!

	남학생	여학생	전체
작년	x명	$(300-x)$명	300명
변화량	-5 %	+4 %	-6명

전체 학생 수로 식 세우기

$$\left(\begin{array}{c}올해\\남학생\end{array}\right) + \left(\begin{array}{c}올해\\여학생\end{array}\right) = 300-6$$

증가와 감소로 식 세우기

$$\left(\begin{array}{c}남학생\\변화량\end{array}\right) + \left(\begin{array}{c}여학생\\변화량\end{array}\right) = -6$$

$$x - \frac{5}{100}x + (300-x) + (300-x)\times\frac{4}{100} = 300-6$$

$$-\frac{5}{100}x + 300 + (300-x)\times\frac{4}{100} = 300-6$$

$$-\frac{5}{100}x + (300-x)\times\frac{4}{100} = -6$$

어떤 방법으로 식을 세우든 둘은 같은 식이었네!

답 200명

▶ 개념 익히기 1

괄호 안에 알맞은 식을 쓰세요.

01
전체 학생 수: 200명
여학생 수: x명
➡ 남학생 수: ($200-x$)명

02
가지고 있는 돈: 10000원
물건 금액: x원
➡ 거스름돈: ($10000-x$)원

03
남학생 수: $(100-x)$명
여학생 수: x명
➡ 전체 학생 수: (100)명

▶ 개념 익히기 2

작년 남학생 수는 60명, 여학생 수는 40명이었습니다. 올해는 남학생이 작년에 비해 5 % 줄고, 여학생이 10 % 늘었습니다. 물음에 답하세요.

01
올해 남학생 수는 작년에 비해 몇 명이 줄었을까요?
$$60\times\frac{5}{100}=3$$
3명

02
올해 여학생 수는 작년에 비해 몇 명이 늘었을까요?
$$40\times\frac{10}{100}=4$$
4명

03
올해 전체 학생 수는 작년에 비해 몇 명이 증가 또는 감소했나요?
1명 증가

▶정답 및 해설 31쪽

▶ 개념 다지기 1

주어진 정보를 요약하는 문제입니다. 문제의 정보를 표에 나타내세요.

01
작년에 전체 학생 수가 100명이었던 학교에 올해는 남학생이 8 % 증가하고, 여학생이 2 % 감소하여 전체 학생 수는 3명이 늘었습니다.

	남학생	여학생	전체
작년	x명	$(100-x)$명	100명
변화량	+8 %	-2 %	+3명

02
지난번 국어 점수는 수행 평가 점수와 지필 평가 점수를 합해서 85점이었습니다. 이번에는 수행 평가 점수가 15 % 오르고, 지필 평가 점수는 10 % 떨어져서 국어 점수는 2점이 떨어졌습니다.

	수행 평가	지필 평가	전체
지난번	x점	$(85-x)$점	85점
변화량	+15 %	-10 %	-2점

03
상반기에 500명이 응시했던 시험에 하반기에는 25명이 늘어난 사람이 응시했습니다. 하반기의 합격자는 상반기에 비해 4 % 감소하고, 불합격자는 6 % 늘었습니다.

	합격자	불합격자	전체
상반기	x명	$(500-x)$명	500명
변화량	-4 %	+6 %	+25명

04
한 학기가 지나자 우리 반 30명 중에 안경을 쓴 학생이 5 % 늘고, 안 쓴 학생은 10 % 줄었습니다. (단, 전체 학생 수는 변함이 없습니다.)

	착용	미착용	전체
지난 학기	x명	$(30-x)$명	30명
변화량	+5 %	-10 %	0명

▶ 개념 다지기 2

표를 보고 식을 세워 보세요.

01
작년 전체 학생 수가 300명인 학교에 올해는 남학생이 작년에 비해 3 % 증가, 여학생이 2 % 증가하여 전체 학생 수가 7명이 늘었습니다.

	남학생	여학생	전체
작년	x명	$(300-x)$명	300명
변화량	+3 %	+2 %	+7명

$$\underset{\text{(올해 남학생)}}{x\times\left(1+\frac{3}{100}\right)} + \underset{\text{(올해 여학생)}}{(300-x)\times\left(1+\frac{2}{100}\right)} = \underset{\text{(올해 전체 학생)}}{307}$$

02
지난 학기 체육 점수는 실기 점수와 필기 점수를 합해서 82점이었습니다. 이번 학기에는 실기 점수가 5 % 오르고, 필기 점수도 10 %가 올라서 체육 점수는 87점이 되었습니다.

	실기 점수	필기 점수	전체
지난 학기	x점	$(82-x)$점	82점
변화량	+5 %	+10 %	$(87-82)$점

$$\underset{\text{(실기 점수의 변화량)}}{x\times\frac{5}{100}} + \underset{\text{(필기 점수의 변화량)}}{(82-x)\times\frac{10}{100}} = \underset{\text{(전체 점수의 변화량)}}{5}$$

03
지난달 카페에서 커피와 에이드를 합해서 170잔을 팔았습니다. 이번 달에는 커피를 5 % 더 팔고, 에이드는 6 % 덜 팔아서 모두 173잔을 팔았습니다.

	커피	에이드	전체
지난달	x잔	$(170-x)$잔	170잔
변화량	+5 %	-6 %	$(173-170)$잔

$$\underset{\text{(커피 판매량의 변화량)}}{x\times\frac{5}{100}} - \underset{\text{(에이드 판매량의 변화량)}}{(170-x)\times\frac{6}{100}} = \underset{\text{(전체 판매량의 변화량)}}{3}$$

58

▶ 정답 및 해설 32쪽

▶ 개념 마무리 1

주어진 상황을 표로 나타내고, x에 대한 방정식을 세워 x의 값을 구하세요.

01

지난 학기 미술 점수는 실기 점수 x점과 필기 점수를 합해서 75점이었습니다. 이번 학기에는 실기 점수가 20 % 오르고, 필기 점수는 5 % 떨어져서 전체 미술 점수는 5점이 올랐습니다.

	실기 점수	필기 점수	미술 점수
지난 학기	x점	(75−x)점	75점
변화량	+20 %	−5 %	+5점

(실기 점수 변화량) + (필기 점수 변화량) = (미술 점수 변화량)

변화량으로 식 세우기

$$x \times \frac{20}{100} - (75-x) \times \frac{5}{100} = 5$$

답 $x=35$

02

어느 학과의 작년 입학생은 남학생 x명과 여학생을 더해서 모두 35명이었습니다. 올해는 남학생이 30 % 늘고, 여학생이 20 % 줄어서 입학생은 2명 줄었습니다.

	남학생	여학생	전체
작년	x명	(35−x)명 ↓	35명
변화량	+30 %	−20 %	−2명

(올해 남학생 수) + (올해 여학생 수) = (올해 입학생 수)

학생 수로 식 세우기

답 $x=10$

$$x \times \left(1+\frac{30}{100}\right) + (35-x) \times \left(1-\frac{20}{100}\right) = 35-2$$

59

▶ 정답 및 해설 32~33쪽

▶ 개념 마무리 2

물음에 답하세요.

01 어느 학교의 학생 수는 작년에 비해서 남학생은 10 % 증가하고, 여학생은 5 % 감소하여 전체 학생 수가 7명 증가하였습니다. 작년 전체 학생 수가 400명이었을 때, **작년 여학생 수**는 몇 명이었을까요?

	남	여	전체
작년	(400−x)명	x명	400명
변화량	+10 %	−5 %	+7명

$$(400-x) \times \frac{10}{100} - x \times \frac{5}{100} = 7$$
$$10(400-x) - 5x = 700$$
$$4000 - 10x - 5x = 700$$
$$-15x = -3300$$
$$x = 220$$

답: 220명

02 어느 자격증 시험의 작년 응시생은 2000명이었습니다. 올해는 작년에 비하여 합격자 수가 7 % 증가하고, 불합격자는 24명 감소하여 전체 응시생이 3 % 증가하였습니다. **올해의 합격자 수**는 몇 명일까요?

답: 1284명

03 현아는 지난 영어 시험과 수학 시험의 성적의 합이 180점이었습니다. 이번 시험에서 영어 시험 성적이 5 % 오르고, 수학 시험 성적은 9 % 떨어져서 두 시험 성적의 합은 5점이 떨어졌습니다. **이번 영어 시험 성적**은 몇 점이었을까요?

답: 84점

04 지난달 언니와 동생의 지출의 합은 5만 원이었습니다. 이번 달 지출은 지난달에 비하여 언니는 20 % 감소하고, 동생은 5 % 증가하여 언니와 동생의 지출의 합이 7 % 감소하였을 때, **이번 달 언니의 지출**은 얼마일까요?

답: 19200원

---

01 변화량으로 세운 방정식을 풀면

$$x \times \frac{20}{100} - (75-x) \times \frac{5}{100} = 5$$
$$20x - 375 + 5x = 500$$
$$25x = 875$$
$$x = 35$$

답 $x=35$

02 올해 학생 수로 세운 방정식을 풀면

$$x \times \left(1+\frac{30}{100}\right) + (35-x) \times \left(1-\frac{20}{100}\right) = 35-2$$
$$\frac{130}{100}x + \frac{80}{100}(35-x) = 33$$
$$130x + 80(35-x) = 3300$$
$$130x + 2800 - 80x = 3300$$
$$50x = 500$$
$$x = 10$$

답 $x=10$

02 작년 합격자 수를 x명이라고 하면

	합격자	불합격자	전체
작년	x명	(2000−x)명	2000명
변화량	+7 %	−24명	+3 %

변화량으로 방정식을 세우면

$$x \times \frac{7}{100} - 24 = 2000 \times \frac{3}{100}$$
$$7x - 2400 = 6000$$
$$7x = 8400$$
$$x = 1200$$

올해의 합격자 수는

$$1200 + 1200 \times \frac{7}{100} = 1284(명)$$

답 1284명

59쪽 풀이

03 지난 영어 시험 점수를 x점이라고 하면

	영어	수학	전체
지난 시험	x점	$(180-x)$점	180점
변화량	$+5\%$	-9%	-5점

변화량으로 방정식을 세우면

$$x \times \frac{5}{100} - (180-x) \times \frac{9}{100} = -5$$

$$5x - (180-x) \times 9 = -500$$

$$5x - 1620 + 9x = -500$$

$$14x = 1120$$

$$x = 80$$

이번 영어 시험 성적은

$$80 + \overset{4}{80} \times \frac{\overset{1}{5}}{\underset{1}{100}} = 84(점)$$

답 84점

04 지난달 언니의 지출을 x원이라고 하면

	언니	동생	전체
지난달	x원	$(50000-x)$원	50000원
변화량	-20%	$+5\%$	-7%

변화량으로 방정식을 세우면

$$-x \times \frac{20}{100} + (50000-x) \times \frac{5}{100} = -50000 \times \frac{7}{100}$$

$$-20x + 250000 - 5x = -350000$$

$$-25x = -600000$$

$$x = 24000$$

이번 달 언니의 지출은

$$24000 - 24000 \times \frac{20}{100} = 19200(원)$$

답 19200원

62 63

▶ 개념 다지기 1

비례배분을 이용하여 다음 물음에 답하세요.

01 두 수 ㉮와 ㉯의 비가 $1:3$이고 두 수의 합이 16일 때, 두 수를 각각 구하세요.

$$㉮ = 16 \times \frac{\boxed{1}}{\boxed{1}+\boxed{3}} = \boxed{4}$$

$$㉯ = 16 \times \frac{\boxed{3}}{\boxed{1}+\boxed{3}} = \boxed{12}$$

02 두 수 ㉠과 ㉡의 비가 $4:9$이고 두 수의 합이 39일 때, 두 수를 각각 구하세요.

$$㉠ = 39 \times \frac{\boxed{4}}{\boxed{4}+\boxed{9}} = \boxed{12}$$

$$㉡ = 39 \times \frac{\boxed{9}}{\boxed{4}+\boxed{9}} = \boxed{27}$$

03 두 수 a와 b의 비가 $7:6$이고 두 수의 합이 52일 때, 두 수를 각각 구하세요.

$$a = 52 \times \frac{\boxed{7}}{\boxed{7}+\boxed{6}} = \boxed{28}$$

$$b = 52 \times \frac{\boxed{6}}{\boxed{7}+\boxed{6}} = \boxed{24}$$

04 두 수 x와 y의 비가 $3:2$이고 두 수의 합이 45일 때, 두 수를 각각 구하세요.

$$x = \boxed{45} \times \frac{\boxed{3}}{\boxed{3}+\boxed{2}} = \boxed{27}$$

$$y = \boxed{45} \times \frac{\boxed{2}}{\boxed{3}+\boxed{2}} = \boxed{18}$$

05 두 수 n과 m의 비가 $5:8$이고 두 수의 합이 91일 때, 두 수를 각각 구하세요.

$$n = 91 \times \frac{5}{5+8} = 35$$

$$m = 91 \times \frac{8}{5+8} = 56$$

06 두 수 p와 q의 비가 $17:6$이고 두 수의 합이 115일 때, 두 수를 각각 구하세요.

$$p = 115 \times \frac{17}{17+6} = 85$$

$$q = 115 \times \frac{6}{17+6} = 30$$

▶ 개념 다지기 2

물음에 답하세요.

01

길이가 60 cm인 철사를 구부려 가로와 세로의 길이의 비가 $21:14$인 직사각형을 만들려고 합니다. (단, 철사는 겹치는 부분이 없도록 합니다.)

(1) 간단한 자연수의 비로 나타내세요.
(가로의 길이) : (세로의 길이) = $21 : 14$ = $\boxed{3} : \boxed{2}$

(2) (1)의 비로 가로와 세로의 길이를 문자를 사용하여 나타내세요.
㉖ (가로의 길이)$=3a$ (세로의 길이)$=2a$

(3) (2)를 이용하여 세로의 길이를 구하세요.
12 cm

02

구리와 주석을 $97:3$의 비율로 섞어 청동 350 g을 만들려고 합니다.

(1) 청동 350 g에 실제 사용된 구리와 주석의 양을 문자를 사용하여 나타내세요.
㉖ (구리의 양)$=97a$ (주석의 양)$=3a$

(2) (1)을 이용하여 필요한 주석의 양을 구하세요.
$\frac{21}{2}$ g 또는 10.5 g

03

예지와 승찬이가 가진 포토 카드 수의 비가 $3:11$이고, 두 사람의 포토 카드 수의 차가 32장입니다.

(1) 예지와 승찬이가 가진 포토 카드 수를 문자를 사용하여 나타내세요.
㉖ (예지의 포토 카드 수)$=3a$
(승찬이의 포토 카드 수)$=11a$

(2) (1)을 이용하여 예지의 포토 카드 수를 구하세요.
12장

63쪽 풀이 ※ 문자는 x, y, z, a, b, c 등 어떤 걸 사용해도 돼!

01 (2) 답 (가로의 길이)$=3a$
(세로의 길이)$=2a$

(3) 길이가 60 cm인 철사로 만든 직사각형의 가로의 길이와
세로의 길이의 합은 30 cm이므로

$$3a + 2a = 30$$
$$5a = 30$$
$$a = 6$$

세로의 길이는 $2a = 2 \times 6 = 12$(cm)

답 12 cm

02 (1) 답 (구리의 양)$=97a$
(주석의 양)$=3a$

(2) $97a + 3a = 350$
$$100a = 350$$
$$a = \frac{7}{2} \ (또는 a = 3.5)$$

주석의 양은 $3a = 3 \times \frac{7}{2} = \frac{21}{2}$(g)

답 $\frac{21}{2}$ g (또는 10.5 g)

03 (1) 답 (예지의 포토 카드 수)$=3a$
(승찬이의 포토 카드 수)$=11a$

(2) $11a - 3a = 32$
$$8a = 32$$
$$a = 4$$

예지의 포토 카드 수는 $3a = 3 \times 4 = 12$(장)

답 12장

▶ 개념 마무리 1

물음에 답하세요.

※ 문자는 x, y, z, a, b, c 등
어떤 걸 사용해도 돼!

01 비가 3 : 8인 두 자연수의 합이 55일 때,
두 자연수를 구하세요.

두 자연수를 $3x, 8x$라 하면

$$3x + 8x = 55$$

$$x = 5$$

➡ $3x = 3 \times 5 = 15, \ 8x = 8 \times 5 = 40$

답: 15, 40

02 비가 4 : 1인 두 자연수의 차가 12일 때,
큰 자연수를 구하세요. $4x, \ x$

$$4x - x = 12$$

$$3x = 12$$

$$x = 4$$

➡ $4x = 4 \times 4 = 16$

답: 16

03 비가 3 : 5인 두 자연수의 합이 24일 때, $\to 3x, 5x$
작은 자연수를 구하세요.

$$3x + 5x = 24$$

$$8x = 24$$

$$x = 3$$

➡ $3x = 3 \times 3 = 9$

답: 9

04 비가 6 : 7인 두 자연수의 차가 4일 때,
큰 자연수를 구하세요. $6x, 7x$

$$7x - 6x = 4$$

$$x = 4$$

➡ $7x = 7 \times 4 = 28$

답: 28

05 비가 9 : 8인 두 자연수의 합이 34일 때, $\to 9x, 8x$
두 자연수의 차를 구하세요.

$$9x + 8x = 34$$

$$17x = 34$$

$$x = 2$$

➡ 두 자연수의 차는

$$9x - 8x = x = 2$$

답: 2

06 비가 2 : 7인 두 자연수의 차가 45일 때, $\to 2x, 7x$
두 자연수의 합을 구하세요.

$$7x - 2x = 45$$

$$5x = 45$$

$$x = 9$$

➡ 두 자연수의 합은

$$7x + 2x = 9x = 9 \times 9 = 81$$

답: 81

65쪽 풀이

※ 비례배분 대신 방정식을 이용하여 풀이해도 됩니다.

01 (안경을 쓴 사람) : (안경을 안 쓴 사람)=7 : 2

→ (안경을 쓴 사람)=$27 \times \dfrac{7}{7+2}=21$(명)

(안경을 쓴 남학생) : (안경을 쓴 여학생)=3 : 4

→ (안경을 쓴 남학생)=$21 \times \dfrac{3}{3+4}=9$(명)

(안경을 쓴 여학생)=$21 \times \dfrac{4}{3+4}=12$(명)

02 (출전하는 학생) : (출전하지 않은 학생)=4 : 1

→ (출전하는 학생)=$250 \times \dfrac{4}{4+1}=200$(명)

(육상에 나가는 학생) : (다른 종목에 나가는 학생)=1 : 4

→ (육상에 나가는 학생)=$200 \times \dfrac{1}{1+4}=40$(명)

(다른 종목에 나가는 학생)=$200 \times \dfrac{4}{1+4}=160$(명)

▶ 개념 마무리 2

물음에 답하세요.

01 우리 반 27명 중에 안경을 쓴 사람과 안 쓴 사람의 비는 7 : 2입니다. 안경을 쓴 사람 중 남학생과 여학생의 비가 3 : 4일 때, 안경을 쓴 남학생과 여학생 수를 각각 구하세요.

➡ 안경 쓴 남학생 수: **9** 명

안경 쓴 여학생 수: **12** 명

02 전교생 250명 중에서 학교 체육 대회의 경기에 출전하는 학생과 출전하지 않는 학생의 비는 4 : 1입니다. 출전하는 학생들 중 육상에 나가는 학생과 다른 종목에 나가는 학생의 비가 1 : 4일 때, 육상에 나가는 학생과 다른 종목에 나가는 학생의 수를 각각 구하세요.

➡ 육상에 나가는 학생 수: **40** 명

다른 종목에 나가는 학생 수: **160** 명

03 컴퓨터 자격증 시험에 응시한 남학생과 여학생의 비는 3 : 5이고, 차는 40명입니다. 시험에 합격한 남학생과 불합격한 남학생의 비가 7 : 3일 때, 시험에 응시한 남학생 수와 불합격한 남학생 수를 각각 구하세요.

➡ 응시한 남학생 수: **60** 명

불합격한 남학생 수: **18** 명

04 학교 도서관에 있는 만화책과 과학책의 비가 1 : 4이고, 차가 210권입니다. 오늘까지 대여된 만화책과 대여되지 않은 만화책의 비가 3 : 4일 때, 도서관의 만화책 수와 대여된 만화책 수를 각각 구하세요.

➡ 만화책 수: **70** 권

대여된 만화책 수: **30** 권

---

03 (응시한 남학생) : (응시한 여학생)=3 : 5이고, 차가 40명이므로

→ (응시한 남학생)=$3a$, (응시한 여학생)=$5a$

$5a-3a=40$

$2a=40$

$a=20$

따라서 응시한 남학생의 수는 $3a=3\times20=60$(명)

또, (합격한 남학생) : (불합격한 남학생)=7 : 3이므로

→ (합격한 남학생)=$60 \times \dfrac{7}{7+3}=42$(명)

(불합격한 남학생)=$60 \times \dfrac{3}{7+3}=18$(명)

04 (만화책) : (과학책)=1 : 4이고, 차가 210권이므로

→ (만화책 수)=a, (과학책 수)=$4a$

$4a-a=210$

$3a=210$

$a=70$

따라서 만화책 수는 70권

또, (대여된 만화책) : (대여되지 않은 만화책)=3 : 4이므로

→ (대여된 만화책)=$70 \times \dfrac{3}{3+4}=30$(권)

(대여되지 않은 만화책) = $70 \times \dfrac{4}{3+4}=40$(권)

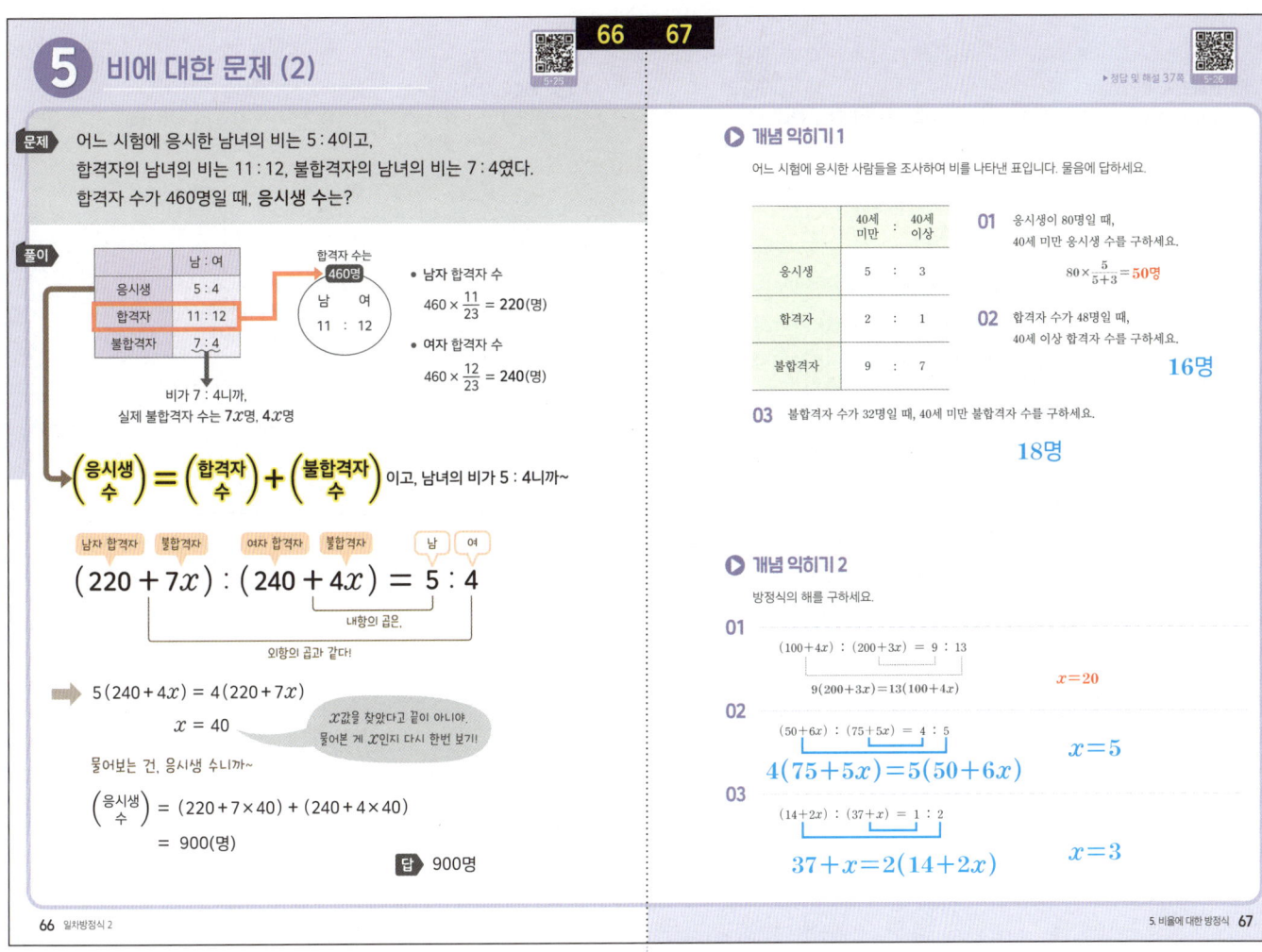

67쪽 풀이

▶ 개념 익히기 1

01 응시생은 80명,

(40세 미만 응시생) : (40세 이상 응시생)$=5:3$

→ (40세 미만 응시생)$=80\times\dfrac{5}{5+3}=50$(명)

답 50명

02 합격자 수는 48명,

(40세 미만 합격자) : (40세 이상 합격자)$=2:1$

→ (40세 이상 합격자)$=48\times\dfrac{1}{2+1}=16$(명)

답 16명

03 불합격자 수는 32명,

(40세 미만 불합격자) : (40세 이상 불합격자)$=9:7$

→ (40세 미만 불합격자)$=32\times\dfrac{9}{9+7}=18$(명)

답 18명

▶ 개념 익히기 2

01 $(100+4x):(200+3x)=9:13$

→ $9(200+3x)=13(100+4x)$

$1800+27x=1300+52x$

$500=25x$

$x=20$　　**답** $x=20$

02 $(50+6x):(75+5x)=4:5$

→ $4(75+5x)=5(50+6x)$

$300+20x=250+30x$

$50=10x$

$x=5$　　**답** $x=5$

03 $(14+2x):(37+x)=1:2$

→ $37+x=2(14+2x)$

$37+x=28+4x$

$9=3x$

$x=3$　　**답** $x=3$

▶ 개념 다지기 1

▶ 정답 및 해설 38쪽

[01~03] 어느 병원에서 **3년 이상 근무한 간호사의 수가 55명, 3년 미만 근무한 간호사의 수가 45명**일 때, 남녀 간호사의 비가 아래의 표와 같습니다. 물음에 답하세요.

	남자 간호사 : 여자 간호사
3년 이상 근무자	2 : 9
3년 미만 근무자	2 : 1
전체 근무자	**2 : 3**

01 3년 이상 근무한 남자 간호사와 여자 간호사의 수를 각각 구하세요.
3년 이상 근무한 남자 간호사: 10명
3년 이상 근무한 여자 간호사: 45명

02 3년 미만 근무한 남자 간호사와 여자 간호사의 수를 각각 구하세요.
3년 미만 근무한 남자 간호사: 30명
3년 미만 근무한 여자 간호사: 15명

03 01, 02를 이용하여 병원의 남자 간호사와 여자 간호사의 비를 구하여 표를 완성하세요.
(남자 간호사) : (여자 간호사)=2 : 3

[04~06] 어느 창고에 보관 중인 **여름용과 겨울용 의류는 상의 200벌, 하의 130벌**입니다. 여름용과 겨울용 의류의 비가 아래의 표와 같을 때, 물음에 답하세요.

	여름용 : 겨울용
상의	1 : 3
하의	4 : 9
전체	**3 : 8**

04 보관 중인 여름용 상의와 겨울용 상의의 수를 각각 구하세요.
여름용 상의: 50벌
겨울용 상의: 150벌

05 보관 중인 여름용 하의와 겨울용 하의의 수를 각각 구하세요.
여름용 하의: 40벌
겨울용 하의: 90벌

06 04, 05를 이용하여 여름용 의류와 겨울용 의류의 비를 구하여 표를 완성하세요.
(여름용 의류) : (겨울용 의류)=3 : 8

▶ 개념 다지기 2

▶ 정답 및 해설 38쪽

[01~03] 어느 도시의 소방관과 경찰관의 수를 조사하여 아래의 표와 같이 나타냈습니다. 물음에 답하세요.

	소방관 : 경찰관
전체	19 : 15
남자	3 : 1
여자	2 : 5

01 여자 소방관과 여자 경찰관의 수를 문자 x를 사용하여 나타내세요.
➡ 여자 소방관: **$2x$** (명), 여자 경찰관: **$5x$** (명)

02 남자 소방관과 남자 경찰관의 수의 합이 200명일 때, 빈칸에 알맞은 수를 쓰세요.
➡ 남자 소방관: **150**(명), 남자 경찰관: **50**(명)

$$200 \times \frac{3}{3+1}$$
$$200 \times \frac{1}{3+1}$$

03 01, 02를 이용하여 전체 소방관 수와 경찰관 수에 대한 비례식을 완성하세요.
➡ (**150**+**2**x) : (**50**+**5**x) = **19** : **15**
(남자 소방관 / 여자 소방관) (남자 경찰관 / 여자 경찰관)

[04~06] 미술 동아리실에 있는 작품 수를 조사하여 아래의 표와 같이 나타냈습니다. 물음에 답하세요.

	완성 : 미완성
전체	10 : 9
그림	14 : 15
조각	2 : 1

04 완성된 조각과 미완성 조각 수를 문자 x를 사용하여 나타내세요.
➡ 완성된 조각: **$2x$**(개), 미완성 조각: **x** (개)

05 그림이 모두 290장일 때, 완성된 그림과 미완성 그림의 수를 각각 구하세요.
➡ 완성된 그림: **140**(장), 미완성 그림: **150**(장)

$$290 \times \frac{15}{14+15}$$
$$290 \times \frac{14}{14+15}$$

06 04, 05를 이용하여 완성된 작품 수와 미완성 작품 수에 대한 비례식을 완성하세요.
➡ (**140**+**2**x) : (**150**+x) = **10** : **9**
(완성된 그림 / 완성된 조각) (미완성 그림 / 미완성 조각)

68쪽 풀이

01 3년 이상 근무한 간호사 수: 55명

$$\left(\begin{array}{c}3년\ 이상\ 근무한\\남자\ 간호사\end{array}\right) : \left(\begin{array}{c}3년\ 이상\ 근무한\\여자\ 간호사\end{array}\right)=2 : 9$$

$$\rightarrow \left(\begin{array}{c}3년\ 이상\ 근무한\\남자\ 간호사\end{array}\right)=55 \times \frac{2}{2+9}=10(명)$$

$$\left(\begin{array}{c}3년\ 이상\ 근무한\\여자\ 간호사\end{array}\right)=55 \times \frac{9}{2+9}=45(명)$$

02 3년 미만 근무한 간호사 수: 45명

$$\left(\begin{array}{c}3년\ 미만\ 근무한\\남자\ 간호사\end{array}\right) : \left(\begin{array}{c}3년\ 미만\ 근무한\\여자\ 간호사\end{array}\right)=2 : 1$$

$$\rightarrow \left(\begin{array}{c}3년\ 미만\ 근무한\\남자\ 간호사\end{array}\right)=45 \times \frac{2}{2+1}=30(명)$$

$$\left(\begin{array}{c}3년\ 미만\ 근무한\\여자\ 간호사\end{array}\right)=45 \times \frac{1}{2+1}=15(명)$$

03 (남자 간호사 수)=10+30=40(명)
(여자 간호사 수)=45+15=60(명)
→ (남자 간호사) : (여자 간호사)=40 : 60=2 : 3

04 보관 중인 상의: 200벌
(여름용 상의) : (겨울용 상의)=1 : 3

$$\rightarrow (여름용\ 상의)=200 \times \frac{1}{1+3}=50(벌)$$

$$(겨울용\ 상의)=200 \times \frac{3}{1+3}=150(벌)$$

05 보관 중인 하의: 130벌
(여름용 하의) : (겨울용 하의)=4 : 9

$$\rightarrow (여름용\ 하의)=130 \times \frac{4}{4+9}=40(벌)$$

$$(겨울용\ 하의)=130 \times \frac{9}{4+9}=90(벌)$$

06 (여름용 의류)=50+40=90(벌)
(겨울용 의류)=150+90=240(벌)
→ (여름용 의류) : (겨울용 의류)=90 : 240=3 : 8

▶ 정답 및 해설 39쪽

▶ 개념 마무리 1

[01~03] 어느 학교의 경시대회에 응시한 학생들의 비를 조사한 표입니다. 물음에 답하세요.

	남학생 : 여학생
전체	4 : 3
경시대회 응시 인원	3 : 2
경시대회 미응시 인원	9 : 7

01 경시대회에 미응시한 남학생과 여학생 수를 문자 x를 사용하여 나타내세요.
미응시한 남학생: $9x$
미응시한 여학생: $7x$

02 경시대회에 응시한 학생 수가 50명일 때, 경시대회에 응시한 남학생과 여학생 수를 각각 구하세요.
응시한 남학생: 30명
응시한 여학생: 20명

03 01, 02에서 구한 학생 수를 이용하여 전체 남학생 수와 전체 여학생 수에 대한 비례식을 세우고, 경시대회에 미응시한 여학생의 수를 구하세요.
식 $(9x+30) : (7x+20) = 4 : 3$ 답 70명

[04~06] 어느 회사에서 근무하는 사람들의 비를 조사한 표입니다. 물음에 답하세요.

	남자 : 여자
사무직	5 : 3
생산직	2 : 1
전체	17 : 9

04 사무직 남직원과 사무직 여직원 수를 문자를 사용하여 나타내세요.
예 사무직 남직원: $5x$
사무직 여직원: $3x$

05 생산직 직원 수가 270명일 때, 생산직 남직원과 생산직 여직원 수를 각각 구하세요.
생산직 남직원: 180명
생산직 여직원: 90명

06 04, 05에서 구한 직원 수를 이용하여 전체 남직원 수와 전체 여직원 수에 대한 비례식을 세우고, 사무직 여직원의 수를 구하세요.
식 $(5x+180) : (3x+90) = 17 : 9$ 답 45명

70 일차방정식 2

70쪽 풀이

02 응시한 학생 수: 50명

(응시한 남학생) : (응시한 여학생) $= 3 : 2$

$\rightarrow$ (응시한 남학생) $= 50 \times \dfrac{3}{3+2} = 30$(명)

(응시한 여학생) $= 50 \times \dfrac{2}{3+2} = 20$(명)

답 응시한 남학생: 30명
　　응시한 여학생: 20명

03 (전체 남학생 수) $= 9x + 30$

(전체 여학생 수) $= 7x + 20$

$\Rightarrow (9x+30) : (7x+20) = 4 : 3$

$\rightarrow 4(7x+20) = 3(9x+30)$

$28x + 80 = 27x + 90$

$x = 10$

경시대회에 미응시한 여학생 수는

$7x = 7 \times 10 = 70$(명)

답 70명

04 (사무직 남직원) : (사무직 여직원) $= 5 : 3$

$\rightarrow$ (사무직 남직원) $= 5x$

(사무직 여직원) $= 3x$

답 사무직 남직원: $5x$
　　사무직 여직원: $3x$

05 생산직 직원 수: 270명

(생산직 남직원) : (생산직 여직원) $= 2 : 1$

(생산직 남직원) $= 270 \times \dfrac{2}{2+1} = 180$(명)

(생산직 여직원) $= 270 \times \dfrac{1}{2+1} = 90$(명)

답 생산직 남직원: 180명
　　생산직 여직원: 90명

06 (전체 남직원) $= 5x + 180$

(전체 여직원) $= 3x + 90$

$\Rightarrow (5x+180) : (3x+90) = 17 : 9$

$\rightarrow 17(3x+90) = 9(5x+180)$

$51x + 1530 = 45x + 1620$

$6x = 90$

$x = 15$

사무직 여직원 수는

$3x = 3 \times 15 = 45$(명)

답 45명

01

	유료 입장객	:	무료 입장객	
입장객	5	:	4	➡ $19x+12$, $11x+18$
어린이	19	:	11	➡ $19x$, $11x$
어른	2	:	3	➡ 12, 18

(유료로 입장한 어린이) : (무료로 입장한 어린이) = 19 : 11
→ (유료로 입장한 어린이) = $19x$
(무료로 입장한 어린이) = $11x$

어른이 30명이고,
(유료로 입장한 어른) : (무료로 입장한 어른) = 2 : 3
→ (유료로 입장한 어른) = $30 \times \dfrac{2}{2+3} = 12$(명)
(무료로 입장한 어른) = $30 \times \dfrac{3}{2+3} = 18$(명)

(유료 입장객) = $19x+12$, (무료 입장객) = $11x+18$
➡ $(19x+12) : (11x+18) = 5 : 4$

→ $5(11x+18) = 4(19x+12)$
$55x+90 = 76x+48$
$42 = 21x$
$x = 2$

따라서 무료로 입장한 어린이는 $11x = 11 \times 2 = 22$(명)

📄 22명

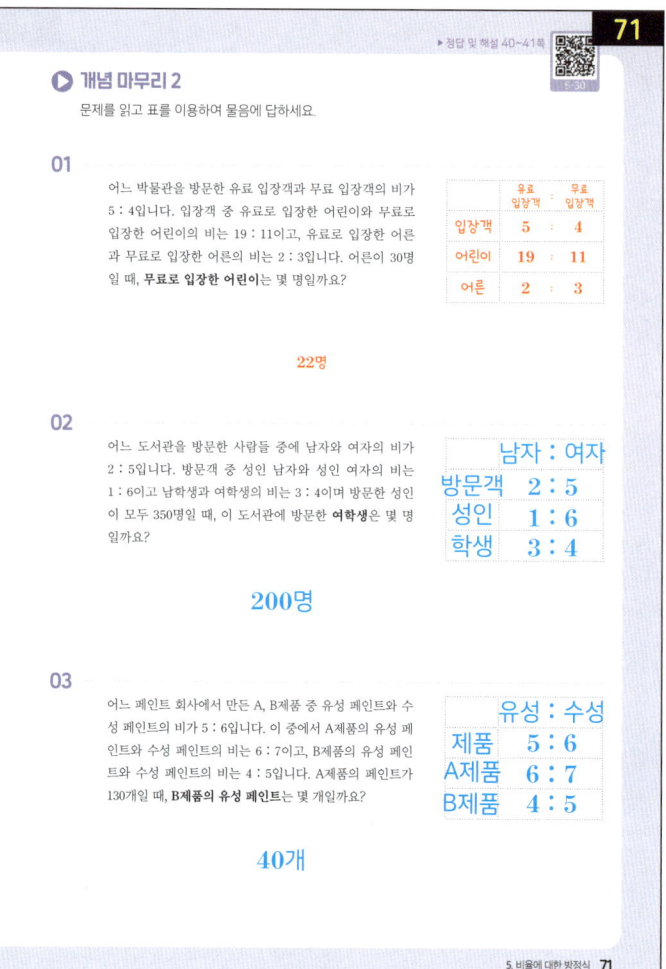

02

	남자	:	여자	
방문객	2	:	5	➡ $3x+50$, $4x+300$
성인	1	:	6	➡ 50, 300
학생	3	:	4	➡ $3x$, $4x$

도서관에 방문한 성인이 350명일 때,
(성인 남자) : (성인 여자) = 1 : 6
→ (성인 남자) = $350 \times \dfrac{1}{1+6} = 50$(명)
(성인 여자) = $350 \times \dfrac{6}{1+6} = 300$(명)

(남학생) : (여학생) = 3 : 4
→ (남학생) = $3x$, (여학생) = $4x$

(남자 방문객) = (남학생) + (성인 남자)
　　　　　　 = $3x+50$
(여자 방문객) = (여학생) + (성인 여자)
　　　　　　 = $4x+300$

➡ $(3x+50) : (4x+300) = 2 : 5$

→ $2(4x+300) = 5(3x+50)$
$8x+600 = 15x+250$
$350 = 7x$
$x = 50$

따라서 여학생은 $4x = 4 \times 50 = 200$(명)

📄 200명

03

	유성 페인트	:	수성 페인트	
제품	5	:	6	➡ $4x+60,\ 5x+70$
A제품	6	:	7	➡ 60, 70
B제품	4	:	5	➡ $4x,\ 5x$

A제품 페인트가 130개일 때,

(A의 유성 페인트) : (A의 수성 페인트)=6 : 7

→ (A의 유성 페인트)=$130 \times \dfrac{6}{6+7}=60$(개)

(A의 수성 페인트)=$130 \times \dfrac{7}{6+7}=70$(개)

(B의 유성 페인트) : (B의 수성 페인트)=4 : 5

→ (B의 유성 페인트)=$4x$

(B의 수성 페인트)=$5x$

(유성 페인트)=(A의 유성 페인트)+(B의 유성 페인트)

$\qquad\qquad = 4x+60$

(수성 페인트)=(A의 수성 페인트)+(B의 수성 페인트)

$\qquad\qquad = 5x+70$

➡ $(4x+60):(5x+70)=5:6$

→ $5(5x+70)=6(4x+60)$

$25x+350=24x+360$

$x=10$

따라서 B제품의 유성 페인트는 $4x=4 \times 10=40$(개)

답 40개

72

단원 마무리

5. 비율에 대한 방정식

01 오늘 공부한 x시간 중 $\frac{2}{5}$ 는 수학을, 남은 시간은 영어를 공부했을 때, 빈칸에 알맞은 수를 쓰시오.

오늘 영어 공부를 한 시간: $x \times \boxed{\dfrac{3}{5}}$

02 다음 중 사람 수가 가장 많은 것부터 차례로 기호를 쓰시오.

ⓐ 2000명의 15 %만큼인 사람 수
ⓑ 300명에 10 % 증가한 사람 수
ⓒ 500명에서 20 % 감소한 사람 수

ⓒ, ⓑ, ⓐ

03 120 cm짜리 철사를 이용하여 가로와 세로의 비가 2 : 3인 직사각형을 만들었습니다. 이때, 가로는 몇 cm인지 구하시오.

24 cm

04 다음 상황을 식으로 바르게 나타낸 것은? ③

작년에는 키가 x cm였는데 올해는 작년보다 5 %가 자라서 168 cm가 되었다.

① $x + 5x = 168$
② $\frac{1}{5}x = 168$
③ $x + \frac{1}{20}x = 168$
④ $x - \frac{1}{20}x = 168$
⑤ $\frac{1}{20}x = 168$

05 우리 반 학생 20명 중 $\frac{3}{10}$ 은 농구를 하고, 나머지의 $\frac{4}{7}$ 는 배드민턴을 칠 때, 농구도 배드민턴도 하지 않는 학생은 몇 명인지 구하시오.

6명

72쪽 풀이

02 ⓐ $20\cancel{00} \times \dfrac{15}{1\cancel{00}} = 300$

ⓑ $300 + 3\cancel{00} \times \dfrac{10}{1\cancel{00}} = 330$

ⓒ $500 - 5\cancel{00} \times \dfrac{20}{1\cancel{00}} = 400$

➡ ⓒ 400명, ⓑ 330명, ⓐ 300명

🔲답 ⓒ, ⓑ, ⓐ

---

03 (가로) : (세로) = 2 : 3 → (가로) = $2x$, (세로) = $3x$

(가로) + (세로) = $120 \div 2 = 60$(cm)

→ $2x + 3x = 60$

$\quad\quad 5x = 60$

$\quad\quad x = 12$

따라서 가로의 길이는 $2x = 2 \times 12 = 24$(cm)

🔲답 24 cm

---

04 x cm에서 5 % 자라서 168 cm가 되었다.

$x + x \times \dfrac{5}{100} = 168$

→ $x + x \times \dfrac{1}{20} = 168$

$x + \dfrac{1}{20}x = 168$

🔲답 ③

05

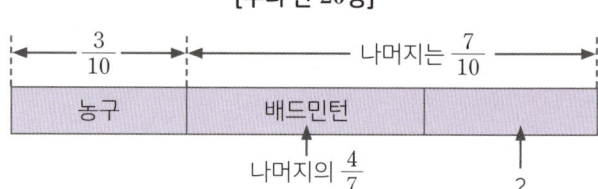

[우리 반 20명]

(농구) = $20 \times \dfrac{3}{10} = 6$(명)

(배드민턴) = $20 \times \dfrac{7}{10} \times \dfrac{4}{7} = 8$(명)

따라서 농구도 배드민턴도 하지 않은 학생은
$20 - 6 - 8 = 6$(명)

🔲답 6명

06 175명에서 $x\,\%$가 늘어서 189명이 되었다.

$$175 \;+\; 175\times\dfrac{x}{100} = 189$$

$$\rightarrow 17500+175x=18900$$

$$175x=1400$$

$$x=8$$

🔲 $x=8$

07 $(10+3x):(18+5x)=4:7$

$$\rightarrow 4(18+5x)=7(10+3x)$$

$$72+20x=70+21x$$

$$x=2$$

🔲 $x=2$

08 x원에서 30 % 오른 금액이 19500원이다.

$$x \;+\; x\times\dfrac{3\cancel{0}}{10\cancel{0}} = 19500$$

$$\rightarrow 10x+3x=195000$$

$$13x=195000$$

$$x=15000$$

🔲 $x=15000$

09 비가 2 : 7인 두 자연수를 $2x, 7x$라고 하면
큰 수의 2배는 작은 수의 5배보다 20만큼 더 크다.

$$7x\times 2 \;=\; 2x\times 5 \;+\; 20$$

$$\rightarrow 14x=10x+20$$

$$4x=20$$

$$x=5$$

따라서 작은 수는 $2x=2\times 5=10$

🔲 10

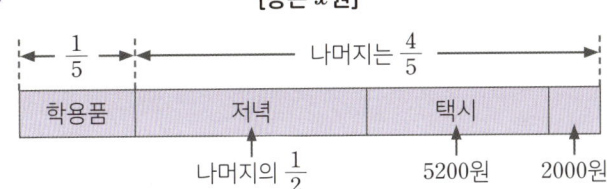

06 올해 입학생 수는 작년 입학생 175명에서 $x\,\%$가 늘어서 189명이 되었습니다. x의 값을 구하시오.

$$x=8$$

07 다음 비례식을 만족시키는 x의 값을 구하시오.

$$(10+3x):(18+5x)=4:7$$

$$x=2$$

08 x원에서 30 % 오른 금액이 19500원일 때, x의 값을 구하시오.

$$x=15000$$

09 비가 2 : 7인 두 자연수가 있다. 두 수 중 큰 수의 2배는 작은 수의 5배보다 20만큼 더 클 때, 작은 수를 구하시오.

$$10$$

10 다음 중 옳지 않은 것은? ③

용돈 x원의 $\dfrac{1}{5}$은 학용품을 사고, 나머지의 $\dfrac{1}{2}$은 저녁을 먹었다. 택시비로 5200원을 썼더니 남은 용돈이 2000원이다.

① 학용품을 산 금액은 $\dfrac{1}{5}x$원이다.
② 저녁을 먹은 금액은 $\dfrac{2}{5}x$원이다.
③ 학용품을 사고, 저녁 먹은 뒤, 남은 용돈은 $\dfrac{2}{5}x$ ~~$\dfrac{3}{5}$원~~이다.
④ 용돈은 총 18000원이다.
⑤ 학용품을 산 금액은 3600원이다.

5. 비율에 대한 방정식 73

10
[용돈 x원]

학용품 $\dfrac{1}{5}$ — 나머지는 $\dfrac{4}{5}$

| 학용품 | 저녁 | 택시 | |

나머지의 $\dfrac{1}{2}$ / 5200원 / 2000원

$$(\text{학용품})=x\times\dfrac{1}{5}=\dfrac{1}{5}x \qquad (\text{저녁})=x\times\dfrac{4}{5}\times\dfrac{1}{2}=\dfrac{2}{5}x$$

➡ $(\text{학용품})+(\text{저녁})+(\text{택시비})+(2000원)=(\text{전체})$

$$\dfrac{1}{5}x+\dfrac{2}{5}x+5200+2000=x$$

$$\dfrac{3}{5}x+7200=x$$

$$7200=\dfrac{2}{5}x$$

$$x=18000$$

③ 학용품을 사고, 저녁 먹은 뒤, 남은 용돈은 $\dfrac{2}{5}x$원이다.

$$x \;-\;\dfrac{1}{5}x \;-\;\dfrac{2}{5}x \;=\;\dfrac{2}{5}x$$

⑤ $\dfrac{1}{5}x=\dfrac{1}{5}\times 18000=3600(\text{원})$이므로

학용품을 산 금액은 3600원이다.

🔲 ③

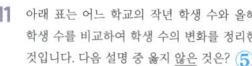

단원 마무리

11 아래 표는 어느 학교의 작년 학생 수와 올해 학생 수를 비교하여 학생 수의 변화를 정리한 것입니다. 다음 설명 중 옳지 않은 것은? ⑤

	남학생	여학생	전체
작년	x명	$(250-x)$명	250명
변화량	1 % 감소	4 % 증가	5명 증가

① 작년 남학생이 100명이면, 작년 여학생은 150명이다.
② 작년 남학생이 100명이면, 올해 감소한 남학생 수는 1명이다.
③ 작년 여학생이 150명이면, 올해 늘어난 여학생 수는 6명이다.
✓④ 올해 전체 학생 수는 255명이다.
⑤ 올해 전체 학생 수는 작년에 비해 2 % 미만으로 증가했다.

12 공연 준비를 하기 위해 모인 학생들 중 $\frac{1}{2}$은 무대를 설치하고, 전체의 $\frac{1}{4}$은 의자를 배치했습니다. 나머지 5명은 초대장을 나눠주기로 했다면 공연 준비를 위해 모인 학생은 모두 몇 명인지 구하시오.

20명

[13~15] 올해 학생 수를 알기 위해 작년 학생 수와 변화된 양을 표로 정리하였습니다. 물음에 답하시오.

	남자	여자	전체
작년	x명	$(180-x)$명	180명
변화량	2 % 감소	5 % 감소	6명 감소

13 올해 남학생 수의 변화량을 x에 대한 식으로 나타내시오.

$$-\frac{1}{50}x$$

14 올해 여학생 수의 변화량을 x에 대한 식으로 나타내시오.

$$-\frac{1}{20}(180-x)$$

15 13, 14에서 구한 식을 이용하여 x에 대한 방정식을 만들고 x의 값을 구하시오.
식 $\frac{1}{50}x - \frac{1}{20}(180-x) = -6$
답 $x=100$

74쪽 풀이

11 ① 작년 여학생은 $250-100=150$(명)

② 100명에서 1 % 감소하니까 $100 \times \frac{1}{100} = 1$(명) 감소

③ 150명에서 4 % 증가하니까 $150 \times \frac{4}{100} = 6$(명) 증가

④ 올해 전체 학생 수는 $250+5=255$(명)

⑤ $\frac{5}{250} \times 100 = 2$(%)이므로 2 %만큼 증가했다.

답 ⑤

12
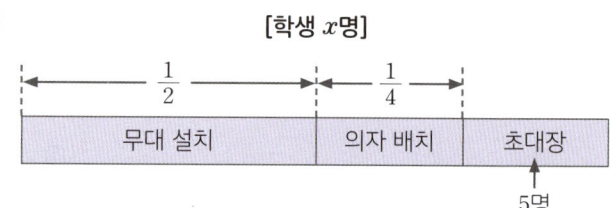

[학생 x명]

$\frac{1}{2}$ $\frac{1}{4}$

| 무대 설치 | 의자 배치 | 초대장 |

5명

(무대 설치)$=x \times \frac{1}{2} = \frac{1}{2}x$ (의자 배치)$=x \times \frac{1}{4} = \frac{1}{4}x$

➡ (무대 설치)+(의자 배치)+(5명)=(전체)

$\rightarrow \frac{1}{2}x + \frac{1}{4}x + 5 = x$

$2x + x + 20 = 4x$

$x = 20$

답 20명

15 $\begin{pmatrix} \text{남학생 수의} \\ \text{변화량} \end{pmatrix} + \begin{pmatrix} \text{여학생 수의} \\ \text{변화량} \end{pmatrix} = \begin{pmatrix} \text{전체 학생 수의} \\ \text{변화량} \end{pmatrix}$

$-\frac{1}{50}x - \frac{1}{20}(180-x) = -6$

$-2x - 5(180-x) = -600$

$-2x - 900 + 5x = -600$

$3x = 300$

$x = 100$

답 $x=100$

13 x명에서 2 % 감소
$\rightarrow -x \times \frac{2}{100} = -\frac{1}{50}x$

답 $-\frac{1}{50}x$

14 $(180-x)$명에서 5 % 감소
$\rightarrow -(180-x) \times \frac{5}{100} = -\frac{1}{20}(180-x)$

답 $-\frac{1}{20}(180-x)$

16 테니스 부원이 22명이고,

(남자 테니스 부원) : (여자 테니스 부원)=2 : 9

→ (남자 테니스 부원)=$22 \times \dfrac{2}{2+9}=4$(명)

(여자 테니스 부원)=$22 \times \dfrac{9}{2+9}=18$(명)

답 남자 테니스 부원: 4명
여자 테니스 부원: 18명

17 (남자 탁구 부원) : (여자 탁구 부원)=2 : 1

→ 여자 탁구 부원이 x명이므로
(남자 탁구 부원)=$2x$

답 $2x$

18

	남자	:	여자	
테니스	2	:	9	➡ 4, 18
탁구	2	:	1	➡ $2x$, x
전체	2	:	3	➡ $2x+4$, $x+18$

➡ $(2x+4) : (x+18)=2 : 3$

→ $2(x+18)=3(2x+4)$

$2x+36=6x+12$

$24=4x$

$x=6$

따라서 전체 남자 부원 수는 $2x+4=2 \times 6+4=16$(명)
전체 여자 부원 수는 $x+18=6+18=24$(명)

답 전체 남자 부원: 16명
전체 여자 부원: 24명

19 작년 부품 생산량을 x개라고 하면, 올해는
작년보다 25 %만큼 늘고 1000개가 더 늘어 15000개가 됨

$x+\ x \times \dfrac{25}{100}\ +\ 1000\ =\ 15000$

→ $4x+x+4000=60000$

$5x=56000$

$x=11200$

답 11200개

[16-18] 테니스와 탁구 동아리의 남자 부원과 여자 부원의 수를 조사하여 아래의 표로 만들었습니다. 테니스 부원이 22명일 때, 물음에 답하시오.

	남자	:	여자
테니스	2	:	9
탁구	2	:	1
전체	2	:	3

16 남자 테니스 부원과 여자 테니스 부원의 수를 각각 구하시오.

남자 테니스 부원: **4** 명

여자 테니스 부원: **18** 명

17 여자 탁구 부원의 수를 x명이라고 할 때, 남자 탁구 부원의 수를 x에 대한 식으로 나타내시오.

$2x$

18 두 동아리 전체 남자 부원과 여자 부원의 비를 이용하여 전체 남녀 부원의 수를 구하시오.

전체 남자 부원: **16** 명

전체 여자 부원: **24** 명

19 A공장에서 올해 조립한 부품의 생산량은 작년보다 25 %만큼 늘고 1000개가 더 늘어 총 15000개를 만들었습니다. 이 공장의 작년 부품 생산량을 구하시오.

11200개

20 4월 자격증 시험은 3월 자격증 시험에 비해 응시한 사람 수는 2명이 더 많았고, 합격자 수는 3 % 감소하고, 불합격자 수는 5 % 증가했습니다. 3월 자격증 시험에 응시한 사람 수가 200명일 때, 4월 자격증 시험에서 합격한 사람 수는 몇 명인지 구하시오.

97명

---

20 3월 합격자 수를 x명이라고 하면,

	합격자	불합격자	전체
3월	x명	$(200-x)$명	200명
변화량	-3 %	$+5$ %	$+2$명

변화량으로 방정식을 세우면

$-x \times \dfrac{3}{100}+(200-x) \times \dfrac{5}{100}=2$

$-3x+5(200-x)=200$

$-3x+1000-5x=200$

$-8x=-800$

$x=100$

따라서 4월 자격증 시험에서 합격한 사람 수는

$x-x \times \dfrac{3}{100}=100-100 \times \dfrac{3}{100}=97$(명)

답 97명

단원 마무리 ▶ 정답 및 해설 46쪽

21 전교 회장 선거에 출마한 남학생과 여학생의 비는 3 : 4이고, 남학생과 여학생 수의 차는 7명입니다. 남학생 중 2학년과 3학년의 비가 1 : 2일 때, 물음에 답하시오. (단, 회장 선거에는 1학년이 지원할 수 없습니다.)

(1) 회장 선거에 출마한 남학생과 여학생의 수를 각각 구하시오.

남학생 수: 21명
여학생 수: 28명

(2) 회장 선거에 출마한 3학년 남학생의 수를 구하시오.

14명

22 학교에서 영어 시험에 응시한 남녀의 비는 7 : 9, 합격자의 남녀의 비는 6 : 5, 불합격자의 남녀의 비는 8 : 13이었습니다. 합격자 수가 110명일 때, 응시생 수는 몇 명인지 구하시오.

─ 풀이 ─

320명

23 O, X 퀴즈에서 어떤 문제에 O를 택한 학생이 전체의 $\frac{1}{3}$이고, 나머지는 X를 택했습니다. O를 택한 학생 4명이 X로 답을 바꾸었더니 O를 택한 학생 수의 3배가 X를 택한 학생 수가 되었습니다. 전체 학생 수는 몇 명인지 구하시오.

─ 풀이 ─

48명

76 일차방정식 2

23 전체 학생 수를 x명이라고 하면

처음에 O를 택한 학생은 $\frac{1}{3}x$명, X를 택한 학생은 $\frac{2}{3}x$명,

처음에 O를 택한 학생 중 4명이 X로 답을 바꾸면

O를 택한 학생은 $\left(\frac{1}{3}x-4\right)$명, X를 택한 학생은 $\left(\frac{2}{3}x+4\right)$명 입니다.

최종으로 O를 택한 학생 수의 3배가 X를 택한 학생 수와 같으므로

$$→ \left(\frac{1}{3}x-4\right)\times 3=\frac{2}{3}x+4$$
$$x-12=\frac{2}{3}x+4$$
$$3x-36=2x+12$$
$$x=48$$

답 48명

76쪽 풀이

21 (1) (남학생) : (여학생)＝3 : 4이므로
→ (남학생 수)＝$3x$, (여학생 수)＝$4x$
남학생과 여학생 수의 차가 7명이므로
→ $4x-3x=7$, $x=7$
따라서 회장 선거에 출마한 남학생 수는 $3x=3\times 7=21$(명),
여학생 수는 $4x=4\times 7=28$(명)

답 남학생 수: 21명
여학생 수: 28명

(2) (2학년 남학생) : (3학년 남학생)＝1 : 2이므로
→ (3학년 남학생 수)＝$21\times\dfrac{2}{1+2}=14$(명)

답 14명

22

	남자	:	여자	
응시생	7	:	9	➡ $8x+60$, $13x+50$
합격자	6	:	5	➡ 60, 50
불합격자	8	:	13	➡ $8x$, $13x$

합격자가 110명일 때,
(남자 합격자) : (여자 합격자)＝6 : 5
→ (남자 합격자)＝$110\times\dfrac{6}{6+5}=60$(명)

(여자 합격자)＝$110\times\dfrac{5}{6+5}=50$(명)

(남자 불합격자) : (여자 불합격자)＝8 : 13
→ (남자 불합격자)＝$8x$, (여자 불합격자)＝$13x$

(남자 응시생)＝(남자 불합격자)＋(남자 합격자)
$=8x+60$
(여자 응시생)＝(여자 불합격자)＋(여자 합격자)
$=13x+50$

➡ $(8x+60) : (13x+50)=7 : 9$

→ $7(13x+50)=9(8x+60)$
$91x+350=72x+540$
$19x=190$
$x=10$

따라서 응시생 수는
$(8x+60)+(13x+50)=21x+110=210+110=320$(명)

답 320명

1 농도는 진하기

▶ 정답 및 해설 47쪽

농 도 : 진한 정도

진하다 · 정도

① 초록 물감 → 물감 물 100 g
② 초록 물감 → 물감 물 100 g
③ 초록 물감 → 물감 물 100 g

③ 제일 진한 게 3번이니까 농도도 제일 높지~

바둑돌로 진한 정도를 나타낸다면?

검은 돌은 똑같이 10개지만 전체 개수가 다르니까 진한 정도도 다르겠지~

검은 돌: 10개
전체: 100개

검은 돌: 10개
전체: 20개

전체에 대한 검은 돌의 비율

$\frac{10}{100} = \frac{1}{10}$

$\frac{10}{20} = \frac{1}{2}$

비율! 비율로 진한 정도를 나타낼 수 있구나~

▶ 개념 익히기 1

농도가 제일 높은 것에 V표 하세요.

01
02
03

▶ 개념 익히기 2

바둑돌을 보고 전체에 대한 검은 돌의 비율을 분수로 나타내세요.

01
검은 돌 수: **13**
전체 돌 수: **20**
➡ 전체에 대한 검은 돌의 비율:
$\frac{13}{20}$

02
검은 돌 수: **7**
전체 돌 수: **20**
➡ 전체에 대한 검은 돌의 비율:
$\frac{7}{20}$

03
검은 돌 수: **17**
전체 돌 수: **20**
➡ 전체에 대한 검은 돌의 비율:
$\frac{17}{20}$

2 농도를 %로 나타내기

▶ 정답 및 해설 47쪽

농도는~

전체를 100으로 생각했을 때의 비율로 액체나 기체에서 구성하는 성분의 양을 %로 나타낸 것

농도 공식

$$(\text{농도}) = \frac{(\text{부분}_{\text{의 양}})}{(\text{전체}_{\text{의 양}})} \times 100$$

문제
소금 2 g
소금물 50 g
➡ 소금물의 농도는?
$\frac{2}{50} \times 100 = 4$
답 4 %

문제 물 85 g에 소금 15 g을 녹여서 소금물을 만들었다. 만든 소금물의 농도는?

풀이
물 85 g + 소금 15 g = 소금물 100 g

둘을 더해야 전체!

농도를 구할 때는 물과 소금을 합한 **소금물**이 전체!

➡ $\frac{15}{100} \times 100 = 15$
답 15 %

▶ 개념 익히기 1

빈칸을 알맞게 채워서 소금물의 농도를 구하세요.

01
소금 20 g
소금물 100 g
➡ 소금물의 농도:
$\frac{20}{100} \times 100 = 20(\%)$

02
소금 10 g
소금물 100 g
➡ 소금물의 농도:
$\frac{10}{100} \times 100 = 10(\%)$

03
소금 1 g
소금물 100 g
➡ 소금물의 농도:
$\frac{1}{100} \times 100 = 1(\%)$

▶ 개념 익히기 2

빈칸을 채워서 농도를 구하는 식을 완성하세요.

01
물 80 g ↓ 소금 20 g
소금물 **100** g
➡ $(\text{농도}) = \frac{20}{100} \times 100$

02
물 240 g ↓ 소금 10 g
소금물 **250** g
➡ $(\text{농도}) = \frac{10}{250} \times 100$

03
물 50 g ↓ 소금 50 g
소금물 **100** g
➡ $(\text{농도}) = \frac{50}{100} \times 100$

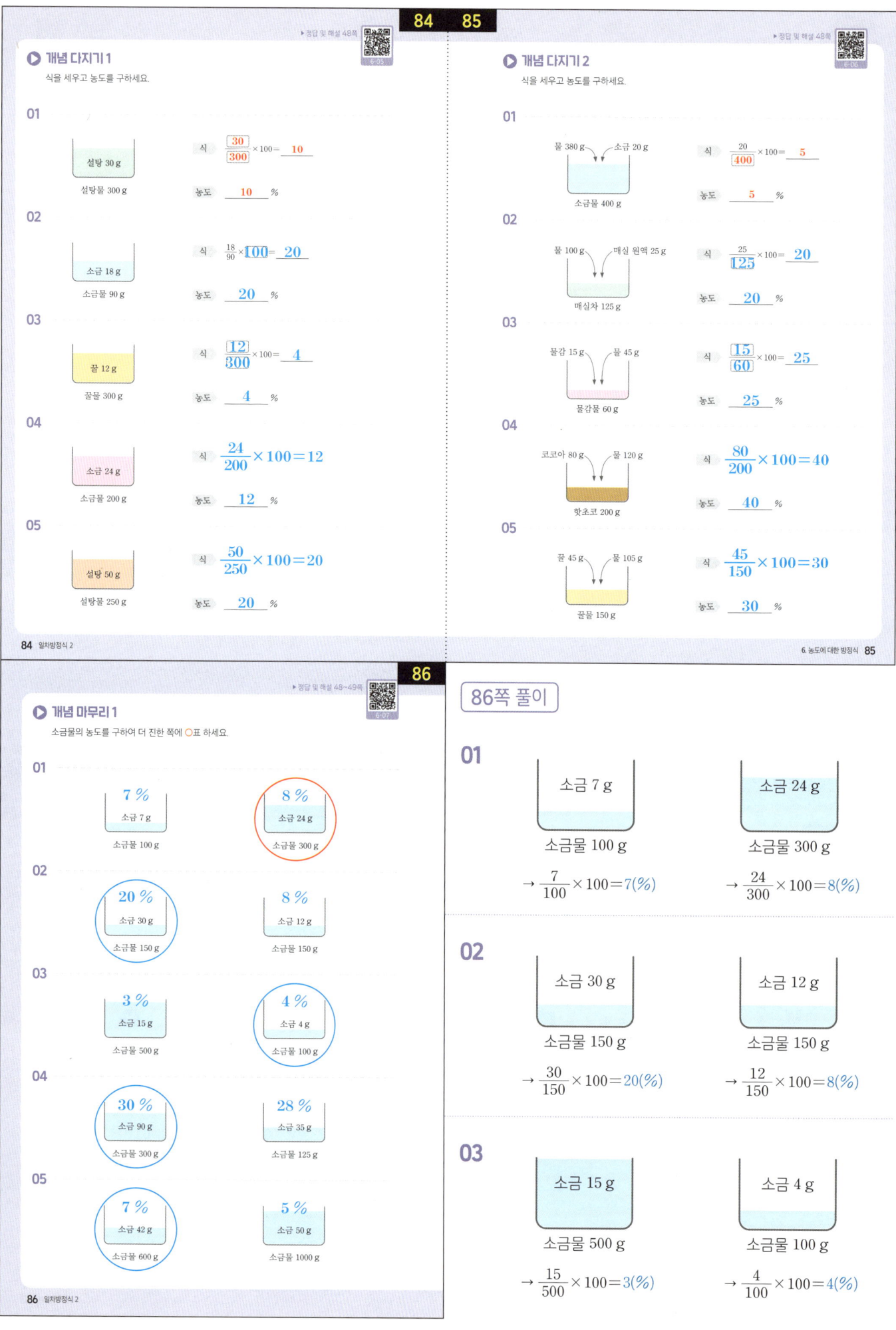

개념 다지기 1
식을 세우고 농도를 구하세요.

▶정답 및 해설 48쪽

01
설탕 30 g
설탕물 300 g

식 $\dfrac{30}{300} \times 100 =$ __10__

농도 __10__ %

02
소금 18 g
소금물 90 g

식 $\dfrac{18}{90} \times 100 =$ __20__

농도 __20__ %

03
꿀 12 g
꿀물 300 g

식 $\dfrac{12}{300} \times 100 =$ __4__

농도 __4__ %

04
소금 24 g
소금물 200 g

식 $\dfrac{24}{200} \times 100 = 12$

농도 __12__ %

05
설탕 50 g
설탕물 250 g

식 $\dfrac{50}{250} \times 100 = 20$

농도 __20__ %

개념 다지기 2
식을 세우고 농도를 구하세요.

▶정답 및 해설 48쪽

01
물 380 g → 소금 20 g
소금물 400 g

식 $\dfrac{20}{400} \times 100 =$ __5__

농도 __5__ %

02
물 100 g → 매실 원액 25 g
매실차 125 g

식 $\dfrac{25}{125} \times 100 =$ __20__

농도 __20__ %

03
물감 15 g → 물 45 g
물감물 60 g

식 $\dfrac{15}{60} \times 100 =$ __25__

농도 __25__ %

04
코코아 80 g → 물 120 g
핫초코 200 g

식 $\dfrac{80}{200} \times 100 = 40$

농도 __40__ %

05
꿀 45 g → 물 105 g
꿀물 150 g

식 $\dfrac{45}{150} \times 100 = 30$

농도 __30__ %

개념 마무리 1
소금물의 농도를 구하여 더 진한 쪽에 ○표 하세요.

▶정답 및 해설 48~49쪽

01
7 %
소금 7 g
소금물 100 g

8 %
소금 24 g
소금물 300 g

02
20 %
소금 30 g
소금물 150 g

8 %
소금 12 g
소금물 150 g

03
3 %
소금 15 g
소금물 500 g

4 %
소금 4 g
소금물 100 g

04
30 %
소금 90 g
소금물 300 g

28 %
소금 35 g
소금물 125 g

05
7 %
소금 42 g
소금물 600 g

5 %
소금 50 g
소금물 1000 g

86쪽 풀이

01
소금 7 g
소금물 100 g
$\rightarrow \dfrac{7}{100} \times 100 = 7(\%)$

소금 24 g
소금물 300 g
$\rightarrow \dfrac{24}{300} \times 100 = 8(\%)$

02
소금 30 g
소금물 150 g
$\rightarrow \dfrac{30}{150} \times 100 = 20(\%)$

소금 12 g
소금물 150 g
$\rightarrow \dfrac{12}{150} \times 100 = 8(\%)$

03
소금 15 g
소금물 500 g
$\rightarrow \dfrac{15}{500} \times 100 = 3(\%)$

소금 4 g
소금물 100 g
$\rightarrow \dfrac{4}{100} \times 100 = 4(\%)$

04

소금 90 g
소금물 300 g
→ $\frac{90}{300} \times 100 = 30(\%)$

소금 35 g
소금물 125 g
→ $\frac{35}{125} \times 100 = 28(\%)$

05

소금 42 g
소금물 600 g
→ $\frac{42}{600} \times 100 = 7(\%)$

소금 50 g
소금물 1000 g
→ $\frac{50}{1000} \times 100 = 5(\%)$

개념 마무리 2

물음에 답하세요.

01 물 112 g에 꿀 28 g을 섞어서 만든 꿀물의 농도는 몇 %일까요?

꿀 28 g
꿀물 140 g
식 $\frac{28}{140} \times 100 = 20$ 답 20 %

02 소금물 200 g에 소금 20 g이 녹아있을 때, 소금물의 농도는 몇 %일까요?

소금 20 g
소금물 200 g
식 $\frac{20}{200} \times 100 = 10$ 답 10 %

03 물 570 g에 소금 30 g을 녹여서 만든 소금물의 농도는 몇 %일까요?

소금 30 g
소금물 600 g
식 $\frac{30}{600} \times 100 = 5$ 답 5 %

04 설탕물 350 g에 설탕 70 g이 들어있을 때, 설탕물의 농도는 몇 %일까요?

설탕 70 g
설탕물 350 g
식 $\frac{70}{350} \times 100 = 20$ 답 20 %

05 물 140 g과 소금 60 g을 섞어서 만든 소금물의 농도는 몇 %일까요?

소금 60 g
소금물 200 g
식 $\frac{60}{200} \times 100 = 30$ 답 30 %

88   89

3 소금물의 양 구하기

▶ 정답 및 해설 49쪽

$$(농도) = \frac{(부분의 양)}{(전체의 양)} \times 100$$

이 부분만 모른다면 방정식을 세워서 해결할 수 있지!

문제 수조의 물에 소금 20 g을 넣었더니 농도가 16 %인 소금물이 되었다. 소금물의 양은 몇 g일까?

먼저 그림으로 그려 봐~

농도 16 %
소금 20 g
소금물 ? g

농도에 대한 문제가 나오면 그림을 그리고, 3가지를 표시해 봐~ 이때, 모르는 것은 x로 두기!

농도 %
소금 g
소금물 g

16 %
20 g
x g
→ $16 = \frac{20}{x} \times 100$

농도 공식에 대입하기

$$16 = \frac{2000}{x}$$

계산하는 방법은 여러 가지야~

양변에 x를 똑같이 곱해서 계산

$x \times 16 = \frac{2000}{x} \times x$

$16x = 2000$

✕표 모양으로 곱해서 계산

$\frac{16}{1} \times \frac{2000}{x}$

$16x = 2000$

$x = 125$

답 125 g

개념 익히기 1

문장을 읽고 그림의 빈칸을 알맞게 채우세요. (모르는 값은 문자 x로 쓰세요.)

01 3 %의 소금물에 소금이 4 g 있다.

농도 3 %
소금 4 g
소금물 x g

02 7 %의 소금물에 소금이 10 g 있다.

농도 7 %
소금 10 g
소금물 x g

03 2 %의 소금물 62 g 있다.

농도 2 %
소금 x g
소금물 62 g

개념 익히기 2

분수 모양의 식을 ✕표 모양으로 곱하는 식을 나타내 보세요.

01 $\frac{9}{x+1} \times \frac{4}{5}$

$9 \times 5 = 4 \times (x+1)$

02 $\frac{15}{2} \times \frac{400}{x}$

$15 \times x = 400 \times 2$

03 $\frac{20}{1} \times \frac{400}{x+100}$

$20 \times x+100 = 400$

90 91

▸정답 및 해설 50쪽 6-11

개념 다지기 1

그림을 보고 농도를 식으로 나타내 보세요.

01

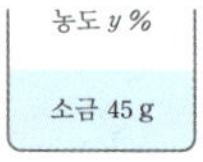
농도 y %
소금 45 g
소금물 x g

식 $y=\frac{45}{x}\times 100$

02

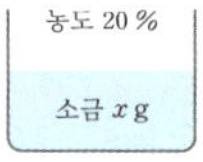
농도 20 %
소금 x g
소금물 y g

식 $20=\frac{x}{y}\times 100$

03

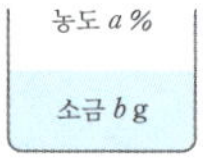
농도 a %
소금 b g
소금물 c g

식 $a=\frac{b}{c}\times 100$

04

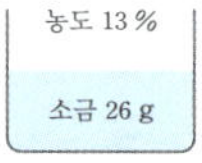
농도 13 %
소금 26 g
소금물 a g

식 $13=\frac{26}{a}\times 100$

05

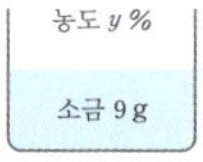
농도 y %
소금 9 g
소금물 z g

식 $y=\frac{9}{z}\times 100$

▸정답 및 해설 50쪽 6-12

개념 다지기 2

방정식의 해를 구하세요.

01 $4=\frac{5200}{x+100}$

$4(x+100)=5200$

$x+100=1300$

$x=1200$

답: $x=1200$

02 $\frac{12}{7}=\frac{96}{x}$

답: $x=56$

03 $14=\frac{9800}{x}$

답: $x=700$

04 $24=\frac{30}{x}\times 100$

답: $x=125$

05 $\frac{91}{x-200}=\frac{13}{6}$

답: $x=242$

06 $8=\frac{5000}{x+150}$

답: $x=475$

91쪽 풀이

02 $\frac{12}{7}=\frac{96}{x}$

$\rightarrow 12x=7\times 96$

$x=\frac{7\times \overset{8}{\cancel{96}}}{\underset{1}{\cancel{12}}}=56$

답 $x=56$

03 $14=\frac{9800}{x}$

$\rightarrow 14x=9800$

$x=700$

답 $x=700$

04 $24=\frac{30}{x}\times 100$

$\rightarrow 24=\frac{3000}{x}$

$24x=3000$

$x=125$

답 $x=125$

05 $\frac{91}{x-200}=\frac{13}{6}$

$\rightarrow 91\times 6=13(x-200)$

$\frac{\overset{7}{\cancel{91}}\times 6}{\underset{1}{\cancel{13}}}=x-200$

$42=x-200$

$x=242$

답 $x=242$

06 $8=\frac{5000}{x+150}$

$\rightarrow 8(x+150)=5000$

$8x+1200=5000$

$8x=3800$

$x=475$

답 $x=475$

01 방정식을 풀면

$$\frac{40}{x+40} \times 100 = 25$$

$$\frac{4000}{x+40} = 25$$

$$4000 = 25(x+40)$$

$$160 = x+40$$

$$x = 120$$

답 $x=120$

02 방정식을 풀면

$$\frac{10}{x} \times 100 = 20$$

$$\frac{1000}{x} = 20$$

$$1000 = 20x$$

$$x = 50$$

답 $x=50$

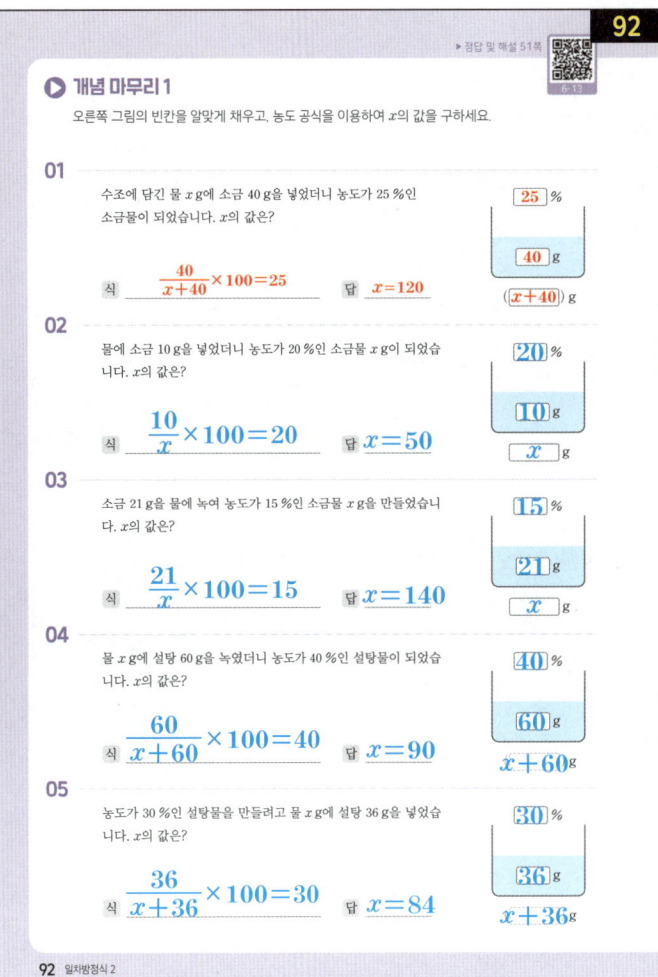

▶ 정답 및 해설 51쪽

▶ 개념 마무리 1

오른쪽 그림의 빈칸을 알맞게 채우고, 농도 공식을 이용하여 x의 값을 구하세요.

01 수조에 담긴 물 x g에 소금 40 g을 넣었더니 농도가 25 %인 소금물이 되었습니다. x의 값은?

식 $\frac{40}{x+40} \times 100 = 25$ 답 $x=120$

25 %
40 g
($x+40$) g

02 물에 소금 10 g을 넣었더니 농도가 20 %인 소금물 x g이 되었습니다. x의 값은?

식 $\frac{10}{x} \times 100 = 20$ 답 $x=50$

20 %
10 g
x g

03 소금 21 g을 물에 녹여 농도가 15 %인 소금물 x g을 만들었습니다. x의 값은?

식 $\frac{21}{x} \times 100 = 15$ 답 $x=140$

15 %
21 g
x g

04 물 x g에 설탕 60 g을 녹였더니 농도가 40 %인 설탕물이 되었습니다. x의 값은?

식 $\frac{60}{x+60} \times 100 = 40$ 답 $x=90$

40 %
60 g
$x+60$ g

05 농도가 30 %인 설탕물을 만들려고 물 x g에 설탕 36 g을 넣었습니다. x의 값은?

식 $\frac{36}{x+36} \times 100 = 30$ 답 $x=84$

30 %
36 g
$x+36$ g

03 방정식을 풀면

$$\frac{21}{x} \times 100 = 15$$

$$\frac{2100}{x} = 15$$

$$2100 = 15x$$

$$x = 140$$

답 $x=140$

04 방정식을 풀면

$$\frac{60}{x+60} \times 100 = 40$$

$$\frac{6000}{x+60} = 40$$

$$6000 = 40(x+60)$$

$$150 = x+60$$

$$x = 90$$

답 $x=90$

05 방정식을 풀면

$$\frac{36}{x+36} \times 100 = 30$$

$$\frac{3600}{x+36} = 30$$

$$3600 = 30(x+36)$$

$$120 = x+36$$

$$x = 84$$

답 $x=84$

93쪽 풀이

02 소금물의 양을 x g이라고 할 때,

$$\frac{30}{x} \times 100 = 2$$

$$\frac{3000}{x} = 2$$

$$3000 = 2x$$

$$x = 1500$$

농도 2 %

소금 30 g

소금물 x g

답 1500 g

---

03 물통에 있던 물의 양을 x g이라고 할 때,
농도 공식으로 방정식을 세우면

$$\frac{35}{x+35} \times 100 = 50$$

$$\frac{3500}{x+35} = 50$$

$$3500 = 50(x+35)$$

$$70 = x + 35$$

$$x = 35$$

농도 50 %

설탕 35 g

설탕물 $(x+35)$ g

답 35 g

---

04 물 480 g에 소금 120 g을 넣어 소금물을
만들었으므로 소금물은 600 g이다.

따라서 소금물의 농도는

$$\frac{120}{600} \times 100 = 20(\%)$$

소금 120 g

소금물 $(480+120)$ g

답 20 %

---

05 소금물의 양을 x g이라고 할 때,

$$\frac{20}{x} \times 100 = 16$$

$$\frac{2000}{x} = 16$$

$$2000 = 16x$$

$$x = 125$$

농도 16 %

소금 20 g

소금물 x g

답 125 g

▶ **개념 마무리 2**

물음에 답하세요.

01 물통의 물에 소금 60 g을 넣었더니 농도가 10 %인 소금물이 되었습니다. 물통에 있던 **물의 양**은 몇 g이었을까요?

$$\frac{60}{x+60} \times 100 = 10$$
$$\frac{6000}{x+60} = 10$$
$$10(x+60) = 6000$$
$$x+60 = 600$$
$$x = 540$$

10 %

60 g

$(x+60)$ g

답: **540 g**

02 냄비에 담긴 물에 소금 30 g을 넣었더니 농도가 2 %인 소금물이 되었습니다. 냄비에 든 **소금물의 양**은 몇 g일까요?

답: 1500 g

03 물통에 든 물에 설탕 35 g을 넣어 농도가 50 %인 설탕물을 만들었습니다. 물통에 있던 **물의 양**은 몇 g이었을까요?

답: 35 g

04 수조에 담긴 물 480 g에 소금 120 g을 넣어 소금물을 만들었습니다. 만든 소금물의 **농도**는 몇 %일까요?

답: 20 %

05 물에 소금 20 g을 녹였더니 농도가 16 %인 소금물이 되었습니다. **소금물의 양**은 몇 g일까요?

답: 125 g

06 농도가 4 %인 설탕물을 만들려고 설탕 80 g과 물을 섞으려고 합니다. **물**은 몇 g이 필요할까요?

답: 1920 g

6. 농도에 대한 방정식 **93**

---

06 필요한 물의 양을 x g이라고 할 때,

$$\frac{80}{x+80} \times 100 = 4$$

$$\frac{8000}{x+80} = 4$$

$$8000 = 4(x+80)$$

$$2000 = x + 80$$

$$x = 1920$$

농도 4 %

설탕 80 g

설탕물 $(x+80)$ g

답 1920 g

❹ 소금의 양 구하기

▶ 정답 및 해설 53쪽

$$(농도) = \frac{(부분의 양)}{(전체의 양)} \times 100$$

이 중에서 부분의 양만 모른다면?

이번에도 모르는 것을 x로 두자!

문제 2 %의 소금물 50 g에는 소금이 몇 g일까?

2 %
x g
50 g

농도를 식으로 그대로 쓰면,

$$2 = \frac{x}{50_1} \times 100^2$$

$$2 = 2x$$

$$x = 1$$

답 1 g

$$농도 = \frac{부분}{전체} \times 100$$

$$\frac{농도}{1} \overset{\frac{부분}{전체} \times 100}{=\!=\!=} $$

$$부분 \times 100 = 농도 \times 전체$$

$$\Rightarrow 부분 = \frac{농도 \times 전체}{100}$$

농도와 관련된 문제에서 소금의 양(부분의 양)을 구하는 문제는 정말 자주 나오지~ 그래서, 농도 공식을 변형해서 소금의 양을 구하는 공식으로 기억해두는 게 좋아!

$$(부분) = \frac{(농도) \times (전체)}{100}$$

2 %
x g
50 g

문제를 다시 풀어보면,

$$\Rightarrow x = \frac{2 \times 50}{100}$$

$$x = 1$$

답 1 g

▶ 개념 익히기 1

그림을 보고 농도를 식으로 나타내 보세요.

01 농도 5 %
소금 x g
소금물 420 g

$\Rightarrow 5 = \frac{x}{420} \times 100$

02 농도 10 %
소금 x g
소금물 350 g

$10 = \frac{x}{350} \times 100$

03 농도 20 %
꿀 x g
꿀물 100 g

$20 = \frac{x}{100} \times 100$

▶ 개념 익히기 2

빈칸을 알맞게 채워 공식을 완성해 보세요.

01

$$(부분의 양) = \frac{(농도) \times (전체의 양)}{100}$$

02

$$(부분의 양) = \frac{(농도) \times (전체의 양)}{100}$$

03

$$(부분의 양) = \frac{(농도) \times (전체의 양)}{100}$$

▶ 정답 및 해설 53쪽

▶ 개념 다지기 1

그림을 보고 주어진 값을 구하는 식을 쓰세요.

01 농도 a %
소금 b g
소금물 c g

$\Rightarrow b = \frac{a \times c}{100}$

02 농도 ★ %
설탕 ◆ g
설탕물 ♥ g

$\Rightarrow ◆ = \frac{★ \times ♥}{100}$

03 농도 ㉠ %
꿀 ㉢ g
꿀물 ㉡ g

$\Rightarrow ㉢ = \frac{㉠ \times ㉡}{100}$

04 농도 A %
설탕 B g
설탕물 C g

$\Rightarrow A = \frac{B}{C} \times 100$

05 농도 x %
소금 y g
소금물 z g

$\Rightarrow x = \frac{y}{z} \times 100$

06 농도 ◇ %
꿀 □ g
꿀물 ♡ g

$\Rightarrow □ = \frac{◇ \times ♡}{100}$

▶ 개념 다지기 2

그림을 보고 x의 값을 구하는 식을 세우고, 값을 구하세요.

01 농도 4 %
소금 x g
소금물 200 g

식 $x = \frac{4 \times 200}{100}$

답 $x = 8$

02 농도 8 %
소금 x g
소금물 150 g

식 $x = \frac{8 \times 150}{100}$

답 $x = 12$

03 농도 x %
소금 6 g
소금물 300 g

식 $x = \frac{6}{300} \times 100$

답 $x = 2$

04 농도 15 %
설탕 x g
설탕물 420 g

식 $x = \frac{15 \times 420}{100}$

답 $x = 63$

05 농도 24 %
설탕 x g
설탕물 50 g

식 $x = \frac{24 \times 50}{100}$

답 $x = 12$

▶ 개념 마무리 1

물음에 답하세요.

01

설탕물의 농도: 12 %

설탕물: 250 g

설탕은?   **30 g**

$$(\text{설탕})=\frac{12\times250}{100}=30(\text{g})$$

02

소금물의 농도: 6 %

소금물: 300 g

소금은?   **18 g**

$$(\text{소금})=\frac{6\times\overset{3}{\cancel{300}}}{\underset{1}{\cancel{100}}}=18(\text{g})$$

03

설탕물: 400 g

설탕: 20 g

설탕물의 농도는? **5 %**

$$(\text{농도})=\frac{\overset{5}{\cancel{20}}}{\underset{\underset{1}{4}}{\cancel{400}}}\times\overset{1}{\cancel{100}}=5(\%)$$

04

소금물: 250 g

소금물의 농도: 20 %

소금은?   **50 g**

$$(\text{소금})=\frac{\overset{1}{\cancel{20}}\times\overset{50}{\cancel{250}}}{\underset{\underset{1}{3}}{\cancel{100}}}=50(\text{g})$$

05

소금물의 농도: 9 %

소금물: 300 g

소금은?   **27 g**

$$(\text{소금})=\frac{9\times\overset{3}{\cancel{300}}}{\underset{1}{\cancel{100}}}=27(\text{g})$$

06

설탕물의 농도: 2 %

설탕: 3 g

설탕물은? **150 g**

설탕물의 양을 x g이라 하면

$$\frac{3}{x}\times100=2$$

$$\frac{300}{x}=2$$

$$300=2x$$

$$x=150$$

02 소금의 양을 x g이라고 하면

$$x = \frac{\overset{3}{\cancel{30}} \times \overset{13}{\cancel{130}}}{\underset{1}{\cancel{100}}} = 39$$

농도 30 %

소금 x g

소금물 130 g

답 39 g

03 소금의 양을 x g이라고 하면

$$x = \frac{17 \times \overset{4}{\cancel{400}}}{\underset{1}{\cancel{100}}} = 68$$

농도 17 %

소금 x g

소금물 400 g

답 68 g

04 소금의 양을 x g이라고 하면

$$x = \frac{\overset{3}{\cancel{15}} \times \overset{17}{\cancel{340}}}{\underset{1}{\underset{\cancel{5}}{\cancel{100}}}} = 51$$

농도 15 %

소금 x g

소금물 340 g

답 51 g

05 물 320 g과 소금 80 g으로 만든
소금물이므로 소금물은 400 g이다.

따라서 소금물의 농도는

소금 80 g

소금물 (320+80) g

$$\frac{\overset{20}{\cancel{80}}}{\underset{1}{\cancel{400}}} \times \overset{1}{\cancel{100}} = 20(\%)$$

답 20 %

▶ 정답 및 해설 55쪽

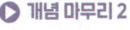

▶ **개념 마무리 2**

물음에 답하세요.

01 25 %의 설탕물 320 g에 녹아있는 설탕의
양은 몇 g일까요?

25 %

x g

320 g

$$x = \frac{\overset{1}{\cancel{25}} \times \overset{80}{\cancel{320}}}{\underset{1}{\cancel{100}}}$$
$$x = 80$$

답: 80 g

02 30 %의 소금물 130 g이 있습니다. 이 소
금물에 녹아있는 소금의 양은 몇 g일까요?

답: 39 g

03 비커에 있는 소금물 400 g의 농도는 17 %
입니다. 이 소금물에 녹아있는 소금의 양
은 몇 g일까요?

답: 68 g

04 15 %의 소금물 340 g에 녹아있는 소금의
양은 몇 g일까요?

답: 51 g

05 물 320 g과 소금 80 g을 섞어서 소금물을
만들었습니다. 이 소금물의 농도는 몇 %
일까요?

답: 20 %

06 물통에 담긴 물에 설탕 50 g을 넣어 8 %
의 설탕물을 만들었습니다. 물통에 있던
물의 양은 몇 g이었을까요?

답: 575 g

6. 농도에 대한 방정식 **99**

---

06 물통에 있던 물의 양을 x g이라고 할 때,

$$\frac{50}{x+50} \times 100 = 8$$
$$\frac{5000}{x+50} = 8$$
$$5000 = 8(x+50)$$
$$625 = x+50$$
$$x = 575$$

농도 8 %

설탕 50 g

설탕물 $(x+50)$ g

답 575 g

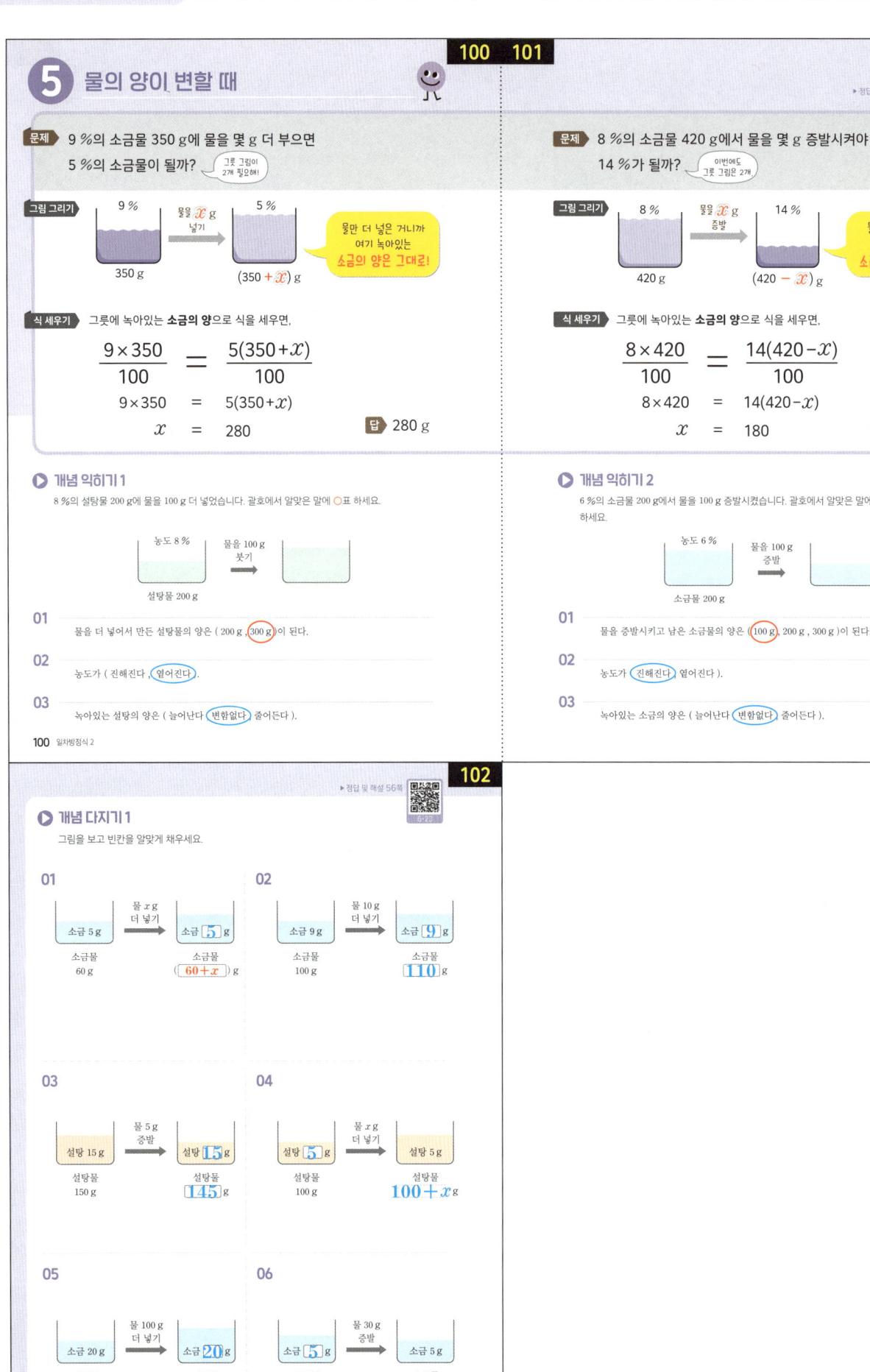

▶ 개념 다지기 2

그림을 보고 소금의 양에 대한 식을 완성하고, x의 값을 구하세요.

01

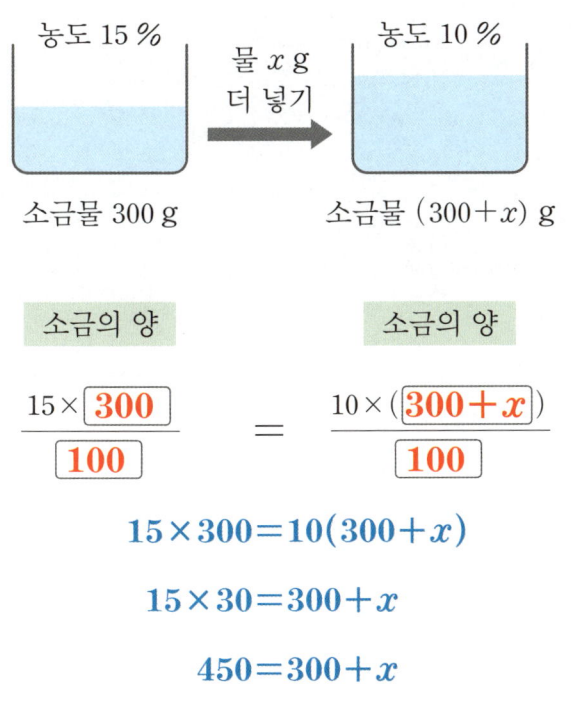

소금의 양 = 소금의 양

$$\frac{15 \times \boxed{300}}{\boxed{100}} = \frac{10 \times (\boxed{300+x})}{\boxed{100}}$$

$$15 \times 300 = 10(300+x)$$

$$15 \times 30 = 300+x$$

$$450 = 300+x$$

$$x = 150 \quad \text{답: } x=150$$

02

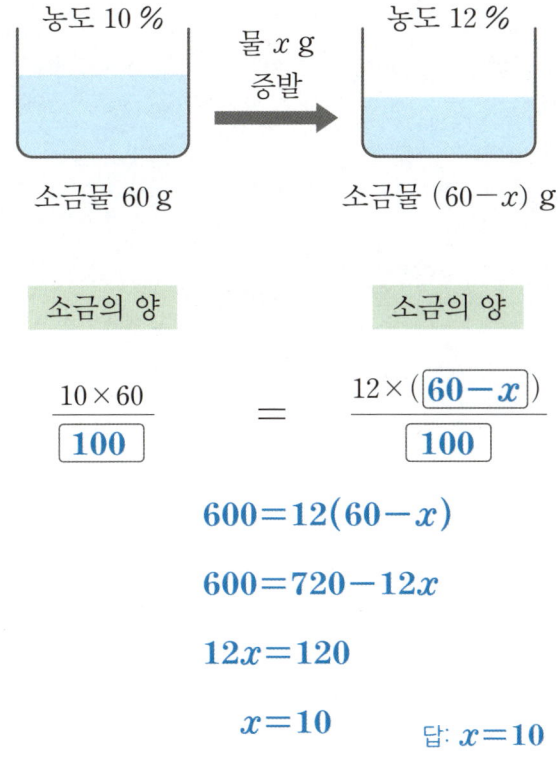

소금의 양 = 소금의 양

$$\frac{10 \times 60}{\boxed{100}} = \frac{12 \times (\boxed{60-x})}{\boxed{100}}$$

$$600 = 12(60-x)$$

$$600 = 720-12x$$

$$12x = 120$$

$$x = 10 \quad \text{답: } x=10$$

03

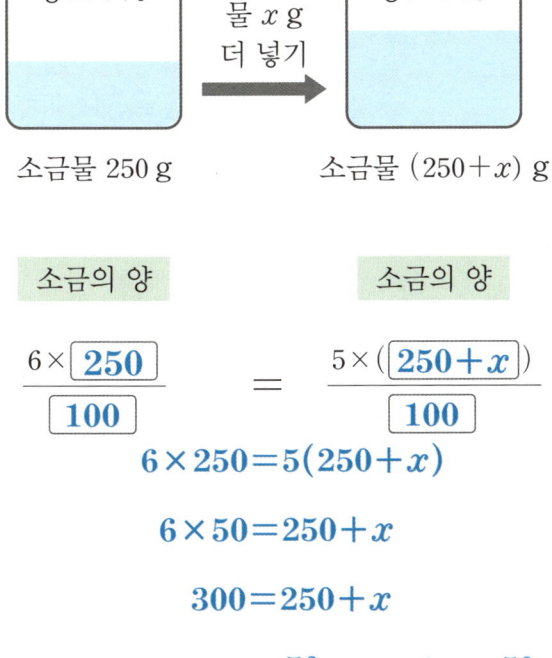

소금의 양 = 소금의 양

$$\frac{6 \times \boxed{250}}{\boxed{100}} = \frac{5 \times (\boxed{250+x})}{\boxed{100}}$$

$$6 \times 250 = 5(250+x)$$

$$6 \times 50 = 250+x$$

$$300 = 250+x$$

$$x = 50 \quad \text{답: } x=50$$

04

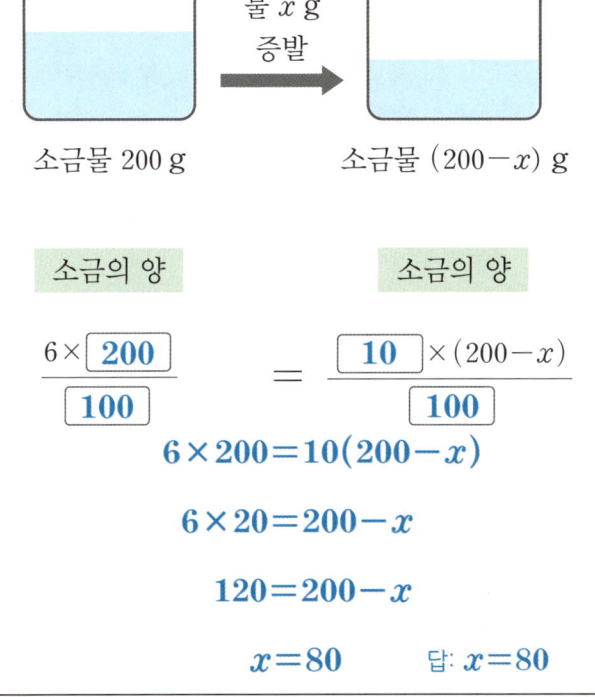

소금의 양 = 소금의 양

$$\frac{6 \times \boxed{200}}{\boxed{100}} = \frac{\boxed{10} \times (200-x)}{\boxed{100}}$$

$$6 \times 200 = 10(200-x)$$

$$6 \times 20 = 200-x$$

$$120 = 200-x$$

$$x = 80 \quad \text{답: } x=80$$

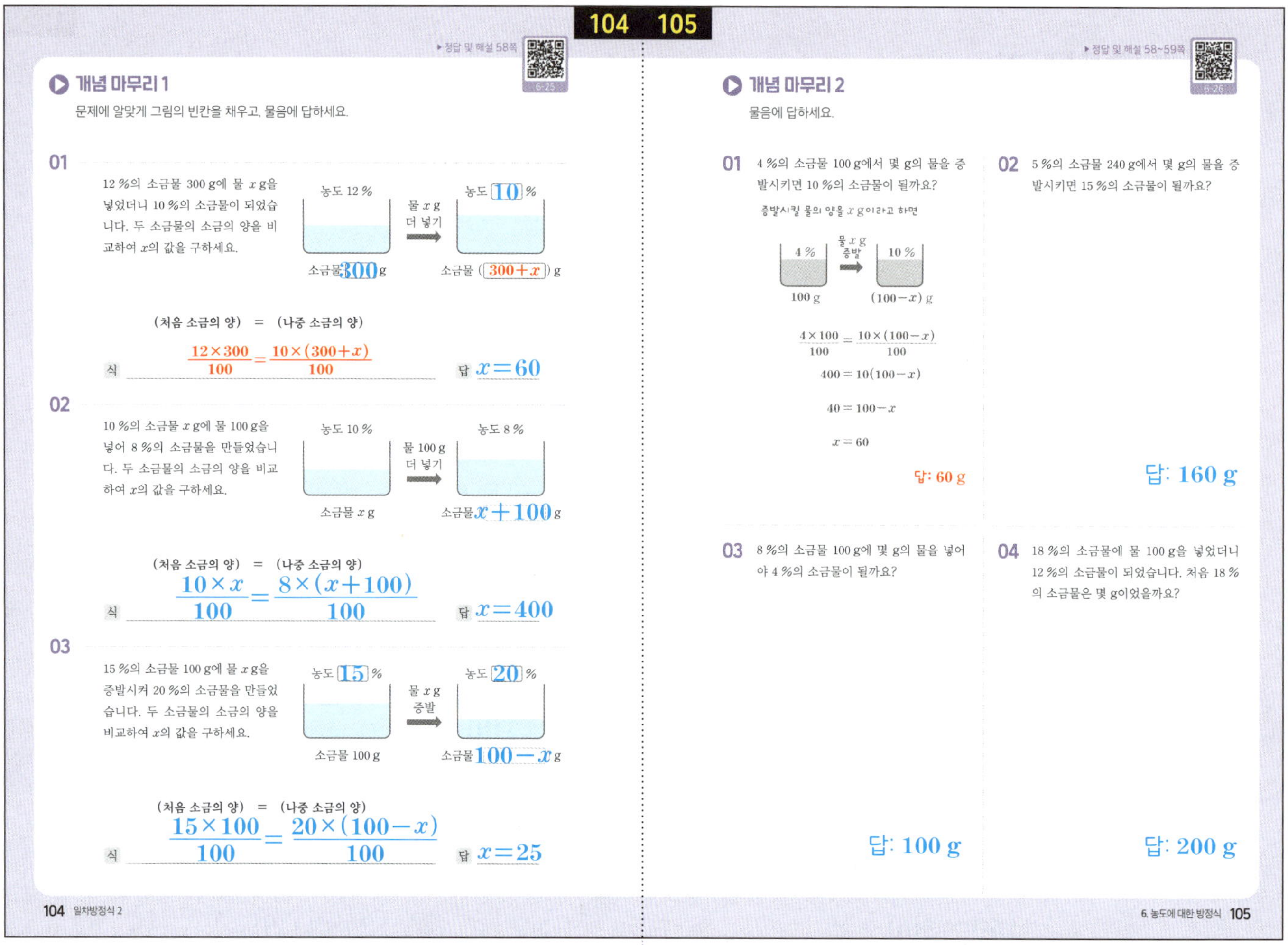

104 105

▶ 정답 및 해설 58쪽

◉ 개념 마무리 1

문제에 알맞게 그림의 빈칸을 채우고, 물음에 답하세요.

01

12 %의 소금물 300 g에 물 x g을 넣었더니 10 %의 소금물이 되었습니다. 두 소금물의 소금의 양을 비교하여 x의 값을 구하세요.

농도 12 % 소금물 **300** g

물 x g 더 넣기

농도 **10** % 소금물 (**300 + x**) g

(처음 소금의 양) = (나중 소금의 양)

식 $\dfrac{12 \times 300}{100} = \dfrac{10 \times (300 + x)}{100}$ 답 $x = 60$

02

10 %의 소금물 x g에 물 100 g을 넣어 8 %의 소금물을 만들었습니다. 두 소금물의 소금의 양을 비교하여 x의 값을 구하세요.

농도 10 % 소금물 x g

물 100 g 더 넣기

농도 8 % 소금물 $x + 100$ g

(처음 소금의 양) = (나중 소금의 양)

식 $\dfrac{10 \times x}{100} = \dfrac{8 \times (x + 100)}{100}$ 답 $x = 400$

03

15 %의 소금물 100 g에 물 x g을 증발시켜 20 %의 소금물을 만들었습니다. 두 소금물의 소금의 양을 비교하여 x의 값을 구하세요.

농도 **15** % 소금물 100 g

물 x g 증발

농도 **20** % 소금물 **100 − x** g

(처음 소금의 양) = (나중 소금의 양)

식 $\dfrac{15 \times 100}{100} = \dfrac{20 \times (100 - x)}{100}$ 답 $x = 25$

▶ 정답 및 해설 58~59쪽

◉ 개념 마무리 2

물음에 답하세요.

01 4 %의 소금물 100 g에서 몇 g의 물을 증발시키면 10 %의 소금물이 될까요?

증발시킬 물의 양을 x g이라고 하면

4 % 100 g

물 x g 증발

10 % (100 − x) g

$\dfrac{4 \times 100}{100} = \dfrac{10 \times (100 - x)}{100}$

$400 = 10(100 - x)$

$40 = 100 - x$

$x = 60$

답: 60 g

02 5 %의 소금물 240 g에서 몇 g의 물을 증발시키면 15 %의 소금물이 될까요?

답: 160 g

03 8 %의 소금물 100 g에 몇 g의 물을 넣어야 4 %의 소금물이 될까요?

답: 100 g

04 18 %의 소금물에 물 100 g을 넣었더니 12 %의 소금물이 되었습니다. 처음 18 %의 소금물은 몇 g이었을까요?

답: 200 g

104쪽 풀이

01 $\dfrac{12 \times 300}{100} = \dfrac{10 \times (300 + x)}{100}$

$12 \times 300 = 10(300 + x)$

$360 = 300 + x$

$x = 60$

답 $x = 60$

02 $\dfrac{10 \times x}{100} = \dfrac{8 \times (x + 100)}{100}$

$10x = 8(x + 100)$

$10x = 8x + 800$

$2x = 800$

$x = 400$

답 $x = 400$

03 $\dfrac{15 \times 100}{100} = \dfrac{20 \times (100 - x)}{100}$

$15 \times 100 = 20(100 - x)$

$15 \times 5 = 100 - x$

$75 = 100 - x$

$x = 25$

답 $x = 25$

105쪽 풀이

02 증발시킬 물의 양을 x g이라고 하면

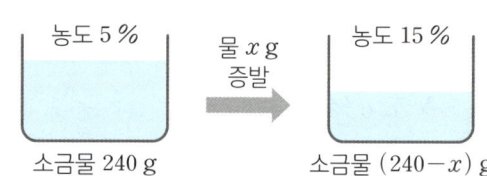

농도 5 % 소금물 240 g

물 x g 증발

농도 15 % 소금물 (240 − x) g

(처음 소금의 양) = (나중 소금의 양)

$\dfrac{5 \times 240}{100} = \dfrac{15 \times (240 - x)}{100}$

$5 \times 240 = 15(240 - x)$

$\dfrac{\overset{1}{5} \times \overset{80}{240}}{\underset{1}{\cancel{15}}} = 240 - x$

$80 = 240 - x$

$x = 160$

답 160 g

03 더 넣을 물의 양을 x g이라고 하면

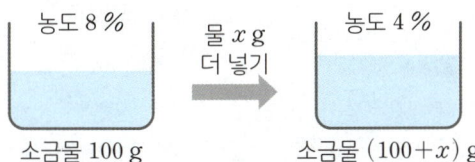

농도 8 % · 물 x g 더 넣기 · 농도 4 %

소금물 100 g · 소금물 $(100+x)$ g

(처음 소금의 양)=(나중 소금의 양)

$$\frac{8 \times 100}{100} = \frac{4 \times (100+x)}{100}$$

$$8 \times 100 = 4(100+x)$$

$$200 = 100 + x$$

$$x = 100$$

답 100 g

04 처음 18 %의 소금물의 양을 x g이라고 하면

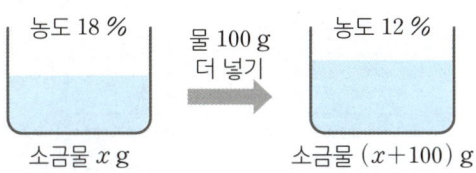

농도 18 % · 물 100 g 더 넣기 · 농도 12 %

소금물 x g · 소금물 $(x+100)$ g

(처음 소금의 양)=(나중 소금의 양)

$$\frac{18 \times x}{100} = \frac{12 \times (x+100)}{100}$$

$$18x = 12(x+100)$$

$$18x = 12x + 1200$$

$$6x = 1200$$

$$x = 200$$

답 200 g

---

6 소금의 양이 변할 때

▶정답 및 해설 59쪽

문제 15 %의 소금물 400 g에 소금을 몇 g 더 넣으면 20 %의 소금물이 될까?

그림 그리기

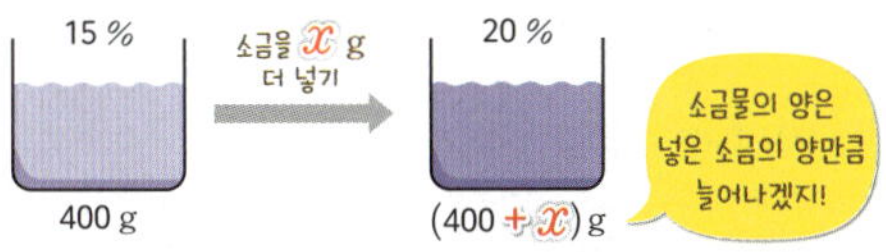

15 % · 소금을 x g 더 넣기 · 20 %

400 g · $(400+x)$ g

소금물의 양은 넣은 소금의 양만큼 늘어나겠지!

식 세우기

$$\binom{처음}{소금\ 양} + \binom{넣은}{소금\ 양} = \binom{나중}{소금\ 양}$$

$$\frac{15 \times 400}{100} + x = \frac{20(400+x)}{100}$$

$$15 \times 400 + 100x = 20(400+x)$$

$$x = 25$$

답 25 g

문제 5 %의 소금물에 소금을 40 g 더 넣었더니 25 %의 소금물이 되었다. 처음에 있던 5 %의 소금물의 양은?

그림 그리기

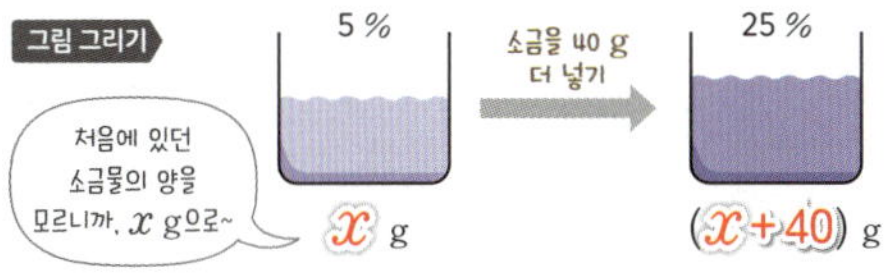

처음에 있던 소금물의 양을 모르니까, x g으로~

5 % · 소금을 40 g 더 넣기 · 25 %

x g · $(x+40)$ g

식 세우기

$$\binom{처음}{소금\ 양} + \binom{넣은}{소금\ 양} = \binom{나중}{소금\ 양}$$

$$\frac{5x}{100} + 40 = \frac{25(x+40)}{100}$$

$$5x + 4000 = 25(x+40)$$

$$x = 150$$

답 150 g

▶ 개념 익히기 1

소금물에 소금을 더 넣었습니다. 빈칸을 알맞게 채우세요.

01

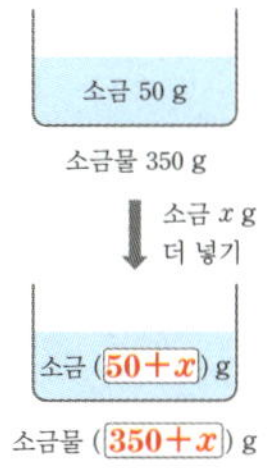

소금 50 g

소금물 350 g

↓ 소금 x g 더 넣기

소금 $(50+x)$ g

소금물 $(350+x)$ g

02

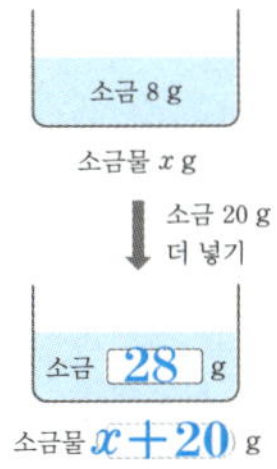

소금 8 g

소금물 x g

↓ 소금 20 g 더 넣기

소금 28 g

소금물 $x+20$ g

03

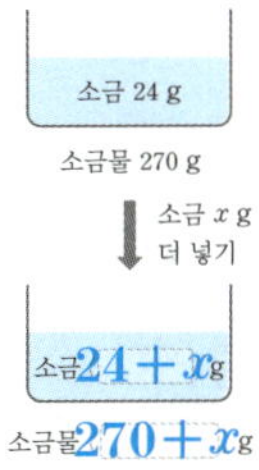

소금 24 g

소금물 270 g

↓ 소금 x g 더 넣기

소금 $24+x$ g

소금물 $270+x$ g

▶ 개념 익히기 2

5 %의 소금물 x g에 소금 50 g을 더 넣었더니 12 %의 소금물이 되었습니다. 물음에 답하세요.

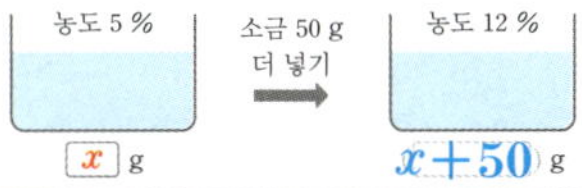

농도 5 % · 소금 50 g 더 넣기 · 농도 12 %

x g · $x+50$ g

01 그림의 빈칸을 알맞게 채우세요.

02 5 %의 소금물에 녹아있는 소금의 양을 식으로 쓰세요. $\dfrac{5 \times x}{100}$

03 12 %의 소금물에 녹아있는 소금의 양을 식으로 쓰세요.

$$\frac{12 \times (x+50)}{100} \quad 또는 \quad \frac{5 \times x}{100} + 50$$

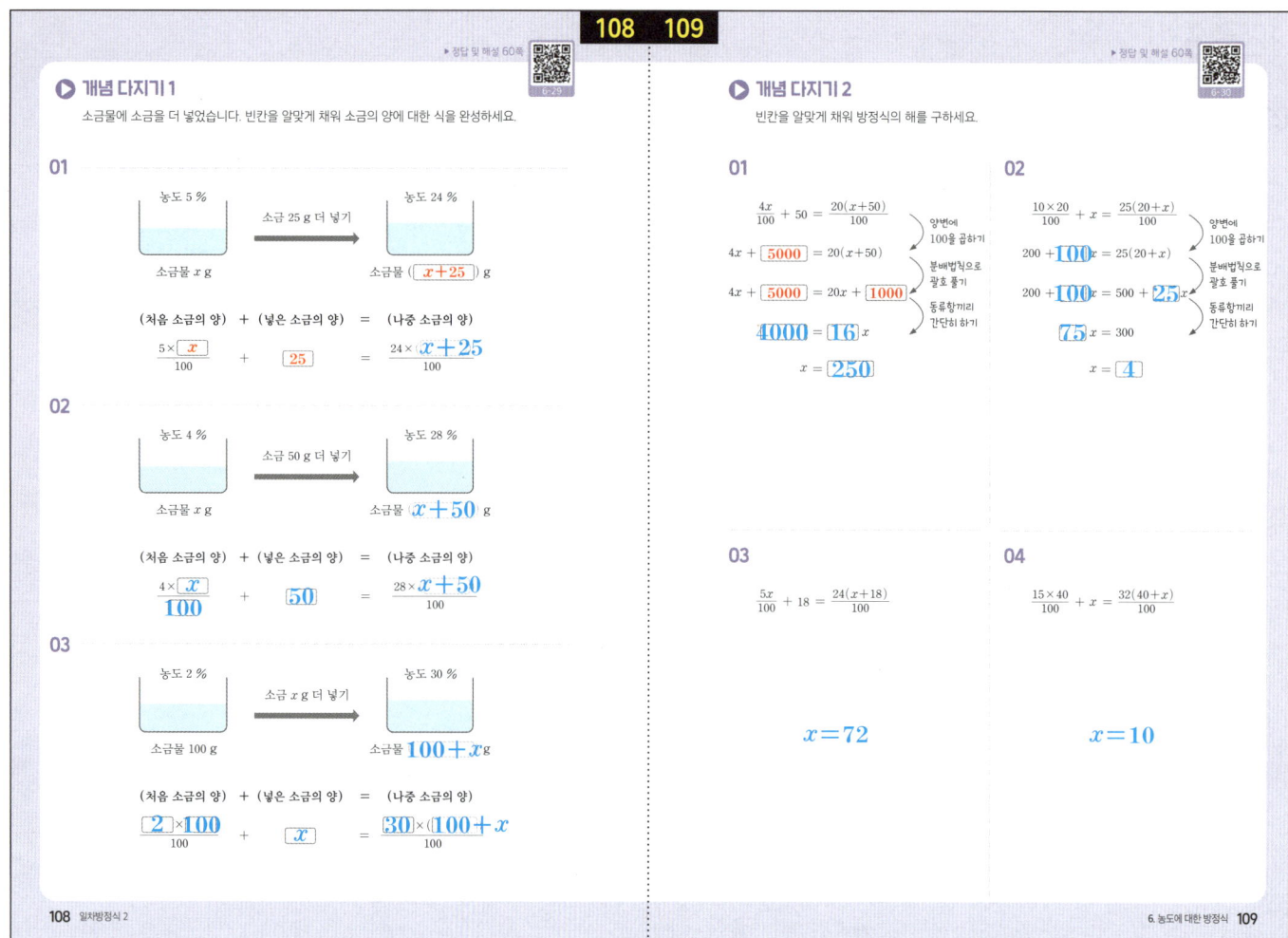

108 109

▶ 정답 및 해설 60쪽

개념 다지기 1

소금물에 소금을 더 넣었습니다. 빈칸을 알맞게 채워 소금의 양에 대한 식을 완성하세요.

01

농도 5 %   →(소금 25 g 더 넣기)→   농도 24 %

소금물 x g   →   소금물 ($x+25$) g

(처음 소금의 양) + (넣은 소금의 양) = (나중 소금의 양)

$$\frac{5 \times x}{100} \quad + \quad 25 \quad = \quad \frac{24 \times x + 25}{100}$$

02

농도 4 %   →(소금 50 g 더 넣기)→   농도 28 %

소금물 x g   →   소금물 $x+50$ g

(처음 소금의 양) + (넣은 소금의 양) = (나중 소금의 양)

$$\frac{4 \times x}{100} \quad + \quad 50 \quad = \quad \frac{28 \times x + 50}{100}$$

03

농도 2 %   →(소금 x g 더 넣기)→   농도 30 %

소금물 100 g   →   소금물 $100+x$ g

(처음 소금의 양) + (넣은 소금의 양) = (나중 소금의 양)

$$\frac{2 \times 100}{100} \quad + \quad x \quad = \quad \frac{30 \times (100+x)}{100}$$

▶ 정답 및 해설 60쪽

개념 다지기 2

빈칸을 알맞게 채워 방정식의 해를 구하세요.

01

$$\frac{4x}{100} + 50 = \frac{20(x+50)}{100}$$
양변에 100을 곱하기
$$4x + \boxed{5000} = 20(x+50)$$
분배법칙으로 괄호 풀기
$$4x + \boxed{5000} = 20x + \boxed{1000}$$
동류항끼리 간단히 하기
$$\boxed{4000} = \boxed{16}x$$
$$x = \boxed{250}$$

02

$$\frac{10 \times 20}{100} + x = \frac{25(20+x)}{100}$$
양변에 100을 곱하기
$$200 + \boxed{100}x = 25(20+x)$$
분배법칙으로 괄호 풀기
$$200 + \boxed{100}x = 500 + \boxed{25}x$$
동류항끼리 간단히 하기
$$\boxed{75}x = 300$$
$$x = \boxed{4}$$

03

$$\frac{5x}{100} + 18 = \frac{24(x+18)}{100}$$

$$x = 72$$

04

$$\frac{15 \times 40}{100} + x = \frac{32(40+x)}{100}$$

$$x = 10$$

109쪽 풀이

03
$$\frac{5x}{100} + 18 = \frac{24(x+18)}{100}$$
$$5x + 1800 = 24(x+18)$$
$$5x + 1800 = 24x + 432$$
$$1368 = 19x$$
$$x = 72$$

답 $x = 72$

04
$$\frac{15 \times 40}{100} + x = \frac{32(40+x)}{100}$$
$$600 + 100x = 32(40+x)$$
$$600 + 100x = 1280 + 32x$$
$$68x = 680$$
$$x = 10$$

답 $x = 10$

01

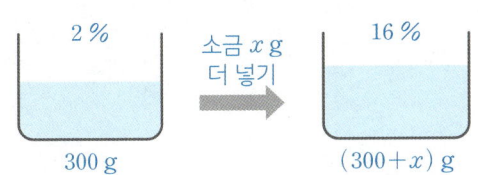

(처음 소금)+(넣은 소금)=(나중 소금)

$$\frac{2\times300}{100}+x=\frac{16\times(300+x)}{100}$$

$$600+100x=16(300+x)$$

$$600+100x=4800+16x$$

$$84x=4200$$

$$x=50 \qquad \boxed{답}\ x=50$$

02

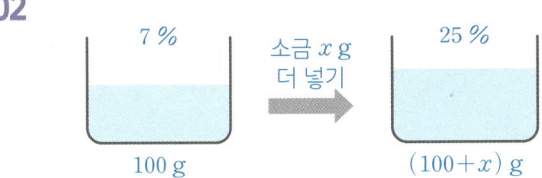

(처음 소금)+(넣은 소금)=(나중 소금)

$$\frac{7\times100}{100}+x=\frac{25\times(100+x)}{100}$$

$$700+100x=25(100+x)$$

$$700+100x=2500+25x$$

$$75x=1800$$

$$x=24 \qquad \boxed{답}\ x=24$$

03

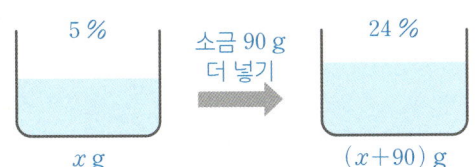

(처음 소금)+(넣은 소금)=(나중 소금)

$$\frac{5\times x}{100}+90=\frac{24\times(x+90)}{100}$$

$$5x+9000=24(x+90)$$

$$5x+9000=24x+2160$$

$$6840=19x$$

$$x=360 \qquad \boxed{답}\ x=360$$

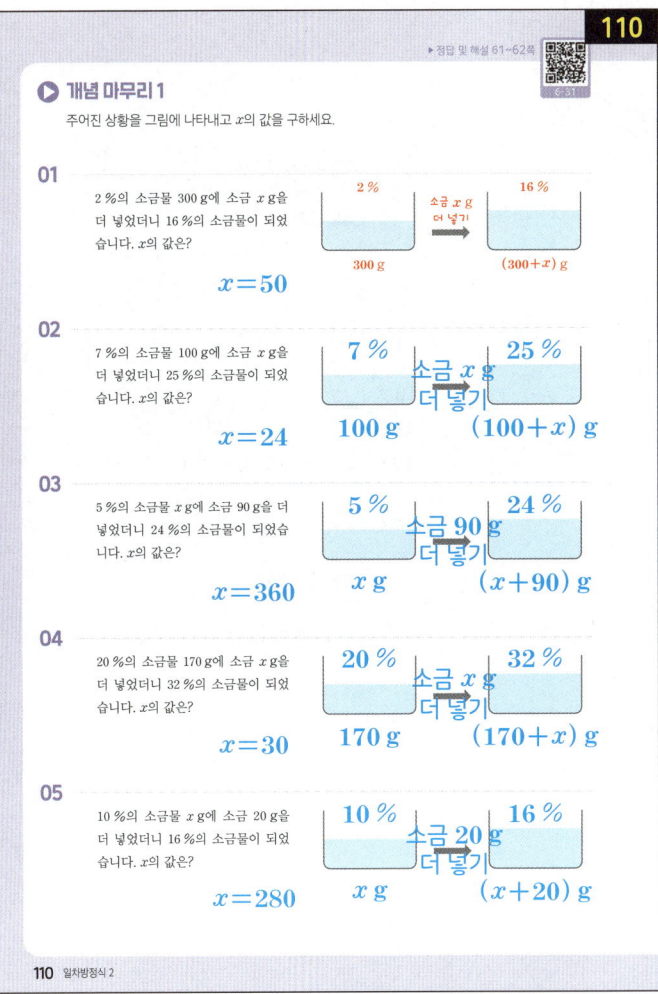

▶ 개념 마무리 1

주어진 상황을 그림에 나타내고 x의 값을 구하세요.

01 2 %의 소금물 300 g에 소금 x g을 더 넣었더니 16 %의 소금물이 되었습니다. x의 값은?

$$x=50$$

02 7 %의 소금물 100 g에 소금 x g을 더 넣었더니 25 %의 소금물이 되었습니다. x의 값은?

$$x=24$$

03 5 %의 소금물 x g에 소금 90 g을 더 넣었더니 24 %의 소금물이 되었습니다. x의 값은?

$$x=360$$

04 20 %의 소금물 170 g에 소금 x g을 더 넣었더니 32 %의 소금물이 되었습니다. x의 값은?

$$x=30$$

05 10 %의 소금물 x g에 소금 20을 더 넣었더니 16 %의 소금물이 되었습니다. x의 값은?

$$x=280$$

110 일차방정식 2

04

(처음 소금)+(넣은 소금)=(나중 소금)

$$\frac{20\times170}{100}+x=\frac{32\times(170+x)}{100}$$

$$3400+100x=32(170+x)$$

$$3400+100x=5440+32x$$

$$68x=2040$$

$$x=30 \qquad \boxed{답}\ x=30$$

110쪽 풀이

05

(처음 소금) + (넣은 소금) = (나중 소금)

$$\frac{10 \times x}{100} + 20 = \frac{16 \times (x+20)}{100}$$
$$10x + 2000 = 16(x+20)$$
$$10x + 2000 = 16x + 320$$
$$1680 = 6x$$
$$x = 280$$

답 $x = 280$

111쪽 풀이

02 더 넣은 소금의 양을 x g이라고 하면

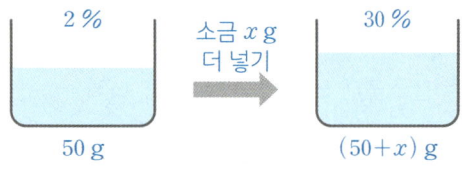

(처음 소금) + (넣은 소금) = (나중 소금)

$$\frac{2 \times 50}{100} + x = \frac{30 \times (50+x)}{100}$$
$$100 + 100x = 30(50+x)$$
$$100 + 100x = 1500 + 30x$$
$$70x = 1400$$
$$x = 20$$

답 20 g

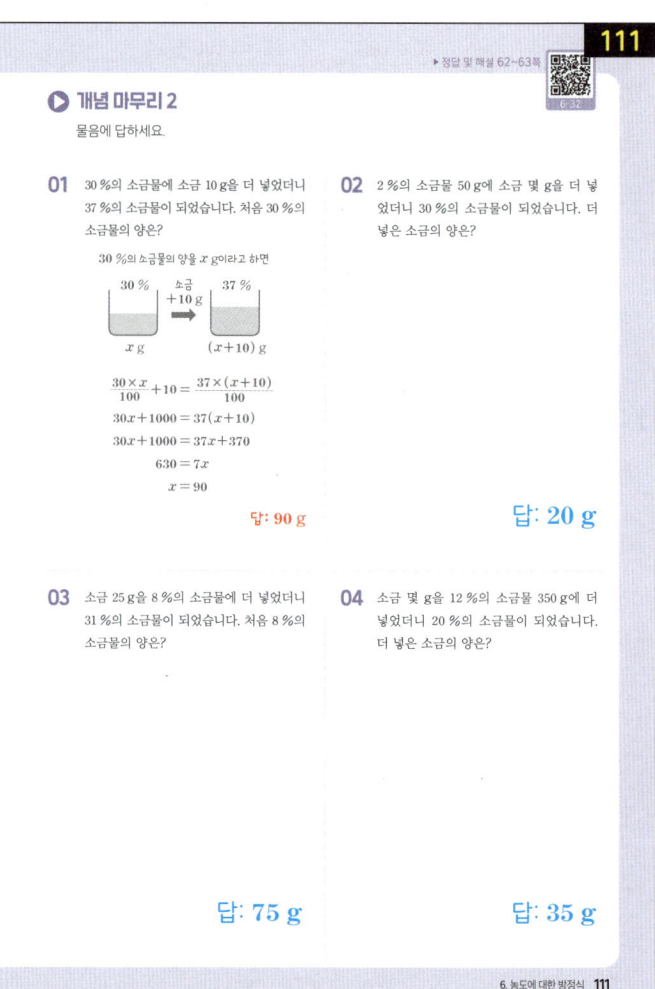

03 8 %의 소금물의 양을 x g이라고 하면

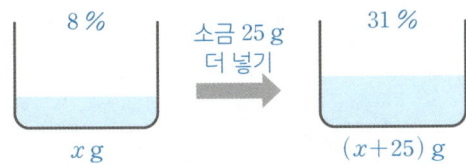

(처음 소금)+(넣은 소금)=(나중 소금)

$$\frac{8 \times x}{100} + 25 = \frac{31 \times (x+25)}{100}$$

$$8x + 2500 = 31(x+25)$$

$$8x + 2500 = 31x + 775$$

$$1725 = 23x$$

$$x = 75$$

달 75 g

04 더 넣은 소금의 양을 x g이라고 하면

(처음 소금)+(넣은 소금)=(나중 소금)

$$\frac{12 \times 35\!\!\!/0}{10\!\!\!/0} + x = \frac{2\!\!\!/0(350+x)}{10\!\!\!/0}$$

$$420 + 10x = 2(350+x)$$

$$420 + 10x = 700 + 2x$$

$$8x = 280$$

$$x = 35$$

달 35 g

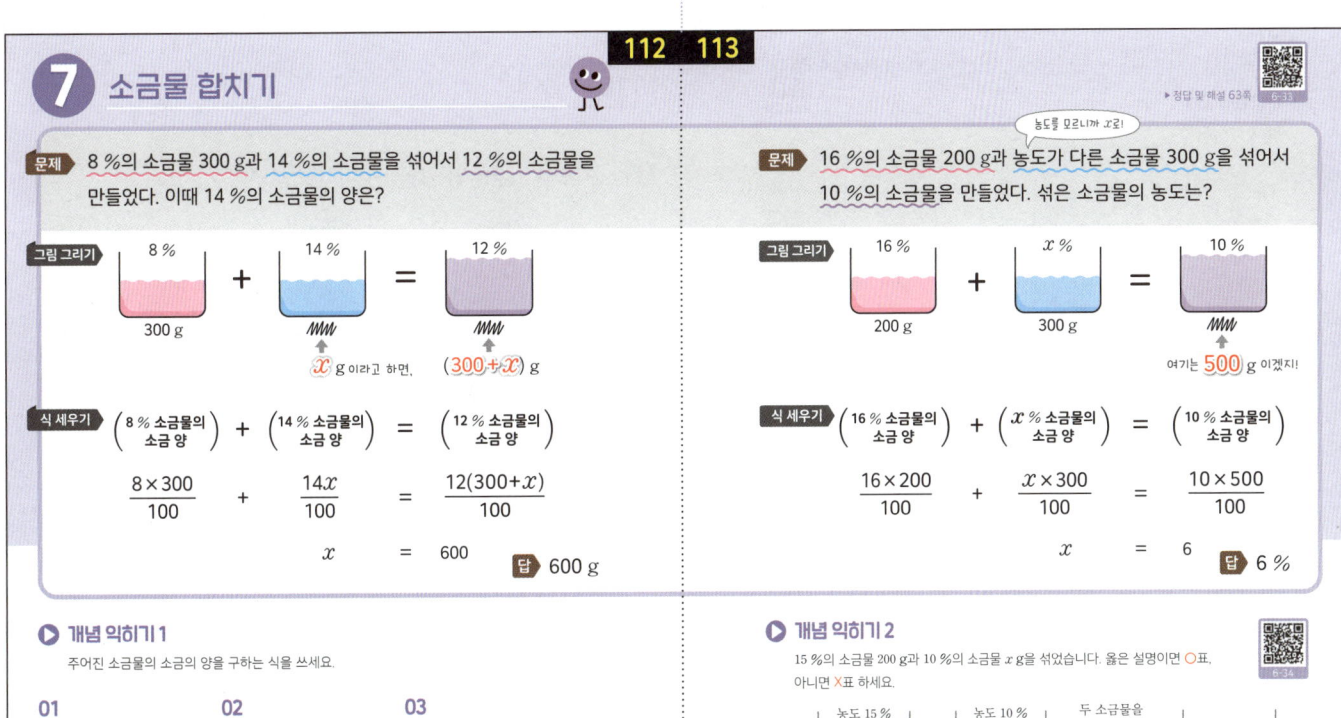

112 113

7 소금물 합치기

▶ 정답 및 해설 63쪽

문제 8 %의 소금물 300 g과 14 %의 소금물을 섞어서 12 %의 소금물을 만들었다. 이때 14 %의 소금물의 양은?

그림 그리기

8 %
300 g
+
14 %
x g이라고 하면,
=
12 %
(300+x) g

식 세우기
$$\begin{pmatrix} 8\ \%\ \text{소금물의} \\ \text{소금 양} \end{pmatrix} + \begin{pmatrix} 14\ \%\ \text{소금물의} \\ \text{소금 양} \end{pmatrix} = \begin{pmatrix} 12\ \%\ \text{소금물의} \\ \text{소금 양} \end{pmatrix}$$

$$\frac{8 \times 300}{100} + \frac{14x}{100} = \frac{12(300+x)}{100}$$

$$x = 600$$

답 600 g

농도를 모르니까 x로!

문제 16 %의 소금물 200 g과 농도가 다른 소금물 300 g을 섞어서 10 %의 소금물을 만들었다. 섞은 소금물의 농도는?

그림 그리기

16 %
200 g
+
x %
300 g
=
10 %
여기는 500 g 이겠지!

식 세우기
$$\begin{pmatrix} 16\ \%\ \text{소금물의} \\ \text{소금 양} \end{pmatrix} + \begin{pmatrix} x\ \%\ \text{소금물의} \\ \text{소금 양} \end{pmatrix} = \begin{pmatrix} 10\ \%\ \text{소금물의} \\ \text{소금 양} \end{pmatrix}$$

$$\frac{16 \times 200}{100} + \frac{x \times 300}{100} = \frac{10 \times 500}{100}$$

$$x = 6$$

답 6 %

▶ **개념 익히기 1**

주어진 소금물의 소금의 양을 구하는 식을 쓰세요.

01
농도 6 %
소금물 200 g

→ $\dfrac{6 \times 200}{100}$

02
농도 4 %
소금물 x g

→ $\dfrac{4 \times x}{100}$

03
농도 5 %
소금물 (200+x) g

→ $\dfrac{5 \times (200+x)}{100}$

▶ **개념 익히기 2**

15 %의 소금물 200 g과 10 %의 소금물 x g을 섞었습니다. 옳은 설명이면 ○표, 아니면 X표 하세요.

농도 15 %
소금물 200 g
+
농도 10 %
소금물 x g
두 소금물을 섞기

01 새로 만든 소금물의 농도는 15 %보다 더 진해집니다. (X)

옅어집니다.

02 10 %의 소금물의 양을 x g이라고 하면, 새로 만든 소금물의 양은 (200+x) g입니다. (○)

03 15 %의 소금물과 10 %의 소금물의 소금의 양을 합하면 새로 만든 소금물에 녹아있는 소금의 양과 같습니다. (○)

114 115

▶ 개념 다지기 1
▶ 정답 및 해설 64쪽

주어진 상황을 보고 빈칸을 알맞게 채우세요.

01

20 %의 소금물 150 g과 x %의 소금물 100 g을 섞어서 16 %의 소금물을 만들었습니다.

농도 [20] %   +   농도 [x] %   =   농도 [16] %

소금물 [150] g   소금물 [100] g   소금물 [250] g

02

9 %의 소금물 600 g과 1 %의 소금물 x g을 섞었더니 7 %의 소금물이 되었습니다.

농도 [9] %   +   농도 [1] %   =   농도 [7] %

소금물 [600] g   소금물 [x] g   소금물 [600+x] g

03

x %의 소금물 100 g과 12 %의 소금물 250 g을 섞어서 10 %의 소금물을 만들었습니다.

농도 [x] %   +   농도 [12] %   =   농도 [10] %

소금물 [100] g   소금물 [250] g   소금물 [350] g

04

25 %의 소금물 240 g과 7 %의 소금물 x g을 섞어서 19 %의 소금물을 만들려고 합니다.

농도 [25] %   +   농도 [7] %   =   농도 [19] %

소금물 [240] g   소금물 [x] g   소금물 [240+x] g

▶ 개념 다지기 2
▶ 정답 및 해설 64쪽

그림을 보고 빈칸을 알맞게 채우세요.

01

농도 14 %   +   농도 8 %   =   농도 10 %

소금물 200 g   소금물 x g   소금물 ([200+x]) g

$\left(\begin{matrix}14\ \% \text{ 소금물의}\\ \text{소금 양}\end{matrix}\right)$ + $\left(\begin{matrix}8\ \% \text{ 소금물의}\\ \text{소금 양}\end{matrix}\right)$ = $\left(\begin{matrix}10\ \% \text{ 소금물의}\\ \text{소금 양}\end{matrix}\right)$

$\dfrac{[14]\times 200}{[100]}$ + $\dfrac{[8]\times [x]}{100}$ = $\dfrac{[10]\times 200+x}{100}$

02

농도 10 %   +   농도 2 %   =   농도 6 %

소금물 x g   소금물 300 g   소금물 [$x+300$] g

$\left(\begin{matrix}10\ \% \text{ 소금물의}\\ \text{소금 양}\end{matrix}\right)$ + $\left(\begin{matrix}2\ \% \text{ 소금물의}\\ \text{소금 양}\end{matrix}\right)$ = $\left(\begin{matrix}6\ \% \text{ 소금물의}\\ \text{소금 양}\end{matrix}\right)$

$\dfrac{[10]\times [x]}{100}$ + $\dfrac{[2]\times 300}{100}$ = $\dfrac{[6]\times x+300}{100}$

03

농도 x %   +   농도 9 %   =   농도 8 %

소금물 100 g   소금물 300 g   소금물 [400] g

$\left(\begin{matrix}x\ \% \text{ 소금물의}\\ \text{소금 양}\end{matrix}\right)$ + $\left(\begin{matrix}9\ \% \text{ 소금물의}\\ \text{소금 양}\end{matrix}\right)$ = $\left(\begin{matrix}8\ \% \text{ 소금물의}\\ \text{소금 양}\end{matrix}\right)$

$\dfrac{[x]\times 100}{100}$ + $\dfrac{[9]\times 300}{100}$ = $\dfrac{[8]\times 400}{100}$

116

▶ 개념 마무리 1
▶ 정답 및 해설 64~65쪽

물음에 답하세요.

01 2 %의 소금물 400 g과 9 %의 소금물을 섞어서 5 %의 소금물을 만들었습니다. 이때 9 %의 소금물의 양은?

x g이라 하면

2 % + 9 % ➡ 5 %

400 g x g   (400+x) g

$\dfrac{2\times 400}{100}+\dfrac{9\times x}{100}=\dfrac{5\times (400+x)}{100}$

답: 300 g

02 6 %의 소금물과 1 %의 소금물 300 g을 섞어서 3 %의 소금물을 만들었습니다. 이때 6 %의 소금물의 양은?

답: 200 g

03 20 %의 소금물 150 g에 x %의 소금물 90 g을 섞었더니 17 %의 소금물이 되었습니다. x의 값은?

답: $x=12$

04 10 %의 소금물 70 g에 2 %의 소금물을 섞었더니 4 %의 소금물이 되었습니다. 이때 2 %의 소금물의 양은?

답: 210 g

116쪽 풀이

01 9 %의 소금물의 양을 x g이라고 하면

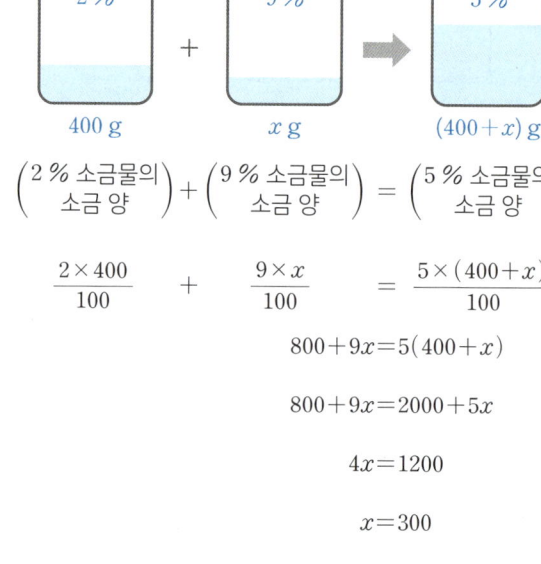

2 % + 9 % ➡ 5 %

400 g x g   (400+x) g

$\left(\begin{matrix}2\ \% \text{ 소금물의}\\ \text{소금 양}\end{matrix}\right)$ + $\left(\begin{matrix}9\ \% \text{ 소금물의}\\ \text{소금 양}\end{matrix}\right)$ = $\left(\begin{matrix}5\ \% \text{ 소금물의}\\ \text{소금 양}\end{matrix}\right)$

$$\dfrac{2\times 400}{100}+\dfrac{9\times x}{100}=\dfrac{5\times (400+x)}{100}$$

$$800+9x=5(400+x)$$

$$800+9x=2000+5x$$

$$4x=1200$$

$$x=300$$

답 300 g

02 6 %의 소금물의 양을 x g이라고 하면

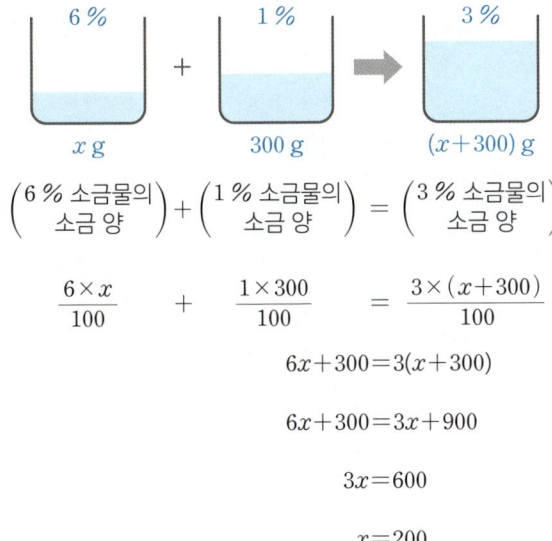

$$\left(\begin{array}{c} 6\ \%\ 소금물의\\ 소금\ 양 \end{array}\right) + \left(\begin{array}{c} 1\ \%\ 소금물의\\ 소금\ 양 \end{array}\right) = \left(\begin{array}{c} 3\ \%\ 소금물의\\ 소금\ 양 \end{array}\right)$$

$$\frac{6 \times x}{100} \quad + \quad \frac{1 \times 300}{100} \quad = \quad \frac{3 \times (x+300)}{100}$$

$$6x+300=3(x+300)$$

$$6x+300=3x+900$$

$$3x=600$$

$$x=200$$

답 200 g

03

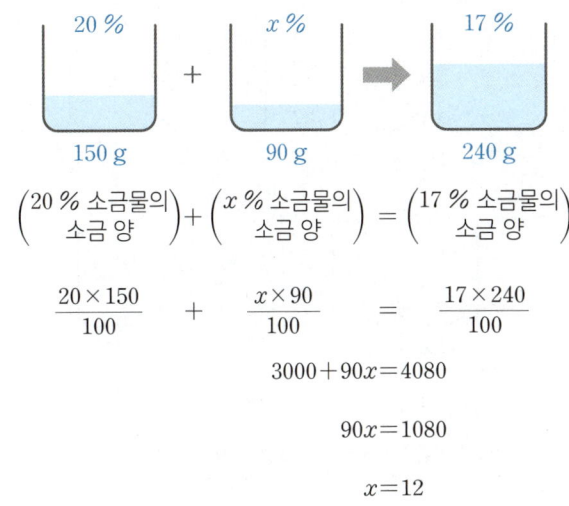

$$\left(\begin{array}{c} 20\ \%\ 소금물의\\ 소금\ 양 \end{array}\right) + \left(\begin{array}{c} x\ \%\ 소금물의\\ 소금\ 양 \end{array}\right) = \left(\begin{array}{c} 17\ \%\ 소금물의\\ 소금\ 양 \end{array}\right)$$

$$\frac{20 \times 150}{100} \quad + \quad \frac{x \times 90}{100} \quad = \quad \frac{17 \times 240}{100}$$

$$3000+90x=4080$$

$$90x=1080$$

$$x=12$$

답 $x=12$

04 2 %의 소금물의 양을 x g이라고 하면

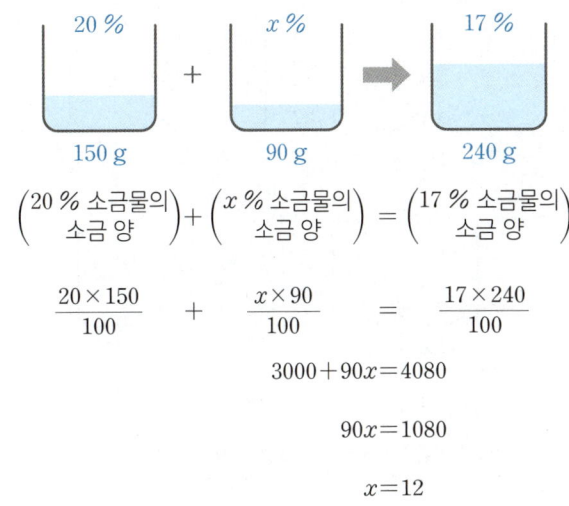

$$\left(\begin{array}{c} 10\ \%\ 소금물의\\ 소금\ 양 \end{array}\right) + \left(\begin{array}{c} 2\ \%\ 소금물의\\ 소금\ 양 \end{array}\right) = \left(\begin{array}{c} 4\ \%\ 소금물의\\ 소금\ 양 \end{array}\right)$$

$$\frac{10 \times 70}{100} \quad + \quad \frac{2 \times x}{100} \quad = \quad \frac{4 \times (70+x)}{100}$$

$$700+2x=4(70+x)$$

$$700+2x=280+4x$$

$$420=2x$$

$$x=210$$

답 210 g

117쪽 풀이

01 증발시킨 물의 양을 x g이라고 하면

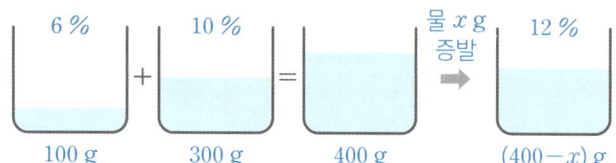

(1)

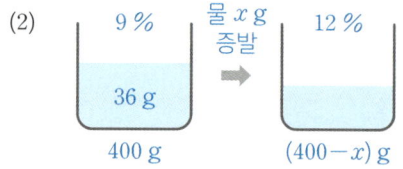

증발시키기 전의 설탕의 양은

$$\binom{6\,\%\ 설탕물의}{설탕\ 양}+\binom{10\,\%\ 설탕물의}{설탕\ 양}$$

$$\frac{6\times \overset{1}{100}}{\underset{1}{100}}\ +\ \frac{10\times \overset{3}{300}}{\underset{1}{100}}\ =6+30=36(g)$$

증발시키기 전의 설탕물의 양은 $100+300=400(g)$

→ 증발시키기 전의 설탕물의 농도는

$$\frac{\overset{9}{36}}{\underset{1}{400}}\times \overset{1}{100}=9(\%)$$

답 36 g, 9 %

(2)

물 x g 증발

$$9\,\% \quad 36\ g \quad 400\ g \qquad 12\,\% \quad (400-x)\ g$$

(증발 전 설탕 양) = (증발 후 설탕 양)

$$36\quad =\frac{12\times (400-x)}{100}$$

$$3600=12(400-x)$$

$$3600=4800-12x$$

$$12x=1200$$

$$x=100$$

답 100 g

개념 마무리 2

물음에 답하세요.

01

6 %의 설탕물 100 g과 10 %의 설탕물 300 g을 섞은 후 물을 증발시켰더니 12 %의 설탕물이 되었습니다.

(1) 증발시키기 전의 설탕물에 녹아있는 설탕의 양과 농도는?　**36 g, 9 %**

(2) 증발시킨 물의 양은?　**100 g**

02

6 %의 소금물 400 g이 있습니다. 이 소금물에 물 200 g을 부은 후, 소금을 얼마 더 넣었더니 10 %의 소금물이 되었습니다.

(1) 물 200 g을 넣은 후의 소금물의 양과 농도는?　**600 g, 4 %**

(2) 더 넣은 소금의 양은?　**40 g**

03

12 %의 소금물 100 g에 물 50 g을 부은 후, 4 %의 소금물을 섞어서 6 %의 소금물을 만들었습니다.

(1) 12 %의 소금물에 물 50 g을 넣었을 때, 소금의 양과 농도는?　**12 g, 8 %**

(2) 섞은 4 %의 소금물의 양은?　**150 g**

02 더 넣은 소금의 양을 x g이라고 하면

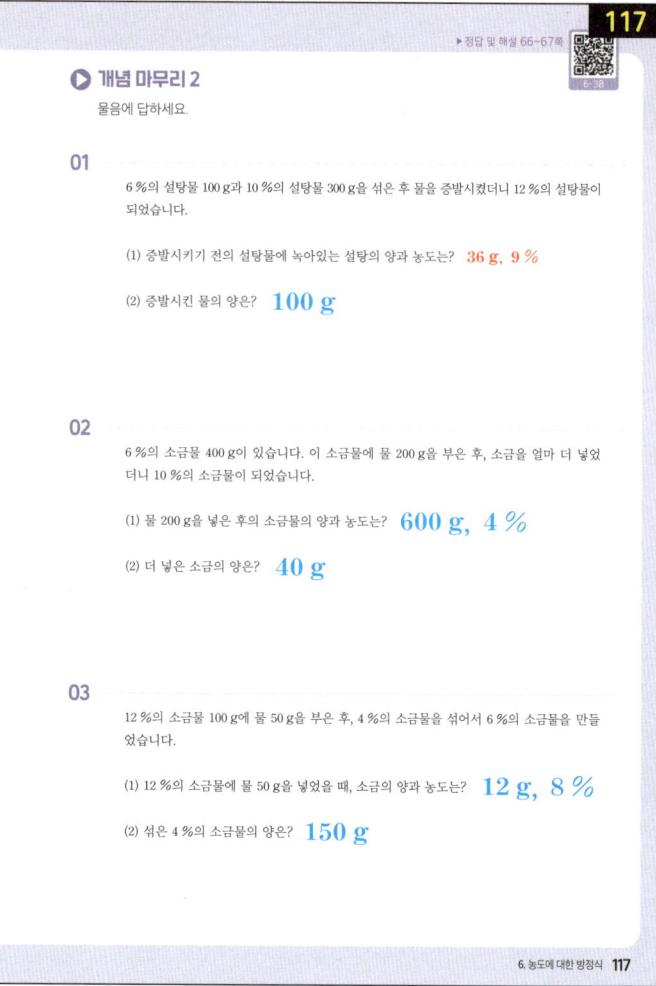

(1)

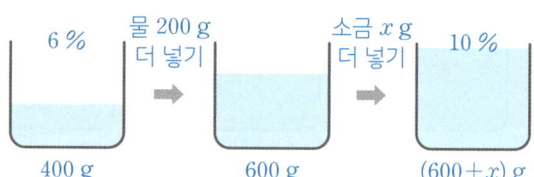

소금물의 양은 $400+200=600(g)$

소금의 양은 처음 소금물의 소금의 양과 같으므로

$$\frac{6\times \overset{4}{400}}{\underset{1}{100}}=24(g)$$

따라서 농도는

$$\frac{\overset{4}{24}}{\underset{1}{600}}\times \overset{1}{100}=4(\%)$$

답 600 g, 4 %

02 (2) 더 넣은 소금의 양을 x g이라고 하면

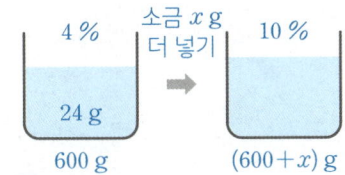

(처음 소금)+(넣은 소금)=(나중 소금)

$$24+x=\frac{1\!\!\not0\times(600+x)}{1\!\!\not00}$$

$$240+10x=600+x$$

$$9x=360$$

$$x=40$$

답 40 g

03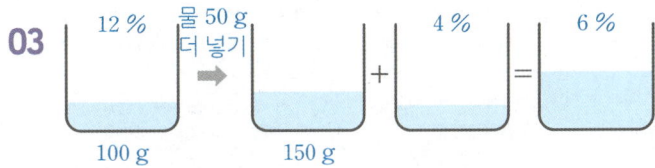

(1)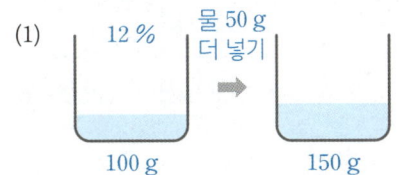

물 50 g을 더 넣어도 소금의 양에는 변화가 없으므로 녹아있는 소금의 양은

$$\frac{12\times\overset{1}{1\!\!\not00}}{\underset{1}{1\!\!\not00}}=12(g)$$

소금물 150 g에 소금 12 g이 녹아있는 소금물의 농도는

$$\frac{\overset{4}{1\!\!\not2}}{\underset{1}{1\!\!\not5\!\!\not0}}\times\overset{2}{1\!\!\not00}=8(\%)$$

답 12 g, 8 %

(2) 섞은 4 %의 소금물의 양을 x g이라고 하면

$$\begin{pmatrix}8\,\%\,\text{소금물의}\\\text{소금 양}\end{pmatrix}+\begin{pmatrix}4\,\%\,\text{소금물의}\\\text{소금 양}\end{pmatrix}=\begin{pmatrix}6\,\%\,\text{소금물의}\\\text{소금 양}\end{pmatrix}$$

$$12\quad+\quad\frac{4\times x}{100}\quad=\quad\frac{6\times(150+x)}{100}$$

$$1200+4x=6(150+x)$$

$$1200+4x=900+6x$$

$$300=2x$$

$$x=150$$

답 150 g

6. 농도에 대한 방정식 　단원 마무리

▶ 정답 및 해설 68~69쪽

01 전체에 대해 색칠한 부분의 비율을 분수로 나타내시오.

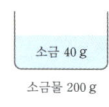

$$\frac{2}{5}$$

02 그림을 보고 소금물의 농도를 구하시오.

소금 40 g

소금물 200 g

$$20\ \%$$

03 소금물에 녹아있는 소금의 양을 구하는 식입니다. 빈칸을 알맞게 채우시오.

$$(소금의\ 양) = \frac{농도}{100} \times (소금물의\ 양)$$

04 아래의 조건대로 그림의 빈칸을 알맞게 채우시오.

15 %의 소금물 350 g에서 물 x g을 증발시켜 25 %의 소금물을 만들었습니다.

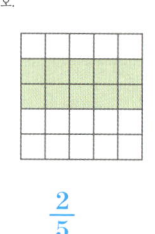

농도 15 %　물 x g 증발　농도 25 %

소금물 350 g　소금물 $350-x$ g

05 12 %의 설탕물 400 g에 녹아있는 설탕의 양은 몇 g인지 구하시오.

$$48\ g$$

06 다음 방정식의 해를 구하시오.

$$6 = \frac{750}{x+75}$$

$$x = 50$$

07 그림을 보고 x의 값을 구하시오.

농도 6 %

소금 18 g

소금물 $(400-x)$ g

$$x = 100$$

08 물 220 g에 소금을 넣어 농도가 12 %인 소금물을 만들려고 합니다. 필요한 소금의 양은 몇 g인지 구하시오.

$$30\ g$$

09 그림을 보고 쓴 등식 중 옳은 것은? ④

농도 ★ %

설탕 ◆ g

설탕물 ♥ g

① ★ = ♥/◆ × 100　② ★ = ◆/100 × ♥

③ ◆ = ♥/★ × 100　④ ★ = ◆×♥/100

⑤ ◆ = 100/♥×★

10 물 120 g에 소금 30 g을 넣어 소금물을 만들었습니다. 이 소금물에 대한 설명으로 옳은 것은? ④

① 소금물에 녹아있는 소금의 양은 0 g이다.
② 소금물의 양은 120 g이다.
③ 소금물의 농도는 25 %이다.
④ 물 60 g에 소금 15 g을 넣어 만든 소금물과 농도가 같다.
⑤ 이 소금물에 소금을 10 g 더 넣으면 농도는 35 %가 된다.

118~119쪽 풀이

02 $\dfrac{\overset{20}{\cancel{40}}}{\underset{1}{\cancel{200}}} \times \overset{1}{\cancel{100}} = 20(\%)$

답 20 %

05 $\dfrac{12 \times \overset{4}{\cancel{400}}}{\underset{1}{\cancel{100}}} = 48(g)$

답 48 g

06 $\quad 6 = \dfrac{750}{x+75}$

$6(x+75) = 750$

$6x + 450 = 750$

$6x = 300$

$x = 50$

답 $x = 50$

07 $\dfrac{18}{400-x} \times 100 = 6$

$\dfrac{1800}{400-x} = 6$

$1800 = 6(400-x)$

$300 = 400 - x$

$x = 100$

또는

$\dfrac{6(400-x)}{100} = 18$

$6(400-x) = 1800$

$400 - x = 300$

$x = 100$

답 $x = 100$

08 필요한 소금의 양을 x g이라고 하면

농도 12 %

소금 x g

소금물 $(220+x)$ g

$\dfrac{\overset{3}{\cancel{12}} \times (220+x)}{\underset{25}{\cancel{100}}} = x$

$660 + 3x = 25x$

$660 = 22x$

$x = 30$

또는

$\dfrac{x}{220+x} \times 100 = 12$

$\dfrac{100x}{220+x} = 12$

$100x = 12(220+x)$

$100x = 2640 + 12x$

$88x = 2640$

$x = 30$

답 30 g

119쪽 풀이

09

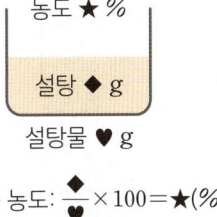

농도 ★ %

설탕 ◆ g

설탕물 ♥ g

➡ 농도: $\dfrac{◆}{♥} \times 100 = ★(\%)$

설탕: $\dfrac{★ \times ♥}{100} = ◆(g)$

답 ④

10

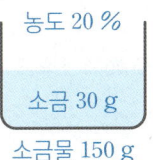

농도 20 %

소금 30 g

소금물 150 g

① 소금물에 녹아있는 소금의 양은 ~~0 g~~이다. 30 g

② 소금물의 양은 ~~120 g~~이다. 150 g

③ 소금물의 농도는 ~~25 %~~이다. 20 % $\dfrac{\overset{10}{\cancel{30}}}{\underset{1}{\cancel{150}}} \times 100^{\overset{2}{}} = 20(\%)$

④ 물 60 g에 소금 15 g을 넣어 만든 소금물과 농도가 같다. (O) $\dfrac{\overset{1}{\cancel{15}}}{\underset{1}{\cancel{75}}} \times 100^{\overset{20}{}} = 20(\%)$

⑤ 이 소금물에 소금을 10 g 더 넣으면 농도는 ~~35 %~~가 된다. 25 % $\dfrac{\overset{1}{\cancel{40}}}{\underset{1}{\cancel{160}}} \times 100^{\overset{25}{}} = 25(\%)$

답 ④

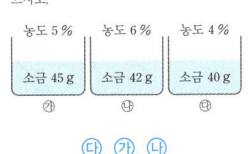

단원 마무리

120

11 아래 그림과 같이 설탕물에 물을 더 넣었습니다. 다음 설명 중 옳지 <u>않은</u> 것은? ④

설탕 10 g → 물 50 g 더 넣기

설탕물 50 g

① 설탕물의 양은 늘어난다.

② 설탕물의 농도는 옅어진다.

③ 설탕물에 녹아있는 설탕의 양은 변함이 없다.

✓④ 물을 더 넣기 전 설탕물의 농도는 5 %이다.

⑤ 물을 더 넣은 설탕물의 농도는 10 %이다.

12 다음 중 소금물의 양이 많은 순서대로 기호를 쓰시오.

농도 5 % / 농도 6 % / 농도 4 %

소금 45 g / 소금 42 g / 소금 40 g

㉮ / ㉯ / ㉰

답 ㉰, ㉮, ㉯

13 다음 중 소금이 가장 많이 녹아있는 소금물은? ⑤

① 10 %의 소금물 300 g

② 30 %의 소금물 150 g

③ 15 %의 소금물 200 g

④ 50 %의 소금물 100 g

✓⑤ 20 %의 소금물 400 g

14 8 %의 소금물 75 g에 소금 17 g을 넣었습니다. 소금물의 농도는 몇 %인지 구하시오.

답 **25 %**

15 x %의 소금물 200 g에 물 50 g을 더 넣었더니 16 %의 소금물이 되었습니다. x의 값을 구하시오.

답 $x = 20$

120쪽 풀이

11

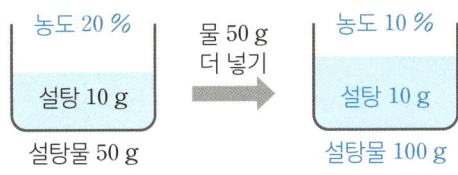

농도 20 % →(물 50 g 더 넣기)→ 농도 10 %

설탕 10 g → 설탕 10 g

설탕물 50 g → 설탕물 100 g

$\dfrac{10}{50} \times 100 = 20(\%)$ $\dfrac{10}{100} \times 100 = 10(\%)$

④ 물을 더 넣기 전의 설탕물의 농도는 ~~5 %~~이다. 20 %

답 ④

12 각 소금물의 양을 x g이라고 하고 소금물의 양을 구하면

㉮ $\dfrac{45}{x} \times 100 = 5$	㉯ $\dfrac{42}{x} \times 100 = 6$	㉰ $\dfrac{40}{x} \times 100 = 4$
$\dfrac{4500}{x} = 5$	$\dfrac{4200}{x} = 6$	$\dfrac{4000}{x} = 4$
$4500 = 5x$	$4200 = 6x$	$4000 = 4x$
$x = 900$	$x = 700$	$x = 1000$
→ 소금물: 900 g	→ 소금물: 700 g	→ 소금물: 1000 g

답 ㉰, ㉮, ㉯

13 소금의 양 구하기

① 10 %의 소금물 300 g

$$\rightarrow \frac{10 \times \overset{3}{\cancel{300}}}{\underset{1}{\cancel{100}}} = 30(g)$$

② 30 %의 소금물 150 g

$$\rightarrow \frac{\overset{15}{\cancel{30}} \times \overset{3}{\cancel{150}}}{\underset{1}{\underset{2}{\cancel{100}}}} = 45(g)$$

③ 15 %의 소금물 200 g

$$\rightarrow \frac{15 \times \overset{2}{\cancel{200}}}{\underset{1}{\cancel{100}}} = 30(g)$$

④ 50 %의 소금물 100 g

$$\rightarrow \frac{50 \times \overset{1}{\cancel{100}}}{\underset{1}{\cancel{100}}} = 50(g)$$

⑤ 20 %의 소금물 400 g

$$\rightarrow \frac{20 \times \overset{4}{\cancel{400}}}{\underset{1}{\cancel{100}}} = 80(g)$$

답 ⑤

14 8 %의 소금물 75 g에 든 소금의 양은

$$\frac{8 \times 75}{100} = 6(g)$$

17 g의 소금을 더 넣었을 때, 소금물의 농도는

$$\frac{6+17}{75+17} \times 100 = \frac{\overset{1}{\cancel{23}}}{\underset{1}{\underset{4}{\cancel{92}}}} \times \overset{25}{\cancel{100}} = 25(\%)$$

답 25 %

15

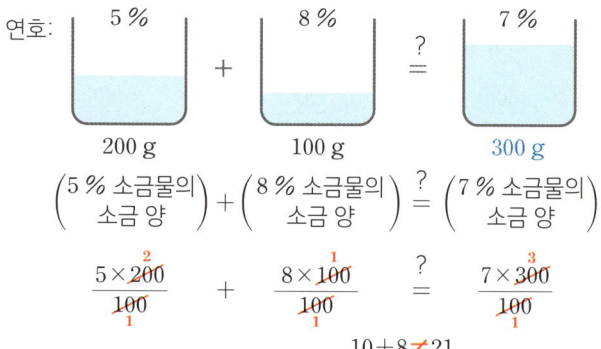

$$\begin{pmatrix} x\ \%\ 소금물의 \\ 소금\ 양 \end{pmatrix} = \begin{pmatrix} 16\ \%\ 소금물의 \\ 소금\ 양 \end{pmatrix}$$

$$\frac{x \times 200}{100} = \frac{16 \times 250}{100}$$

$$200x = 16 \times 250$$

$$200x = 4000$$

$$x = 20$$

답 $x=20$

16

수현:

4 %   100 g   +   10 %   100 g   =   7 %   ?   200 g

$$\begin{pmatrix} 4\ \%\ 소금물의 \\ 소금\ 양 \end{pmatrix} + \begin{pmatrix} 10\ \%\ 소금물의 \\ 소금\ 양 \end{pmatrix} \overset{?}{=} \begin{pmatrix} 7\ \%\ 소금물의 \\ 소금\ 양 \end{pmatrix}$$

$$\frac{4 \times \overset{1}{\cancel{100}}}{\underset{1}{\cancel{100}}} + \frac{10 \times \overset{1}{\cancel{100}}}{\underset{1}{\cancel{100}}} \overset{?}{=} \frac{7 \times \overset{2}{\cancel{200}}}{\underset{1}{\cancel{100}}}$$

$$4+10 = 14$$

따라서 수현이는 옳음

연호:

5 %   200 g   +   8 %   100 g   =   7 %   ?   300 g

$$\begin{pmatrix} 5\ \%\ 소금물의 \\ 소금\ 양 \end{pmatrix} + \begin{pmatrix} 8\ \%\ 소금물의 \\ 소금\ 양 \end{pmatrix} \overset{?}{=} \begin{pmatrix} 7\ \%\ 소금물의 \\ 소금\ 양 \end{pmatrix}$$

$$\frac{5 \times \overset{2}{\cancel{200}}}{\underset{1}{\cancel{100}}} + \frac{8 \times \overset{1}{\cancel{100}}}{\underset{1}{\cancel{100}}} \overset{?}{=} \frac{7 \times \overset{3}{\cancel{300}}}{\underset{1}{\cancel{100}}}$$

$$10+8 \neq 21$$

따라서 연호는 옳지 않음

▶ 정답 및 해설 69~71쪽

16 농도가 다른 두 소금물을 섞어서 새로운 소금물을 만들었습니다. 세 학생 중 <u>잘못</u> 말한 학생은 누구인지 이름을 쓰시오.

> 수현: 4 %의 소금물 100 g과 10 %의 소금물 100 g을 섞었더니 7 %의 소금물이 되었어.
>
> 연호: 5 %의 소금물 200 g과 8 %의 소금물 100 g을 섞었더니 7 %의 소금물이 되었어.
>
> 해인: 1 %의 소금물 300 g과 6 %의 소금물 200 g을 섞었더니 3 %의 소금물이 되었어.

연호

17 5 %의 소금물에 소금 20 g을 더 넣었더니 24 %의 소금물이 되었습니다. 처음 5 %의 소금물의 양을 구하시오.

80 g

18 15 %의 소금물 300 g과 8 %의 소금물을 섞어서 10 %의 소금물을 만들었습니다. 이때 8 %의 소금물의 양을 구하시오.

750 g

19 2 %의 소금물 100 g과 x %의 소금물 200 g을 섞었더니 4 %의 소금물이 되었습니다. x의 값을 구하시오.

$x=5$

20 10 %의 소금물 200 g에 소금 40 g과 물 60 g을 더 넣었습니다. 새로 만든 소금물의 농도는 몇 %인지 구하시오.

20 %

6. 농도에 대한 방정식 **121**

121쪽 풀이

해인: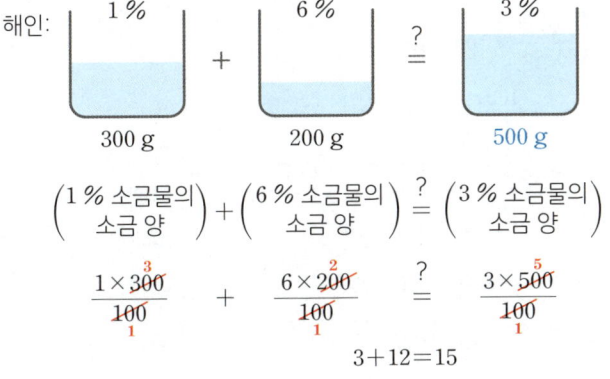

$$\begin{pmatrix} 1\,\% \ 소금물의 \\ 소금\ 양 \end{pmatrix} + \begin{pmatrix} 6\,\% \ 소금물의 \\ 소금\ 양 \end{pmatrix} \overset{?}{=} \begin{pmatrix} 3\,\% \ 소금물의 \\ 소금\ 양 \end{pmatrix}$$

$$\frac{1 \times 300}{100} + \frac{6 \times 200}{100} \overset{?}{=} \frac{3 \times 500}{100}$$

$$3 + 12 = 15$$

따라서 해인이는 옳음

🔲 연호

---

17 5 %의 소금물의 양을 x g이라고 하면

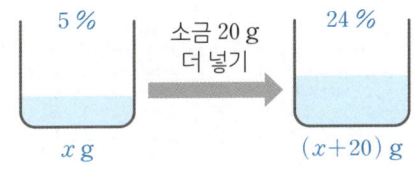

(처음 소금) + (넣은 소금) = (나중 소금)

$$\frac{5 \times x}{100} + 20 = \frac{24 \times (x+20)}{100}$$

$$5x + 2000 = 24(x+20)$$

$$5x + 2000 = 24x + 480$$

$$1520 = 19x$$

$$x = 80$$

🔲 80 g

---

18 8 %의 소금물의 양을 x g이라고 하면

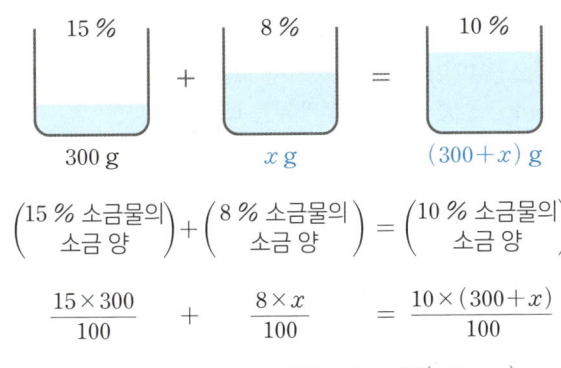

$$\begin{pmatrix} 15\,\% \ 소금물의 \\ 소금\ 양 \end{pmatrix} + \begin{pmatrix} 8\,\% \ 소금물의 \\ 소금\ 양 \end{pmatrix} = \begin{pmatrix} 10\,\% \ 소금물의 \\ 소금\ 양 \end{pmatrix}$$

$$\frac{15 \times 300}{100} + \frac{8 \times x}{100} = \frac{10 \times (300+x)}{100}$$

$$4500 + 8x = 10(300+x)$$

$$4500 + 8x = 3000 + 10x$$

$$1500 = 2x$$

$$x = 750$$

🔲 750 g

19

![2 % 100 g + x % 200 g = 4 % 300 g]

$$\begin{pmatrix} 2\,\% \ 소금물의 \\ 소금\ 양 \end{pmatrix} + \begin{pmatrix} x\,\% \ 소금물의 \\ 소금\ 양 \end{pmatrix} = \begin{pmatrix} 4\,\% \ 소금물의 \\ 소금\ 양 \end{pmatrix}$$

$$\frac{2 \times 100}{100} + \frac{x \times 200}{100} = \frac{4 \times 300}{100}$$

$$2 + 2x = 12$$

$$2x = 10$$

$$x = 5$$

🔲 $x = 5$

20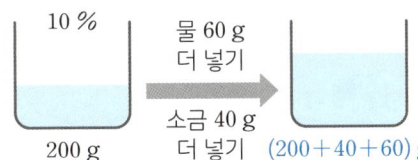

처음 10 %의 소금물의 소금의 양을 구하면

$$\frac{10 \times 200}{100} = 20(g)$$

새로 만든 소금물의 농도는

$$\frac{20+40}{300} \times 100 = 20(\%)$$

🔲 20 %

122

단원 마무리

▶ 정답 및 해설 72쪽

<서술형 문제>
21 물 150 g에 소금을 넣어 40 %의 소금물을 만들려고 합니다. 몇 g의 소금을 넣어야 하는지 구하시오.

풀이

100 g

<서술형 문제>
22 어떤 소금물에 소금 10 g을 더 넣었더니 10 %의 소금물 160 g이 되었습니다. 물음에 답하시오.

(1) 10 %의 소금물 160 g에 녹아있는 소금의 양을 구하시오.

16 g

(2) 소금을 더 넣기 전 소금물의 양을 구하시오.

150 g

(3) 처음 소금물의 농도를 구하시오.

4 %

<서술형 문제>
23 7 %의 소금물과 16 %의 소금물을 섞어서 12 %의 소금물 180 g을 만들었습니다. 7 %의 소금물과 16 %의 소금물의 양을 각각 구하시오.

풀이

7 % 소금물의 양: 80 g
16 % 소금물의 양: 100 g

---

21 물 150 g에 소금 x g을 넣어 40 %의 소금물을 만들었을 때,

$$\frac{x}{150+x} \times 100 = 40$$

$$\frac{100x}{150+x} = 40$$

$$100x = 40(150+x)$$

$$100x = 6000 + 40x$$

$$60x = 6000$$

$$x = 100$$

답 100 g

---

22 (1) 10 %의 소금물 160 g에 녹아있는 소금의 양은

$$\frac{10 \times 160}{100} = 16(g)$$

답 16 g

(2) 소금 10 g을 더 넣어 160 g인 소금물이 되었으니까 소금을 넣기 전 소금물의 양은 150 g

답 150 g

(3) 처음 소금물의 양은 150 g, 소금의 양은 $16 - 10 = 6(g)$ 이므로 처음 소금물의 농도는

$$\frac{6}{150} \times 100 = 4(\%)$$

답 4 %

---

23 7 %의 소금물을 x g이라고 하면, 16 %의 소금물의 양은 $(180 - x)$ g이다.

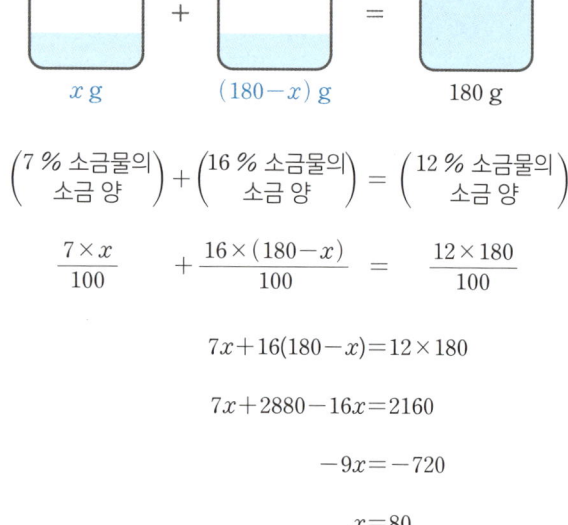

7 %　　16 %　　12 %

x g　　$(180-x)$ g　　180 g

$$\left(\begin{array}{c} 7\,\%\ 소금물의 \\ 소금\ 양 \end{array}\right) + \left(\begin{array}{c} 16\,\%\ 소금물의 \\ 소금\ 양 \end{array}\right) = \left(\begin{array}{c} 12\,\%\ 소금물의 \\ 소금\ 양 \end{array}\right)$$

$$\frac{7 \times x}{100} + \frac{16 \times (180-x)}{100} = \frac{12 \times 180}{100}$$

$$7x + 16(180-x) = 12 \times 180$$

$$7x + 2880 - 16x = 2160$$

$$-9x = -720$$

$$x = 80$$

따라서 7 %의 소금물의 양은 80 g, 16 %의 소금물의 양은 $180 - 80 = 100(g)$

답 7 %의 소금물의 양: 80 g
　　16 %의 소금물의 양: 100 g

교육 R&D에 앞서가는
KGY 키출판사